逻辑与诗意

工科风景园林本科专业教学探研

李瑞冬 著

同济大学出版社
TONGJI UNIVERSITY PRESS

图书在版编目（CIP）数据

逻辑与诗意：工科风景园林本科专业教学探研 / 李瑞冬著 . -- 上海：同济大学出版社，2019.12
ISBN 978-7-5608-8887-3

Ⅰ . ①逻… Ⅱ . ①李… Ⅲ . ①园林设计—教学研究—高等学校 Ⅳ . ① TU986.2

中国版本图书馆 CIP 数据核字（2019）第 261020 号

逻辑与诗意 工科风景园林本科专业教学探研

李瑞冬　著

责任编辑：荆　华

封面设计：张　微

装帧设计：朱丹天

责任校对：徐春莲

出版发行　同济大学出版社

地　　址　上海市四平路 1239 号

邮　　编　200092

网　　址　www.tongjipress.com.cn

电　　话　021-65985622

经　　销　全国各地新华书店

印　　刷　上海安枫印务有限公司

开　　本　787mm × 1092mm　1/16

印　　张　13

字　　数　324 000

版　　次　2019 年 12 月第 1 版　　2019 年 12 月第 1 次印刷

书　　号　ISBN 978-7-5608-8887-3

定　　价　98.00 元

本书若有印装质量问题，请向本社发行部调换　　版权所有　侵权必究

前言

教学体系是围绕教学目标，由教学过程的基本知识结构、教学内容组织、教学方法设计、教学过程实施和教学结果评价等组成的统一整体。本书所探讨的风景园林专业教育主要针对大学本科阶段，包括通识教育和专业教育两个层面。教学体系的内容基于学科内涵、工科特性以及学生将来从事风景园林领域的相关工作而构建，由教学目标、教学内容、教学流程、教学方法、教学成果、教学保障与评估等共同构成。

笔者留校任教之时正值工科风景园林专业被取消，学科处于纷争无序的阶段。同济大学为了延续风景园林专业的“香火”，采用“迂回”策略，自 1996 年开始以“旅游管理”专业（管理学 5 年制）的名义进行本科招生，直至 2005 年，共招收了 10 届学生，而教学核心内容仍然是风景园林规划设计。2004 年与 2005 年招收了两届“园林”（农学 4 年制）专业学生，2006 年开始以“景观”专业（工学 4 年制）进行招生，直至 2011 年风景园林一级学科成立，开始正名为“风景园林”专业。在此期间，笔者一方面从事一线教学工作，同时也担任了多年的教学秘书和教学助理工作，基本上经历了历次专业申报、教学改革计划制定、培养方案调整、教学大纲制定、教案编写、教学组织、教学评估等专业教学的全过程，深感教学体系的逻辑性与复杂性。

2011 年前，由于专业变革频繁，教师资源受限，四年制和五年制本科专业教学重叠，在教学过程中，景观系包括笔者在内的部分老师和救火队员一般，填岗补位，同时承担多门课程的讲授工作。笔者不仅主讲“风景园林工程与技术”理论课程，也承担“风景园林总体规划”的课程设计教学，同时先后开展并承担了诸如“高尔夫球场设计”“生态专项规划”“古典园林”“公园设计”“居住区规划及住区景观设计”“种植规划设计”等多种规划设计类主线课程的教学工作，对于笔者来说该过程既是工作也是一个对风景园林教学的系统学习过程。由于教案和教程的设计是要求在一定课时内为达成特定的教学目标而完成的一系列教学动作。因此，每次接手新的课程时，在教学计划编写和教案教程设计上均具有一定的试验性。同时，由于大学教师专业背景不同、研究方向多样、个性特征显著，同一门课或同一课题，由于教师的不同学生所取得的教学成效也存在较大差异。在教学过程中深感需要一套相对规范的教案来指导教学活动的开展和教学过程的把控。

2004—2009 年，笔者作为工科“城市规划（风景园林规划设计）”的博士生，意识到长期以来专业研究者的研究对象普遍聚焦于风景园林学科的理论、方法、前沿与实践等领域，对于学科教育与教学的研究还几乎处于空白。为此，博士就读期间，与导师刘滨谊教授一起选择与工科关系相对较远的教育学（风景园林专业教育）作为研究方向。在此过程中，系统研读了包括目标分类学、建构主义、评估学、教学模式与方法、教育心理学等教育学基础理论，再次感受到教学体系的整体逻辑性和“教”与“学”的对应性，也对自己教师这一身份和职业进行了重新认识和界定。

2011 年一级学科成立后，受风景园林专业教学指导委员会的委托，同济大学先后起草了《风景园林专业规范》和《风景园林专业本科教育评估方案》。笔者作为主要起草人，在这针对工科风景园林本科教育“一进一出”两个文件的编制过程中，对风景园林专业的培养目标和规格、教学内容、课程体系、规范内容、评估标准、评估流程等进行了系统性的思考、研究和探索。

笔者在担任班主任和本科生导师期间，常常会碰到所谓的“问题学生”。他们往往在学习过程中存在跟不上课程进度、交不上课程作业，完不成课程考核、甚至还有毕不了业的情况。与他们交流后，发现所谓的问题大部分其实是由高中的应试教育转向大学教育之后，由数理化学习转向专业学习（设计类专业的相对艺术化、形态化、理念化等）的不适应。尤其是在本科一年级，频率较高的设计课题、处于入门的学习阶段、弹性的成绩评价标准等无论在学习压力、心理落差、专业困惑等方面均会给学生造成一定的迷茫和疑惑。让学生全面了解专业的教学体系架构，对大学四年的学习过程和学习内容有个全面的概览，以便更好地理解所面临的学习任务在整个专业学习中所处的阶段和地位，成为了撰写此书的原始动力。

因此，该书的编写既是对笔者 20 年来一线教学工作的总结，也是对笔者多年来专业教学研究、教学管理和实际教学工作的回顾与整理。同时，编写过程也是对高等教育、风景园林学科及其专业教学的进一步系统学习。

全书分为逻辑与诗意、本科教育的定位、风景园林专业的特征与毕业要求、教学内容体系建构、主线课程教学教程与实践五大部分。其中前三章是对风景园林专业本科教育的思考与探索，第四章教学内容体系建构主要针对风景园林专业的特点、本科教育的规律、工科学生的毕业要求以及与国际教育的对接需求等，从通识教育和专业教育两个层面对风景园林本科教学的内容体系进行的结构性设计，其重点突出内容体系的模块化。第五章主线课程教学教程与实践部分是本书的重点，其以同济大学风景园林、建筑、规划三位一体的教学实践为基础，结合本科教学规律、风景园林的学科特点、本科专业标准、评估体系、职业注册等的综合要求，既是对本科教学教程和教学实践的归纳、总结，也是对现有教学体系进行的改革探索和修正。书中内容多以表格形式体现，也充分反映了笔者理工科出身的逻辑特性。

由于笔者工作环境、学识水平与客观条件所限，本书仅能代表同济大学这样的工科院校在教学方面的思考，书内的教学计划、教学进程和教学案例也只局限在同济大学的具体教学执行方案，难免会在诸多方面存在一定的疏漏、不足乃至失误，恳请各界学者、专家及读者给予批评指正。

本书从立项、撰写到完成，受到韩锋教授、金云峰教授及同济大学景观学系同仁的鼓励与支持，在教学过程中吴为廉老师、严国泰老师等的言传身教使笔者受益颇深。在教案制定和教程设计方面，徐甘、戴代新、周宏俊、王敏、吴承照、刘悦来、沈洁等老师给予了大量的帮助。谢妍、刘知为、陈梦璇、彭唤雨、郑纯、廖晓娟、黄筱敏、仇文敏等同学提供了作业成果，在此谨表谢意。

同时，衷心感谢各参考文献的编写单位与作者。

李瑞冬

2019.5.20

目录

1 逻辑与诗意

说到逻辑，我们脑中往往会浮现规律、规则、因为、所以、之所以、归纳、演绎、顺理成章等词语，也常会将其和随意、胡搅蛮缠、不讲理等词对立。逻辑既指思维的规律，也指客观的规律。

提到诗意，我们可能一方面想到的是某种由诗文延伸而形成的具有美感的意境或不可触及的美景，如王维《山居秋暝》里的“明月松间照，清泉石上流”，带给读者的是对一种诗意的自然空间的无穷想象；另一方面可能是某种具有美感的情景让我们联想到某些诗文，如当我们于夕阳中登高望远，看到天水相连、宁静致远的景色，王勃《滕王阁序》中“落霞与孤鹜齐飞，秋水共长天一色”的诗句就会自然地涌上心头。因此诗意既是像诗里表达的给人以美感的意境，也是文学作品给人的美感或强烈的抒情意味，是景和文在人脑意识中相互作用的结果。

而讲到风景园林，不仅会想到情景交融、诗情画意、触景生情等一系列词语，更会联想到诸如“孤帆远影碧空尽，唯见长江天际流”“飞流直下三千尺，疑是银河落九天”“大漠孤烟直，长河落日圆”“返影入深林，复照青苔上”“姑苏城外寒山寺，夜半钟声到客船”等脍炙人口的诗句。唐代诗人王昌龄在《诗格》中以“物境、情境和意境”

三境来衡量诗词的景、情、意，而以诗入画、师画造园是中国风景园林尤其是文人园林的主要指导思想[1]，冯纪忠先生更是把“形、情、理、神、意”作为中国风景园林的发展脉络①。由此可见，风景园林一词与诗意的密切关联。

中国的传统风景园林多在文章、诗词及绘画中出现，诗、书、画、园有机融合，如《洛阳名园记》中的独乐园、富郑公园、环溪等，《辋川集》中的辋川别业，而在诸如张择端的《金明池夺标图》、王蒙的《具区林屋图》以及刘松年的《四景山水图》等画中均可发现传统园林的布局。文学名著《红楼梦》里描写的大观园，既是宝玉、黛玉、宝钗等人结社吟诗的诗意生活所在，也是中国文人园林的文字蓝本。可以说，风景园林所独具的诗意特征业已成为我们的文化基因。

陈从周先生在《中国诗文与中国园林艺术》中引用清代钱泳《履园丛话》中所说的“造园如作诗文，必使曲折有法，前后呼应。最忌堆砌，最忌错杂，方称佳构”，分析中国造园与诗文的关系，提出“造园之高明者，运文学绘画音乐诸境，能以山水花木，池馆亭台组合出之。人临其境，有诗有画，各臻其妙”，进而得出“故‘虽由人作，宛自天开’，中国园林，能在世界上独树一帜，实以诗文造园也”[3]的结论。该论述分析了中国园林艺术与诗文的本源关系，以及园林境、情、意三者的关系。

那么该如何去理解风景园林教学中的逻辑与诗意?

---

① 冯纪忠先生在《人与自然——从比较园林史看建筑发展趋势》一文中，针对历史不同时期审美主客体的关系，用“形、情、理、神、意”五字概括了中国传统风景园林在对待人与自然之间关系方面的审美历程及发展脉络[2]。

笔者从读大学算起，接触和学习风景园林已近 30 年，从学生到教师，在多年的风景园林学习和教学中，从教学角度思考，面对一个以理科生身份进入大学，选择了风景园林这一兼具文学、艺术和工学特征专业的学生，该如何去开展教学活动？从多年的教学经验看，应该还是逻辑优先，首先需要为学生解释相关风景园林是什么、为什么、如何做的问题，才能进行诗意的畅想与拓展，这是符合本科专业教育的教学规律的。当然两者在不同课程与课题的教学过程中也往往是相互交叉的。如基础设计对光影、色彩等的思考与创作，逻辑分析与意象创作相互推进；古典园林设计中优先进行为谁设计、什么状态与心绪、具体空间使用与形态等的逻辑探索，再进行立意、布局、景点设计等；景观详细规划中的策划是无限的畅想，规划则又是逻辑思维的层构表达；总体规划对资源的定性分析和定量分析、对景区的总体定位也无不体现逻辑与诗意的思辨哲理（图 1–1、图 1–2）。而实际风景园林工程项目从创意到落地建成，也是一个逻辑与诗意不断转换的过程。

图 1–1　从教学环节与过程来讲，课程设计的完成均是逻辑思维指导下的形象表达过程

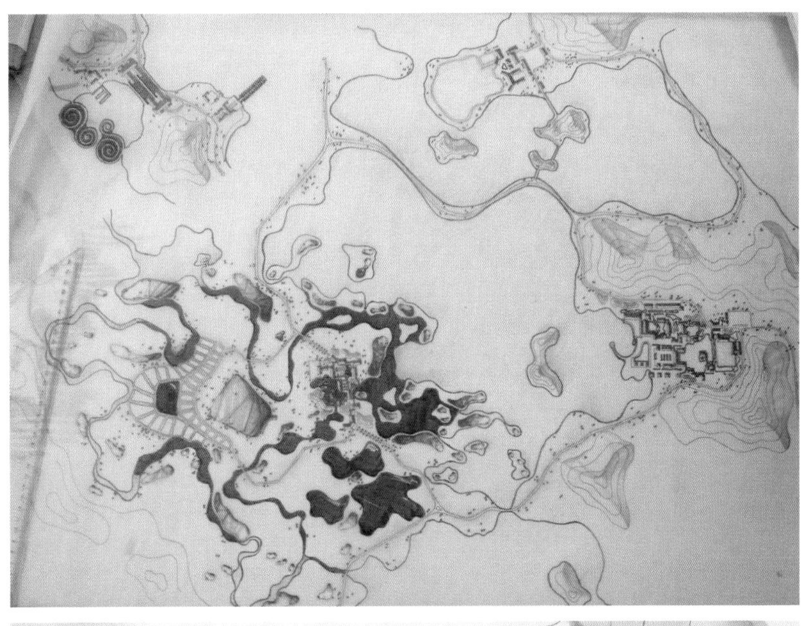

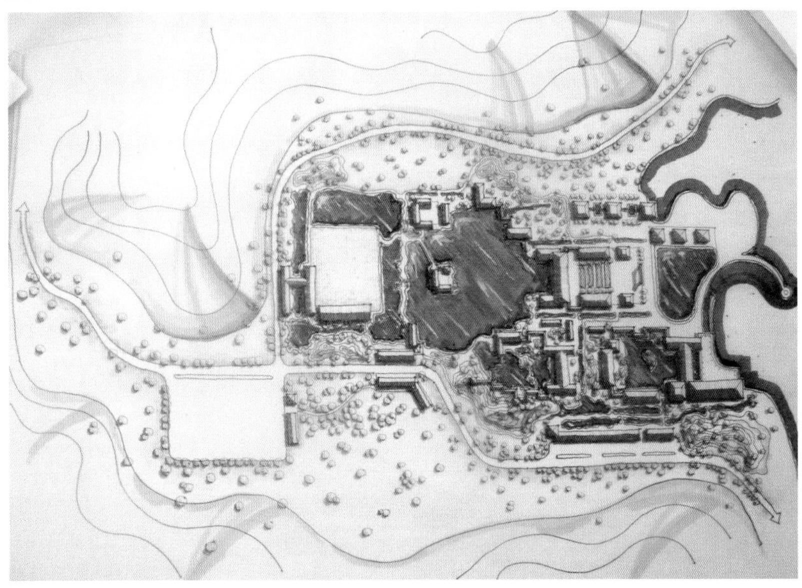

图 1-2　课程设计的平面布局、形象与空间表达，均以逻辑思维指导为前提

在学习中国园林史时，说到自然风景不得不提杭州西湖。西湖十景无论是断桥残雪的悲情、南屏晚钟的禅意，还是苏堤春晓的阳光以及柳浪闻莺的风情，风云雨雪，春夏秋冬，人、佛、园、语尽入景中，绝对是诗意风景的典范，以致皇家园林颐和园在布局时都以西湖为蓝本（图 1–3、图 1–4）。

如站在逻辑角度去分析，西湖十景在类型上山景为主，水景为辅，比例上三成山景，七成水景，无比契合西湖的风景特征。山景中峰、谷、寺、塔等元素相互组合，水景中两堤、一岛、四园从类型、位置、元素、形态、特征等方面勾勒出西湖的整体空间格局。其不仅具有从景观特征出发去构建景区结构、塑造布局特色、创造景点构成的逻辑体系，也具有将自然景致、气候天象、人文意象及四季风情进行有机融合的逻辑体系（表 1–1，图 1–5）。

图 1–3　杭州西湖

于曲院风荷东望，苏堤将岳湖、西湖和远山分隔开来，层次分明

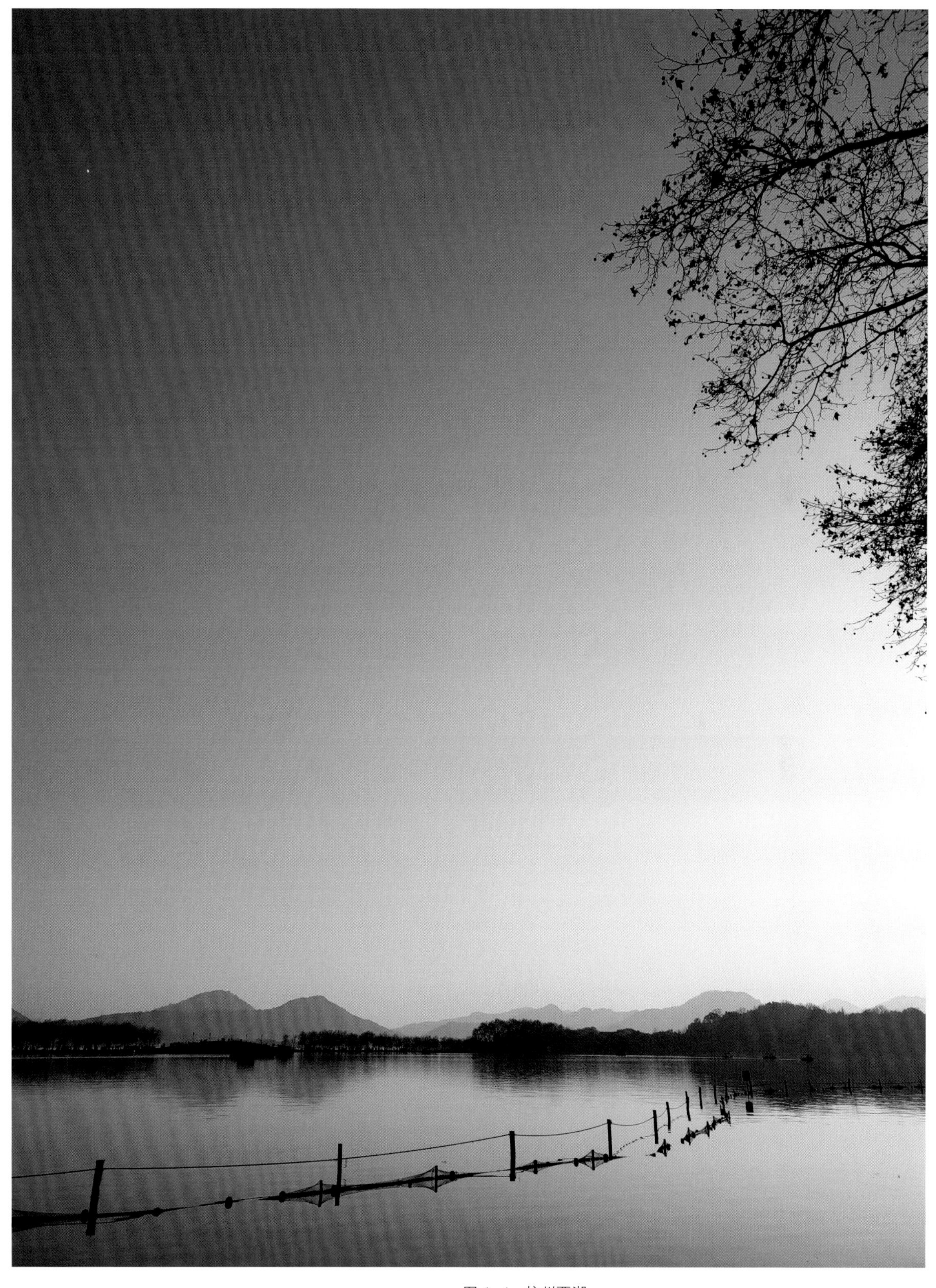

图 1-4　杭州西湖

从北山路远眺苏堤，湖面地坪，远山如黛，一幅天然的水墨山水

表 1-1　　西湖十景分析表[①]

<table>
<tr><th>大类</th><th>类型</th><th>景点</th><th>特征</th></tr>
<tr><td rowspan="3">山景</td><td>山景</td><td>双峰插云</td><td>从名称看虽仅指西湖西部群山中的南高峰、北高峰两座山峰，但西湖南北两侧的群山，加以小孤山、宝石山等近湖小山，共同形成西湖的群山屏障和背景，从而使得西湖虽然面积不大，但在山景映衬下反而显得辽阔曲折</td></tr>
<tr><td>山＋寺庙＋声响</td><td>南屏晚钟</td><td>南屏山麓净慈寺的钟声与山上的岩石和洞穴共振齐鸣，响彻湖上，悠扬而富禅意，自然山景与人文寺庙有机结合，赋予山景更多的人文气息</td></tr>
<tr><td>山＋气象景观</td><td>雷峰夕照</td><td>以黄昏时的夕照山与雷峰塔剪影为景观特色，山因塔而景胜，与北部保俶塔形成西湖南北两岸的对景。雷峰塔因民间故事《白蛇传》和鲁迅先生的《论雷峰塔的倒掉》而更具爱情与文化的历史内涵</td></tr>
<tr><td rowspan="7">水景</td><td rowspan="2">堤</td><td>苏堤春晓</td><td>长堤与映波桥、锁澜桥、望山桥、压堤桥、东浦桥和跨虹桥六桥，南北向穿越西湖西部水域，具备最为完整的观景视域，形成观赏西湖全湖景观的最佳地带，穿行其间，步移景异，湖山胜景如画般逐次展开；春季拂晓，薄雾蒙蒙，其上垂柳初绿、桃花盛开，尽显西湖旖旎柔美，“欲把西湖比西子，淡妆浓抹总相宜”的气质</td></tr>
<tr><td>断桥残雪</td><td>位于白堤上的“断桥”，西湖雪后初晴，日出映照，向阳的半边桥面上积雪融化、露出褐色的桥面一痕，仿佛长长的白链到此中断，呈现出“雪残桥断”之景，而春日则桃红柳绿，飘带如织。而《白蛇传》中白娘子与许仙相识于此的故事，更为断桥赋予了爱情的象征意义</td></tr>
<tr><td>岛</td><td>三潭映月</td><td>西湖主湖面延续中国一池三山的传统布局，其中三潭印月又采用湖中湖、岛中岛的格局，月、塔、湖相互映照，可引发禅境思考和感悟</td></tr>
<tr><td rowspan="4">滨湖园景</td><td>柳浪闻莺</td><td>西湖边人间烟气最足的景点，以柳成林，风摆成浪，漫步其间，且行且听，柳丝拂面，莺鸟鸣啼，明万达甫《柳浪闻莺》“柳阴深霭玉壶清，碧浪摇空舞袖轻。林外莺声啼不尽，画船何处又吹笙”，道出该景点内外的特色</td></tr>
<tr><td>花港观鱼</td><td>原为南宋卢允升别墅“卢园”，由于花山山麓之清溪流经此处注入西湖，故称花港，其内以赏花、观鱼为主题，春日里，落英缤纷，呈现出乾隆笔下“花家山下流花港，花著鱼身鱼嘬花”的花鱼互动之景观</td></tr>
<tr><td>平湖秋月</td><td>以“一院一楼一碑一亭”布局院落，整体水平呈现于西湖岸边，是自湖北岸临湖观赏西湖全景的最佳处之一，以秋天夜晚皓月当空之际观赏湖光月色为主题，建筑与月影相互映照，大有苏轼《点绛唇・闲倚胡床》中“与谁同坐？明月清风我”的意境</td></tr>
<tr><td>曲院风荷</td><td>作为西湖滨湖园林的主要景点，曲院原为南宋时官造酒坊，多荷花，每当夏日荷花盛开、香风徐来，荷香与酒香四处飘溢，既有杨万里《晓出净慈寺送林子方》之“接天莲叶无穷碧，映日荷花别样红”的景色，也道出了林升《题临安邸》之“暖风熏得游人醉，直把杭州作汴州”的感怀</td></tr>
</table>

① 关于西湖十景的特征描述部分参考了张先亮和王敏的《试论“西湖十景”的命名艺术》[4]

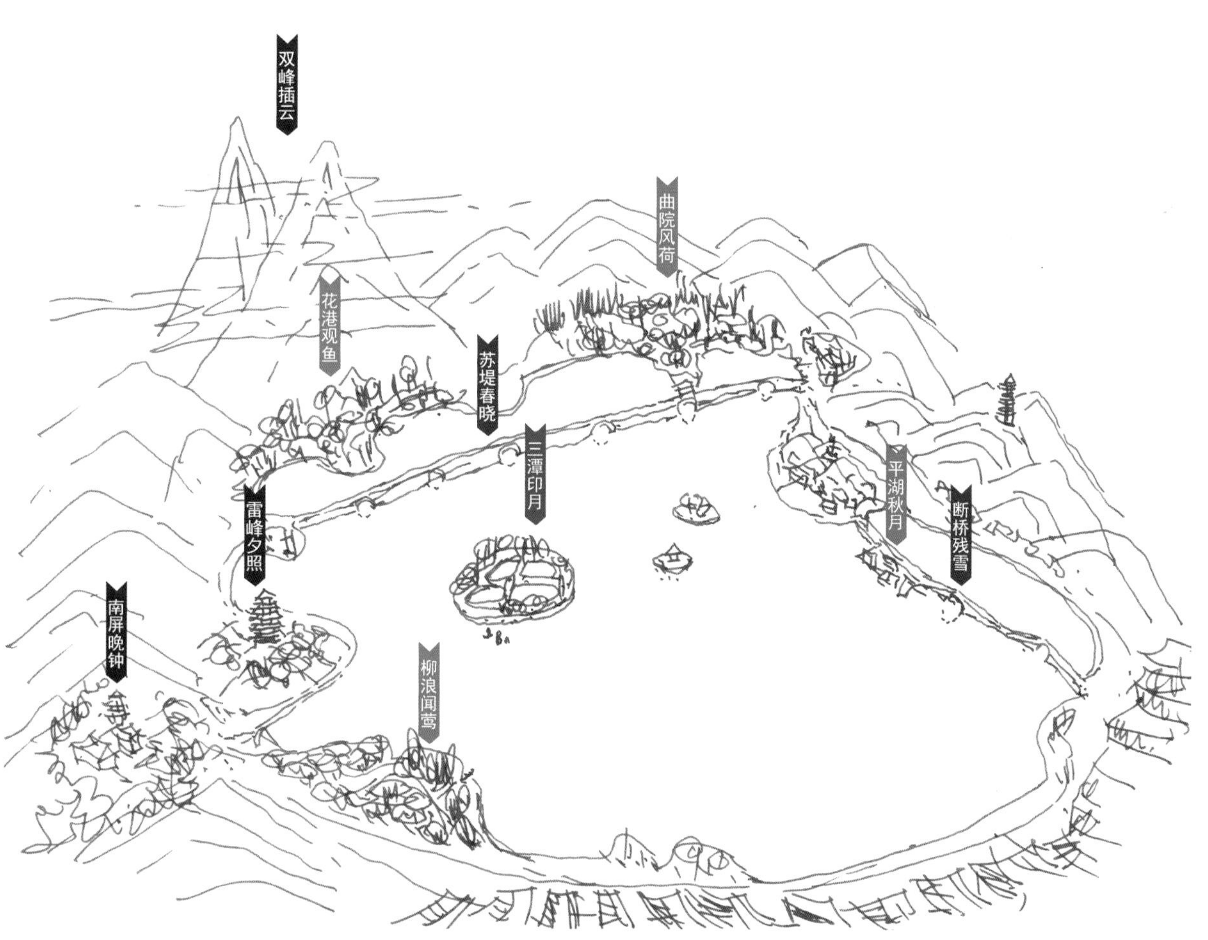

图 1-5　杭州“西湖十景”分布图

一次暑期夏令营“风景园林规划设计”快题考试让自己感触颇多，题目为一湖中人工岛的景观设计，湖面约 1km^2，人工岛约 7 000m^2，定位为一具有一定旅游接待功能的景观岛，主要要求其内设置一塔与一服务建筑。在批卷过程中，看到约 80% 以上的成果均为经由考研快题班培训后的快餐式规划设计，从布局、表达、排版到字体均具有模式化、标准化的痕迹，在布局上普遍具有沿湖一圈设置环岛游览道路、建筑按照面积分布而非选址布局、岛形为了造型随意更改、码头与水上栈道随处设置、绿化作为最后填补的手段、硬质设计满铺小岛等特点，以致出现重表达而轻设计的共性问题。看到这个题目，笔者首先便想到小时候背诵的孟浩然的《过故人庄》：

故人具鸡黍　邀我至田家
绿树村边合　青山郭外斜
开轩面场圃　把酒话桑麻
待到重阳日　还来就菊花

这首诗所表达的场景和意境不正是这个小岛应该具有的特质吗？于是在批卷完成后的当晚绘制了一幅该岛的平面图，试图去还原孟诗中的场景：将整个岛设定为一阡陌纵横的良田美池桑竹之地，其内一屋、一灯塔、一古渡、多林盘构成其整体格局；游人从城市进入，跨小桥、穿桃林、临水塘、踩田畦而入小院；而在灯塔指引下，从古渡乘舟而至，穿田野、踏汀石、过柴门，而进入建筑；服务建筑南向布局，面临东南，观湖景、纳微风，前设开敞院落，作为岛上观景、休憩的主要空间，成为“开轩面场圃，把酒话桑麻”的核心所在。这正是风景园林设计的乐趣，站在理性逻辑的角度进行分析与设计，而体现的则是一种诗意的空间场景（图 1–6）。

在“风景园林总体规划”课程教学中，首要任务便是对课题所在地进行风景资源调查与分析，往往会以逻辑思维的方式通过 AHP 层次

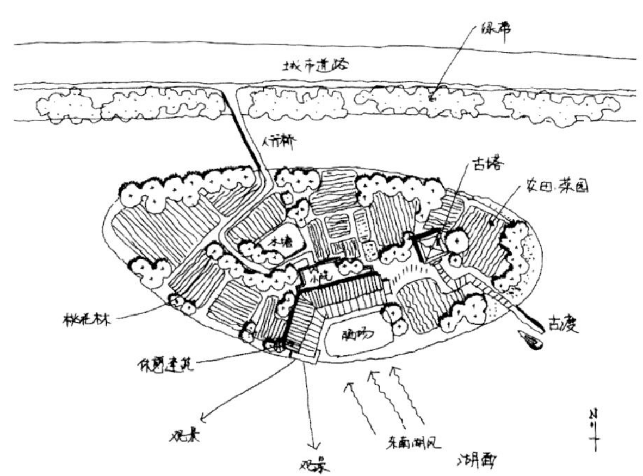

图 1-6　某年“风景园林规划设计”科目考试快题设计平面图

分析法[①]对景源进行分析与评价，从而得出风景资源在类型、数量、空间分布、密度、集中度、景观视域、可游度等方面的规律与特征。但在试图运用简略的语言总结或概括风景区总体特征时，这种定性概括便成为同学们经历的一道较难逾越的“门槛”，极少出现能运用诸如“泰山天下雄、华山天下险、黄山天下奇、青城天下幽、峨眉天下秀”等以“雄、险、奇、幽、秀”几个字便把不同地理景观的特征表达出来的情况。于是在教学过程中会常常以“七溪流水皆通海，十里青山半入城”这样形容常熟古城格局与形态的诗句来为学生讲解古城所具备的“山、水、城”一体的城市格局，放射状的水陆通道网络，虞山与方塔相呼应所形成的城市空间关系与视廊，以及城外尚湖及城内外水网密布呈现出的烟雨胜景和水乡田园风光，从诗意与逻辑的结合去让学生理解中国古人对风景与城市关系的认知哲学和处理手法。

---

① 层次分析法：指由美国运筹学家 T. L. Saaty 于 20 世纪 70 年代提出的层次分析法（Analytical Hierarchy Process，AHP），是一种定性与定量相结合的决策分析方法。它是一种将决策者对复杂系统的决策思维过程模型化、数量化的过程。应用这种方法，决策者通过将复杂问题分解为若干层次和若干因素，在各因素之间进行简单的比较和计算，就可以得出不同方案的权重，为最佳方案的选择提供依据。其基本原理为：首先把问题层次化，按问题性质和总目标将此问题分解成不同层次，构成一个多层次的分析结构模型，分为最低层（供决策的方案、措施等），相对于最高层（总目标）的相对重要性权值的确定或相对优劣次序的排序问题。具有分析思路清楚，可将系统分析人员的思维过程系统化、数学化和模型化的特点。是进行多方案比较、成果评比、人员考核等常用的决策分析方法，也是规划分析的常用方法。[5]

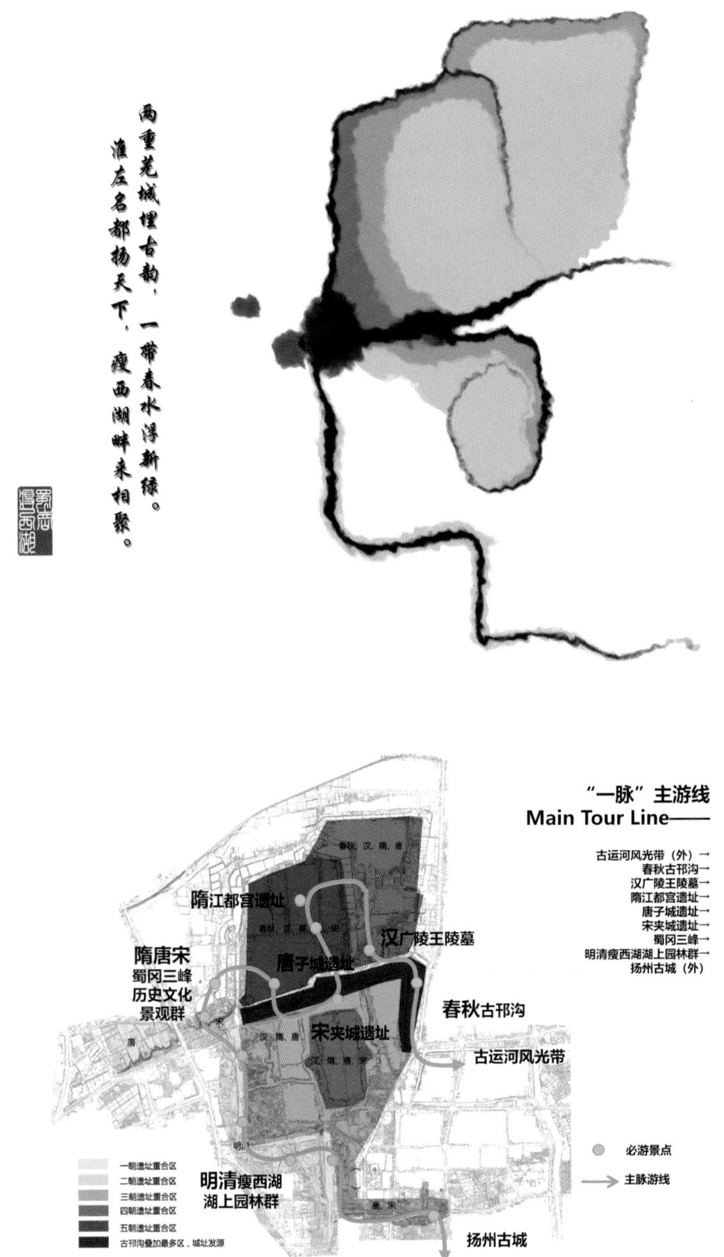

通过对扬州蜀冈瘦西湖风景区历史脉络和迭代发展的分析，课题组提出其“两重芜城埋古韵，一带春水浮新绿。淮左名都扬天下，瘦西湖畔来相聚”的资源特征和“一脉镶城”的空间布局结构

设计者：廖晓娟、申佳可、凌芸喆、郭文彬、董程洁、孙沐阳、张弛、陈嘉贤、王荣、郭一霖

指导教师：李瑞冬

图 1-7　风景名胜区总体规划课程作业 1

同时在教学过程中，当为风景区进行形象定位和策划时，也常会以著名学者余秋雨先生为青城山都江堰国家风景名胜区所留的“拜水都江堰·问道青城山”来分析其作为都江堰市旅游宣传口号的成因，让学生理解该诗句中“水和道”两字对都江堰市风景旅游资源特色的精确总结和传神表达，理解“拜”和“问”两字所包含的旅游目的与旅游行为，从而更好地学习风景区形象特征确立、定位策划以及游赏规划的逻辑方法。

于是当在课程教学中选择扬州蜀冈瘦西湖风景名胜区作为课题时，欣喜地看到同学从“两岸花柳全依水，一路楼台直到山”的现状出发，通过风景资源特征、空间分布、景区历史变迁等方面的调研与分析，出现了诸如“一脉镶城”“两重芜城埋古韵，一带春水浮新绿。淮左名都扬天下，瘦西湖畔来相聚”，以及“三山横卧碧波外，两带缠绕古城间。青山碧水观不尽，唐风宋韵吟到今”等对该风景区新的认识与总结（图 1-7、图 1-8）。

教学过程如此，实际工程设计也如此。在湖畔大学新校区景观设计时，为了达到建筑、景观、室内的一体化设计效果，在设计过程中一方面运用“借（他山之石）、释（文化解读）、答（循形求道）”这样的逻辑思维方法，另一方面也从立意、布局、策略等方面去提取或升华其特征形象。于是出现了“湖杉隐玉环，晖畔结馨庐”这句可概括其特征和设计思维的诗句。“湖”“杉”“晖畔”反映了为建筑布局而塑造的林木环抱、清水相依、两湖互衬的自然环境基底，以及形成大疏大密、疏朗简远的自然雅趣；“玉环、馨庐”代表环形的建筑形象和湖畔大学成立的文化宗旨；而“隐”与“结”则试图道出湖畔大学对古代书院形制的文化溯源和“结庐为舍”的神与物游，思与境游的意境追求（图 1-9、图 1-10）。

如果说逻辑层构是表达风景园林地理特征、地形地貌、水体植被、自然天象等自然性的科学方法，而人的使用、审美、行为、心境等注入风景园林而产生的人景互动的诗意联想，则成为风景园林显性与隐形的文化表征。因此，逻辑与诗意也就成为风景园林专业教学的固有属性。

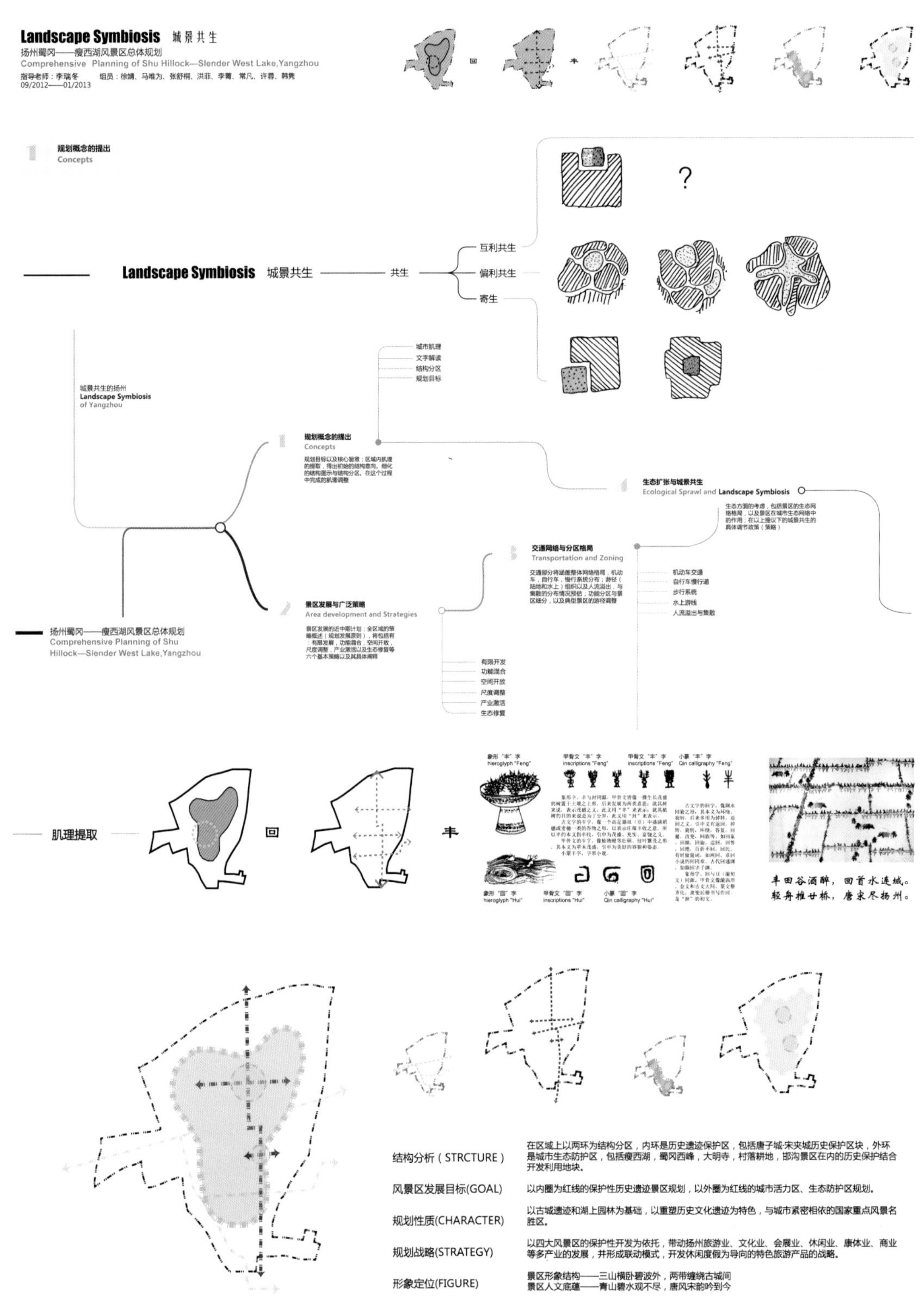

以“城景共生”为主题的扬州蜀冈瘦西湖风景区概念规划，逻辑与诗意交叉演进
设计者：徐婧、马唯为、张舒桐、洪菲、李菁、常凡、许蓉、韩隽
指导教师：李瑞冬

图 1–8　风景名胜区总体规划课程作业 2

景区发展与广泛策略
Area development and Strategies

规划理念 Goals

保护与开发
SMART COMPACTNESS

功能混合
PROGRAM MIX

开放空间
OPEN SPACE

尺度调整
SCALE ADJUSTMENT

产业激活
INDUSTRIAL ACTIVATION

生态修复
ECOLOGICAL RECOVERY

城市效益 Benefits

历史传承	HISTORICAL CONTEXT
微气候调整	MICRO-CLIMATE IMPROVEMENT
空气质量	AIR QUALITY
水体质量	WATER QUALITY
栖息地修复	HABITAT
环境自维持度	SELF SUSTAINING
地区个性	PLACE IDENTITY
经济效益	ECONOMIC
就业机会	IMPLOYMENT OPPORTUNITY
环境意识	ENVIROMENT
公共教育	EDUCATION
节能	ENERGY EFFICIENCY
节水	WATER SAVING
垃圾减排	WASTE REDUCTION
交通改善	TRAFFIC IMPROVEMENT
易达性	ACCESSIBILITY
公共娱乐	RECREATION
公共安全	PUBLIC SAFETY
社交生活	SOCIAL LIFE
近人尺度	HUMAN SCALE
产业进化	INDUSTRIAL IMPROVEMENT
游客缓冲	VISITER BUFFER
生态网络完善	ECOLOGICAL SYSTEM
动植物生境疏通	HABITAT CORRIDOR

项目组成 Projects

古城遗址保护区建设

十里长街商业改造

观光农业建设

瘦西湖景区改造

蜀冈西峰-大明寺景区建设

邗沟景区及北部边界的生态改造

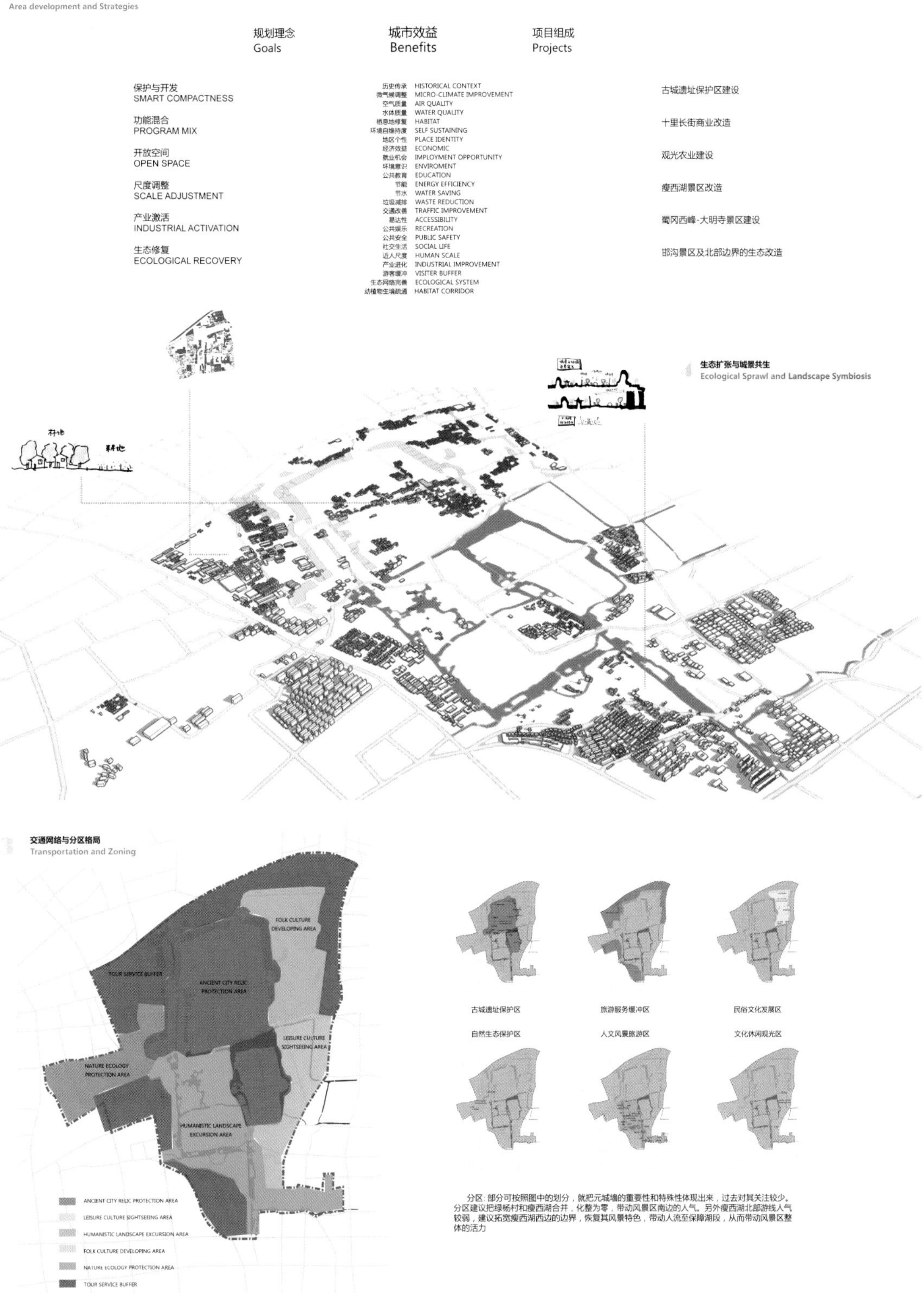

交通网络与分区格局
Transportation and Zoning

- ANCIENT CITY RELIC PROTECTION AREA
- LEISURE CULTURE SIGHTSEEING AREA
- HUMANISTIC LANDSCAPE EXCURSION AREA
- FOLK CULTURE DEVELOPING AREA
- NATURE ECOLOGY PROTECTION AREA
- TOUR SERVICE BUFFER

分区：部分可按照图中的划分，就把元城墙的重要性和特殊性体现出来，过去对其关注较少。分区建议把绿杨村和瘦西湖合并，化整为零，带动风景区南边的人气。另外瘦西湖北部游线人气较弱，建议拓宽瘦西湖西边的边界，恢复其风景特色，带动人流至保障湖段，从而带动风景区整体的活力

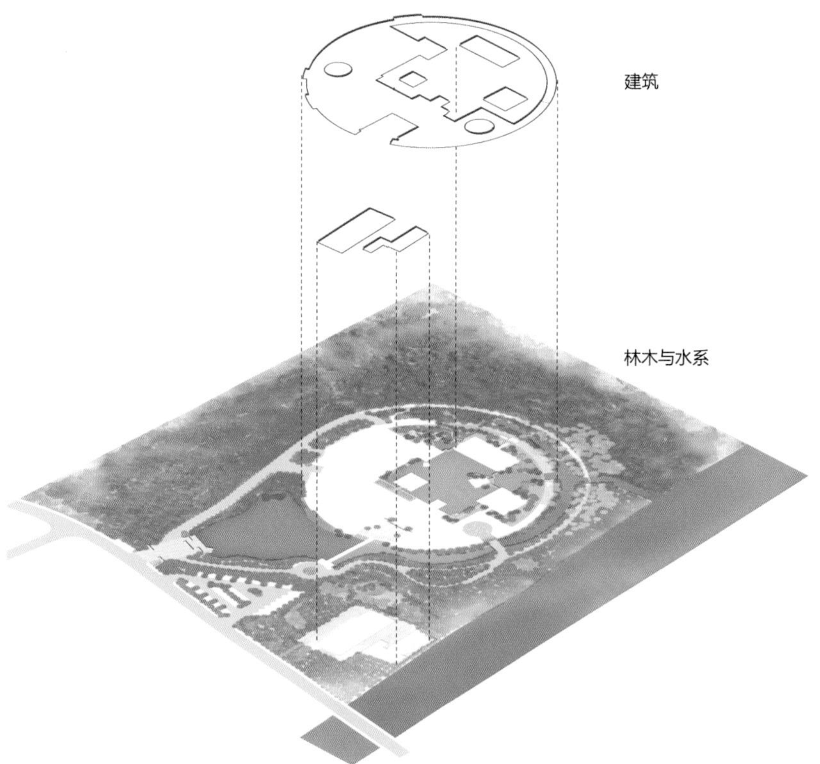

为了配合建筑布局，在景观设计中首先营造整体林与水的环境氛围，将建筑置入其中，形成内外双湖的景观格局，建筑与景观充分融合，力图承继中国古典园林“虽由人作，宛自天开”的意境

图 1-9　湖畔大学景观概念设计及空间生成

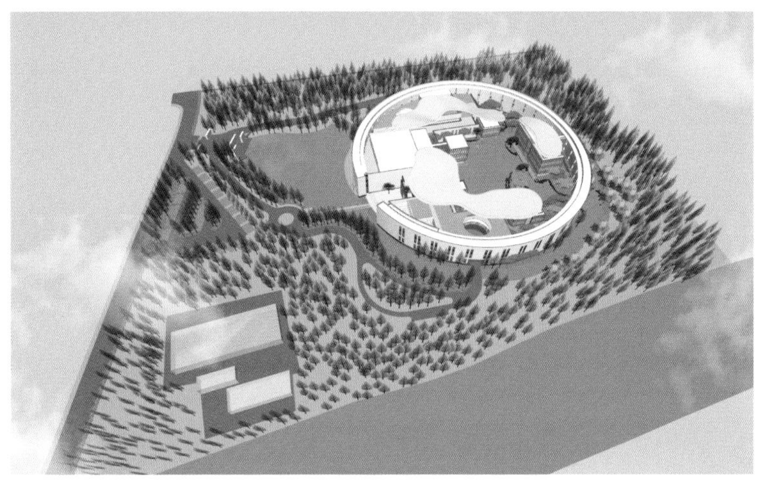

一人思，二人论，三人辩，众人博闻

外圆内方的建筑与景观相得益彰，外部营造出整体自然林湖环境，建筑内院采用古典园林布局，游憩结合，其内设置多种教与学的模式场景，试图探索大学教育本质的回归

图 1–10　湖畔大学景观概念设计及空间生成

2 本科教育定位

随着 1998 年教育部对我国高等院校本科教育专业过度细化的矫正，从专业教育向素质教育的转变，我国高等教育迈开改革的步伐，开始进入高等教育大众化的阶段。

2001 年教育部印发《关于做好普通高等学校本科学科专业结构调整工作的若干原则意见》，要求各高校积极整合不同学科专业的教学内容，构建教学新体系，并提倡部分高等学校，尤其是国家重点高等学校进一步拓宽专业口径，灵活专业方向。此后十年各高校着手本科教育的改革规划，本科教育全面强化宽口径、综合化，也更加注重对学生素质的培养，最为典型的便是人才培养模式的变化和通识教育的推行。

2010 年，教育部颁发《国家中长期教育改革和发展规划纲要（2010—2020 年）》，强调全面提高高等教育质量、提高人才培养质量、建立高校分类体系，实行分类管理，加快建设一流大学和一流学科。

2012 年，教育部印发《国家教育事业发展第十二个五年规划》，要求优化高等教育宏观布局结构，推进高等学校有特色、高水平发展，加强高等学校创新服务体系，并发挥高等学校文化传承创新作用。

2014 年，国务院颁布《关于深化考试招生制度改革的实施意见》，提出到 2020 年基本建立中国特色现代教育考试招生制度和招生模式。

2015 年，《教育部和国家发展改革委下达关于 2015 年全国普通高等教育招生计划的通知》提出加快推进高等教育结构调整和转型，通过资源配置手段的政策导向，激发高校调整优化学科专业结构的内在动力和活力，引导高校准确定位、各安其位、内涵发展、办出特色。

2017 年，教育部、中央编办、发展改革委、财政部、人力资源社会保障部等五部委联合印发了《关于深化高等教育领域简政放权放管结合优化服务改革的若干意见》，深化高等教育领域“放管服”改革，进一步改革学位授权审核机制和改进高校本专科专业设置。

2017 年 9 月 20 日，教育部等三部门印发《关于公布世界一流大学和一流学科建设高校及建设学科名单的通知》，正式开启了继“985 工程”“211 工程”之后的高等教育“双一流”建设新时期；2017 年 9 月 24 日，中共中央办公厅、国务院办公厅印发《关于深化教育体制机制改革的意见》，要求健全促进高等教育内涵发展的体制机制，依法落实高等学校办学自主权，研究制定高等学校分类设置标准，统筹推进世界一流大学和一流学科建设。

2018 年教育部颁布《关于加快建设高水平本科教育全面提高人才培养能力的意见》，强调高等教育人才培养是本，本科教育是根，坚持“以本为本”，加快建设高水平本科教育，把本科教育放在人才培养的核心地位、教育教学的基础地位、新时代教育发展的前沿地位，振兴本科教育，形成高水平人才培养体系。

2018 年 6 月，教育部在四川成都召开新时代全国高等学校本科教育工作会议。会议强调，坚持“以本为本”，推进“四个回归”，加快建设高水平本科教育、全面提高人才培养能力，造就堪当民族复兴大任的时代新人。在会议期间举行的“以本为本 · 四个回归：一流本科建设”论坛上，150所高校联合发出《一流本科教育宣言（成都宣言）》，提出培养一流人才，建设一流本科教育[6]。

2019年2月，中共中央办公厅、国务院办公厅印发《加快推进教育现代化实施方案（2018—2022年）》，提出加快“双一流”建设，推动建设高等学校全面落实建设方案，研究建立中国特色“双一流”建设的综合评价体系。建设一流本科教育，实施一流专业建设“双万计划”。

2019年2月，中共中央、国务院印发《中国教育现代化2035》，提出分类建设一批世界一流高等学校，建立完善的高等学校分类发展政策体系，引导高等学校科学定位、特色发展。加强创新人才特别是拔尖创新人才的培养，加大应用型、复合型、技术技能型人才培养比重。

这一系列有关高等教育改革文件①的颁布与实施，有效改变了我国高等教育的发展现状，基本实现了我国高等教育从统一管理到分类办学的转变。

随着高等教育改革的推行，本科教育的基础性、阶段性、大众性促使通识教育大力加强，专业教育逐步弱化，从而形成了专业教学体系与高等教育改革之间的矛盾。自2001年教育部发布《关于做好普通高等学校本科学科专业结构调整工作的若干原则意见》的通知以来，各高校纷纷调整教学体系尤其是课程体系，大力压缩专业教学比例，形成了基础教学比例过重，专业教学薄弱的本科教学体系。于是，在淡化专业的高等教育改革面前，本科教育逐渐陷入困境，渐行渐远，乃至迷失方向。进而使得本科教育的实践性大大弱化，培养的本科毕业生无法适应就业市场的要求，造成了大学生毕业后“回炉”继续学

---

① 上述通知与文件等，除于成都召开的“新时代全国高等学校本科教育工作会议”外，均源于教育部官方网站：http://www.moe.gov.cn。

习的尴尬局面。[①]

为此，针对目前无论从教育理念和评价标准，还是政策机制导向和资源配置等方面对本科教育的理解偏差和定位认识的不足，2018 年以来，各高校与教育主管部门更加强调本科教育在高等教育中的重要位置。国务院与教育部要求各高校全面落实立德树人根本任务，准确把握高等教育基本规律和人才成长规律，以“回归常识、回归本分、回归初心、回归梦想”为基本遵循，以建设一批一流本科专业点为促进机制，到 2035 年，形成中国特色、世界一流的高水平本科教育。

面临高等教育前所未有的改革进程，本科教育该如何定位值得我们进行思索和探研。

根据联合国教科文组织《国际教育标准分类法》（2011 版），本科教育属于“学士或等同”教育，等级为 6 级，与短线高等教育、硕士或等同、博士或等同共同构成高等教育的 4 个层次，为高等教育的主干部分。风景园林属于第 5 大类，即工程、制造与建筑类的建筑学与建筑工程类（编号 58）[8]。

本科教育前接高级中等教育（3 级），后续硕士或等同（7 级）及博士或等同（8 级）高等教育，起到高等教育承前启后的作用（图 2-1）。实施本层次教育通常是为了给参加者提供中等程度的学术或专业知识、技能和能力，使其获得第一学位或等同资格证书，课程一般以理论为基础，可包括实践成分，传授研究的最新发展水平或最好的专业实践[8]。为此，本科教育需完成该层次的通识教育及有关某一

① 2000 年大学扩招，2004 年第一批扩招后的大学生毕业，关于大学生“回炉”进入技校的信息便不断出现在报纸、网站、电视等新闻媒体之中，引起了社会对大学本科教育的质疑和讨论。《文化观察报》记者汪志球的报道《一位毕业三年的本科生再读职业中专——大学生上技校教育了谁》，从一位本科毕业生毕业后到技校继续深造，以便寻求就业单位的事件，引发家长、学生、教师、大学和整个社会对大学本科教育的思考。[7]

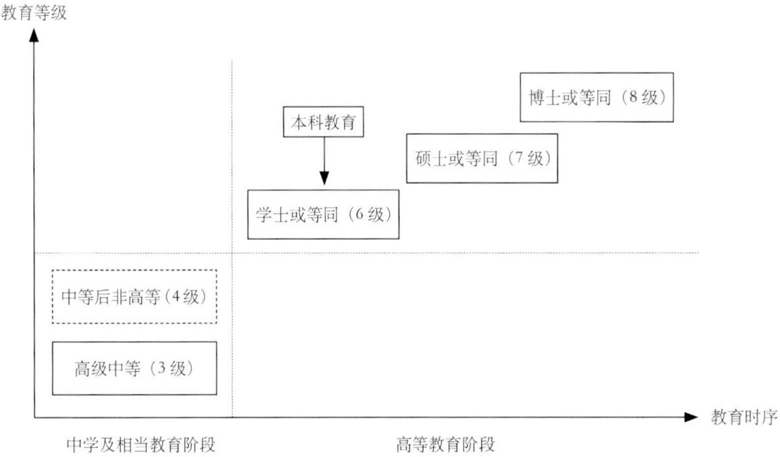

图 2–1
本科教育前接高级中等教育，后续硕士或等同及博士或等同的高阶段高等教育，是高等教育阶段的基础教育

专门领域的基础和专业理论、知识和技能教育。也就是说本科教育属于高等教育的基础教育，是一门专业领域教育的核心根本。

我国《高等教育法》第 16 条规定："本科教育应当使学生比较系统地掌握本学科、专业必需的基础理论、基本知识，掌握本专业必要的基本技能、方法和相关知识，具有从事本专业实际工作和研究工作的初步能力。" 这就从法律上确定了本科教育的职能目标和结果目标。

谈到教育和本科教育，不得不提联合国教科文组织的两部具有里程碑意义的报告。其一为 1972 年的《富尔报告》，即《学会生存：教育世界的今天和明天》（*Learning to Be: The World of Education Today and Tomrorrow*），其中提出"唯有全面的终身教育才能培养完善的人，需要终生学习如何去建立一个不断演进的知识体系——'学会生存'"，强调了终身教育和终身学习的价值和教育的不同阶段性[9]。其二为 1996 年国际 21 世纪教育委员会向联合国教科文组织提交的《德洛尔报告》，即《教育——财富蕴藏其中》（*Learning*：*The Treasure within*），其中提出教育的四个支柱为：学会认知，学会做事，学会共同生活、学会与他人一起生活，以及学会生存，并再次强调终身教育与自主学习的重要性[10]。进入 21 世纪后，随着信息时代的来临和全球化的发展，2015 年，联合国教科文组织发布了报告《反思教育：向"全球共同利益”的理念转变？》（*Rethinking Education: Towards a Global Common Good?*），再次重申了“学会求知、学会做事、学会做人、学会共处”等教育四大支柱的普遍意义和重要性，提出学会学习和能力培养，列出了所有青年都应具备的三类主要技能——基础技术、可转移技能和职业技术技能，以及获得这些技能的环境，并提出了重新思考课程的编排。同时，该报告结合世界教育格局的变化，提出传统大学模式面临的挑战、大学排名滥用所带来的同质化倾向，以及教育与就业之间日益扩大的鸿沟等问题，进而提出教育与工作领域、教育与多元世界观、教育与利益等方面的思考与思索[11]。

1995 年浙江大学提出知识（Knowledge）、能力（Ability）、素质（Quality）并进的人才培养模式，简称为“KAQ 模式”[12]。同济大学在其大学战略规划中，认为大学在产出大量科技成果的同时，最大的产品是人才。于是其将大学的第一本职定位在育人上，进而综合人才培养的各类问题，加以抽象，提出大学教育的 KAP 人才培养模式，即大学教育应该塑造学生知识（Knowledge）、能力（Ability）与人格（Personality）三者的统一，简称为“KAP 模式”[13]。两者可合称为 KAQP 高等教育人才培养模式，是对“学会求知、学会做事、学会做人、学会共处”这四大教育支柱的具体践行。

为适应国家新工科发展需求，对接国内国际认证评估标准，成果导向教育（Outcome-Based Education，简称 OBE）理念已成为本科教育的广泛共识，以学生为中心，以学生学习成效的最终目标（最终学习成果或顶峰成果）为起点，反向进行教学体系设计将成为未来本科教育的发展趋势。

《论语·学而》言：“君子务本，本立而道生。”虽然讲的是治国做人的原则，但也蕴含着无本则无制度、无体系，做任何事情首先必须先立本，先把根本性的指导思想和原则确定下来，才可能建立起相应的执行规范、制度和体系的哲理。本科作为学科之本，对于高等教育和一个学科或专业来讲就是其根本所在，也是实现四大教育支柱和培养终身学习理念的重要学习阶段。本科是高等教育的根，只有从一流的本科教育才能衍生出一流学科和一流大学。

3 风景园林专业的特征与毕业要求

3.1 学科教育发展

风景园林学是一门古老而年轻的学科，古老是指其作为人类文明的重要载体，从《山海经》里记述的玄圃，到古巴比伦的空中花园，已持续存在数千年。年轻是指其作为一门现代学科，可追溯至 1858 年美国设计师奥姆斯特德（F.L.Olmsted）对“Landscape Architecture”一词的提出，随后在美国陆续成立一系列园林设计学校，以 1909 年哈佛大学成立设计学院并开设“Landscape Architecture”为标志，经过多年的发展，在古典造园、风景造园等基础上通过科学方式才逐步建立起来新的学科范式。

从中国风景园林学科的高等教育发展来看，基本可分为如下六个阶段：

（1）1949 年前的启蒙阶段。在 20 世纪 20—40 年代，我国一些农业专科学校和一些综合性大学诸如金陵大学、浙江大学、复旦大学、广西大学等的园艺系开设了庭园学、造园学、测量学、花卉学、观赏树木学、苗圃学、花卉栽培学等课程；建筑院系则开设庭园、都市设计（少量园艺系也开设此课程）等课程。当时风景园林并没有形成一个专业，大多以植物和传统造园为主，同时涉及城市公园内容及少量城市规划或城市设计内容。

（2）1951—1978 年的初始发展阶段。可分为绿化专门化时期和“文革”前后的停滞时期两个分段。l951 年清华大学和北京农业大学园艺系成立的造园组先后增加与完善了自身的课程体系，如增加了素描、水彩、制图（设计初步）、城市计划、营造学、中国建筑、公园设计、园林工程等，从而开创了我国风景园林学科的课程体系。随着苏联大学教育模式和教学体系的引入，1956 年北京农业大学造园专业调整到北京林学院并改名为城市及居民区绿化专业。1958 年同济大学在城市规划专业设置了绿化专门化，成为第一个开设风景园林专业方向的建筑类院校。两个院校对风景园林专业方向的开设使风景园林领域在中国突破了传统园林、庭园的局限，延伸到了城市包括居民区的广大区域，从而开启了我国风景园林专业的先河。而在 1965—1978 年期间，风景园林专业由于受政治影响几乎处于停滞阶段。

（3）1979—1995 年的风景园林发展阶段。1984 年，武汉城市建设学院（后与华中理工大学建筑学院合并为华中科技大学建筑与城市规划学院）在风景园林系开设了风景园林专业；1979 年同济大学成立本科园林绿化专业，1985 年改名为风景园林专业；1980—1993 年，北京林学院（现北京林业大学）将园林专业发展为园林规划设计和园林植物两个方向。风景园林专业的成立和发展标志着中国风景园林学科教育的飞跃，打开了中国风景园林教育面向世界的视野，而后逐渐引入 Landscape Architecture（LA）课程并与之相对接。

（4）1996—2006 年无序纷争阶段。从 1996 年开始直到 1998 年的国家专业大调整，园林统一在农林学科之下，建筑院校以风景园林规划与设计为教学核心的风景园林专业被取消，成为城市规划或建筑学专业的一个研究方向。而为了适应市场需求和延续风景园林教学，各院校逐渐成立了旅游管理、园林、景观设计、景观规划、景观建筑等名称繁多，在学界和社会都存在争论的相关专业。截至 2006 年，开展风景园林相关本科教育的院校多达 109 所，但均基本保持了风景园林教学核心内涵，且均称对应于国际通行的 LA 专业。①

（5）2006—2011 年的转型共识阶段。2004 年风景园林教育委员会成立，2005 年 12 月 11 日中国风景园林学会加入 IFLA，三届全国风景园林教育学术年会（2006 年于北京林业大学，2007 年于南京林业大学，2008 年于同济大学）的召开等重大事件，标志着各院校放弃专业名称的争论，逐渐形成共识，纳入到风景园林学科之下，与国际接轨，逐步转型，达成共识，初步形成“规范性、多元性和职业性”为目标的教育体系。

（6）2011 年后的正轨阶段。2011 年，国务院学位委员会、教育部公布《学位授予和人才培养学科目录》，“风景园林学”正式成为 110 个一级学科之一，列在工学门类，学科编号为 0834，可授工学、农学学位。[17] 随后，在风景园林学会和风景园林专业教指委的领导和组织下，先后就学科基础、内涵与外延、专业基础课程目录、教学大纲和教学评估标准、协调学科建设与行业发展、人才教育与职业资格认证等方面召开了系列化的专题研究和讨论。随着《高等学校风景园林本科指导性专业规范》和《高等学校风景园林专业教育评估文件》的出台，标志着风景园林专业教育进入正轨阶段（图 3–1）。

① 以上关于中国风景园林教育发展历史主要参考张汛翰的《论我国的景观教育》（张汛翰，2006）[14]、林广思的《回顾与展望——中国 LA 学科教育研讨》（林广思，2005）[15]、林广思的《中国风景园林学科的教育发展概述与阶段划分》（林广思，2005）[16] 等文章。

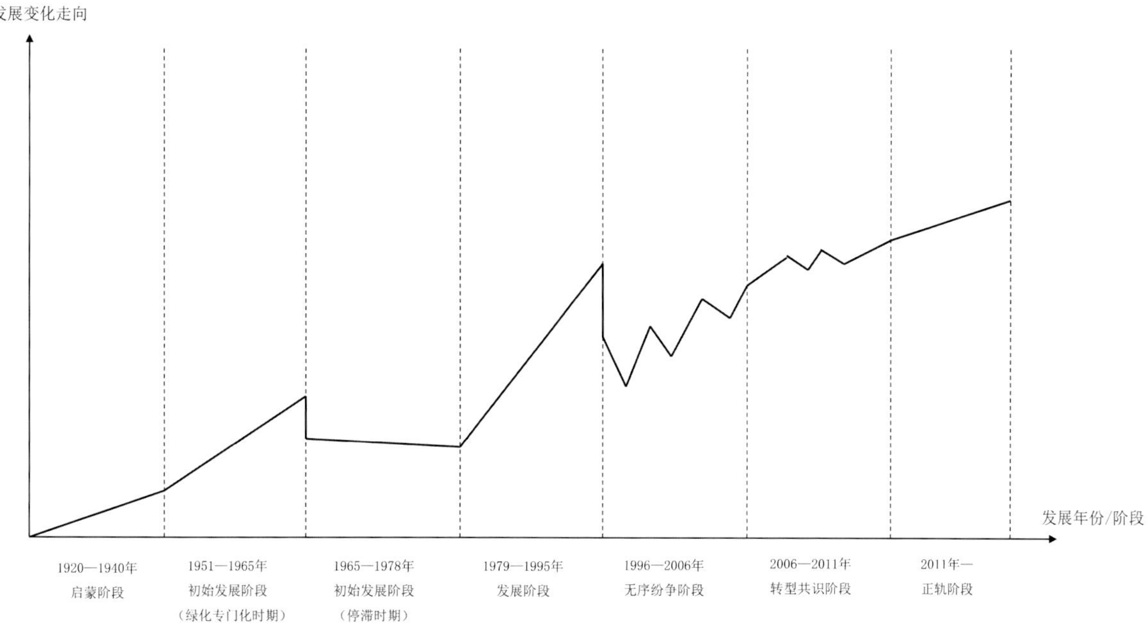

图 3-1　中国风景园林学科教育发展历程变化示意图

3.2　学科内涵与特征

作为人居环境科学的三大支柱之一，风景园林学是一门建立在广泛的自然科学和人文艺术学科基础上的应用学科，核心是协调人与自然的关系，具有交叉性高、综合性强、涵盖范畴广等特点，其需要融合工、理、农、文、管理学等不同门类的知识，以资源保护、景观生态、空间与形态营造和风景园林美学等为基础理论，交替运用逻辑思维和形象思维，综合应用包含资源与环境、规划与设计、建设与管理、工程与经济、生态与社会、人文与艺术等多学科的技术与艺术手段。

风景园林学包括6个研究方向：风景园林历史与理论（History and Theory of Landscape Architecture）、风景园林规划与设计（Landscape Design）、大地景观规划与生态修复（Landscape Planning and Ecological Restoration）、风景园林遗产保护（Landscape Conservation）、园林植物与应用（Plants and Planting ）、风景园林工程与技术 (Landscape Technology)① （表 3-1）。

3.3 毕业要求

根据中国工程教育专业认证协会秘书处关于《工程教育认证标准解读及使用指南（2018 版）》的要求，各专业必须有明确、公开、可衡量，且能支撑培养目标达成的毕业要求，在广度上应能完全覆盖包含工程知识、问题分析、设计 / 开发解决方案等在内的 12 项标准要求所涉及的内容，描述的学生能力在程度上应不低于 12 项标准的基本要求[22]。结合风景园林专业的内涵、特征、学制等，其本科毕业要求可分解为如下指标（表 3-2）。

① 关于风景园林学科内涵与研究方向及领域的内容主要参考了《中国园林》《风景园林》等杂志在 2011 年风景园林一级学科成立后刊发的系列文章[18-21]。

表 3–1　　风景园林学科研究方向及研究领域表

序号	研究方向	研究领域
1	风景园林历史与理论	研究风景园林起源、演进、发展变迁及其成因，以及研究风景园林基本内涵、价值体系、应用性理论的基础性学科。风景园林历史方向的理论基础是历史学，通过记录、分析和评价，建构风景园林自身的史学体系。研究领域包括：中国古典园林史、外国古典园林史、中国近现代风景园林史、西方近现代风景园林史、风景园林学科史等。风景园林理论方向的理论基础是美学、伦理学、社会学、生态学、设计学、管理学等较为广泛的自然科学和人文艺术学科。研究领域包括：风景园林理论、风景园林美学、风景园林评论、风景园林使用后评价、风景园林自然系统理论、风景园林社会系统理论、风景园林政策法规与管理等
2	风景园林规划与设计	是营造中小尺度室外游憩空间的应用性学科。其以满足人们户外活动的各类空间与场所需求为目标，通过场地分析、功能整合以及相关的社会经济文化因素的研究，以整体性的设计，创建舒适优美的户外生活环境，并给予人们精神和审美上的愉悦。该学科历史悠久，是风景园林学科核心组成部分。研究和实践范围包括公园绿地、道路绿地、居住区绿地、公共设施附属绿地、庭园、屋顶花园、室内园林、纪念性园林与景观、城市广场、街道景观、滨水景观，以及风景园林建筑、景观构筑物等
3	大地景观规划与生态修复	是以维护人类居住和生态环境的健康与安全为目标，在生物圈、国土、区域、城镇与社区等尺度上进行的多层次研究和实践，主要工作领域包括区域景观规划、湿地生态修复、旅游区规划、绿色基础设施规划、城镇绿地系统规划、城镇绿线划定等
4	风景园林遗产保护	是对具有遗产价值和重要生态服务功能的风景园林境域保护和管理的学科。实践对象不仅包括传统园林、自然遗产、自然及文化混合遗产、文化景观、乡土景观、风景名胜区、地质公园、遗址公园等遗产地区，也包括自然保护区、森林公园、河流廊道、动植物栖息地、荒野等具有重要生态服务功能的地区。主要研究传统园林保护和修复、遗产地价值识别和保护管理、保护地景观资源勘察和保护管理、遗产地和保护地网络化保护管理、生态服务功能区的保护管理、旅游区游客行为管理等
5	园林植物与应用	是研究适用于城乡绿地、旅游疗养地、室内装饰应用、生态防护、水土保持、土地复垦等的植物材料及其养护的应用性学科。研究范围包括城市园林植物多样性与保护、城市园林树种规划、园林植物配置、园林植物资源收集与遗传育种、园林植物栽培与养护、风景园林植物生理与生态分析、古树名木保护、园艺疗法、受损场地植被恢复、水土保持种植工程、防护林带建设等
6	风景园林工程与技术	是研究风景园林保护和利用的技术原理、材料生产、工程施工和养护管理的应用性学科，具有较强的综合性和交叉性。研究和实践范围包括风景园林建设和管理中的土方工程、建筑工程、给排水工程、照明工程、弱电工程、水景工程、种植技术、假山叠石工艺与技术、绿地养护、病虫害防治，以及特殊生境绿化、人工湿地构建及水环境生态修复和维护、土地复垦和生态恢复、绿地防灾避险、室外微气候营造、视觉环境影响评价等

表 3–2　　　　**毕业要求分解指标表**

序号	毕业要求	分解指标项	对应的相关课程
1	要求 1：工程知识	1–1 能够将数学、自然科学、人文科学、工程基础、专业知识及相关知识用于解决风景园林的工程问题	自然与人文类、语言与应用类、信息与技术类、人类与艺术类等通识教育课程；设计基础与概论、风景园林原理与规划设计、风景园林工程与技术、风景园林政策与法规等基础与专业类课程
		1–2 掌握风景园林的基础理论与知识，风景园林通用技术体系及规划设计能力	
		1–3 掌握风景园林规划设计的一般程序与方法	
		1–4 通过工程技术类课程学习，了解风景园林工程的内容组成、特性及其规划设计方法，理解风景园林规划设计的工程性和实践性	
2	要求 2：问题分析	2–1 掌握发现问题、分析问题的基本原理及方法	风景园林规划设计课程与实践课程等主线课程及以此为基础开展的平台和专业支撑课程
		2–2 掌握风景园林资源保护、规划设计、建设管理的基本理论与方法，能通过信息采集与处理、分析与研究来识别、判断风景园林工程的关键性问题	
		2–3 能运用基本原理，分析问题解决过程中的影响因素，并论证解决方案的合理性	
3	要求 3：设计 / 开发解决方案	3–1 掌握风景园林规划设计基础及相关基本知识点、掌握风景园林规划设计的基本理论与实践操作方法	信息与技术类、语言与艺术类等相关通识课程；风景园林规划设计主线课程、实践环节及个性创新课程
		3–2 具有能针对设计目标与需求，提出系统化风景园林规划设计策略与技术路线，并进行优选的能力	
		3–3 能综合应用所掌握的理论知识，进行从基础调研、分析研究、策略制定、规划设计、文件编制、图纸绘制、成果表达等风景园林规划设计全过程的能力	
		3–4 具有规划设计理论与方法的综合应用能力及设计创新能力	
4	要求 4：研究	4–1 掌握以风景园林规划设计为核心的建筑、规划、风景园林三位一体的专业知识，风景园林从设计基础、概论、原理到工程应用的相关知识	专业理论课程与专业实践环节为主体，平台与专业支撑课程为辅助
		4–2 熟悉风景园林历史、社会、经济、政策、文化等的相关知识	
		4–3 掌握国内外风景园林学科发展趋势和前沿的知识	
		4–4 有能力对风景园林相关课题进行分析、研判，并提出一定的解决策略	
5	要求 5：使用现代工具	5–1 能够书面、口头、模型、图片及媒体或其他信息方式与手段表达规划设计意图和成果	科学与数理类、信息与技术类等通识教育课程；计算机辅助设计、遥感与GIS、数字景观、仿真模拟、参数化设计等技术类平台与专业支撑课程；风景园林规划设计主线课程与专业实践课程
		5–2 掌握必要的专业设计、图形软件基本知识和技能，并使用这些专业软件对规划设计进行分析、绘图及文件编制等	
		5–3 学习通过现代实验室手段进行规划设计及其研究	
6	要求 6：工程与社会	6–1 具备通过参与实习实践，将所学基础理论、专业知识和基本技能综合运用于专业实践，形成一定的实际工作能力	哲学与法学类、自然与人文类通识教育课程；专业实践课程为主，相关平台与专业理论课程衍生的课程实践为辅
		6–2 在实习实践中培养独立从事风景园林资源保护、规划设计、建设管理的能力，增强对于实际工程项目的认知能力	
		6–3 能够适应现场工作，具备与他人合作工作的能力，并理解承担工作的责任	

续表

序号	毕业要求	分解指标项	对应的相关课程
7	要求 7：环境和可持续发展	7–1 充分认识风景园林学科与专业对自然生态、人文历史、环境及社会可持续发展的影响	哲学与法学类、自然与人文类通识教育课程；相关政策法规规范等平台与专业支撑课程及实践课程
		7–2 熟悉风景园林资源保护、环境保护的相关法律法规	
		7–3 能对专业领域内各类系统及工程实践进行评价，并判断其对生态环境的不良影响	
		7–4 从本学科的相关专业知识出发，能够理解和评价针对复杂工程问题的专业工程实践对于自然生态、环境方面的影响，自觉在设计实践中加以综合运用	
8	要求 8：职业规范	8–1 具有“以大自然的良性存在为最终依据”的专业自然观，尊重和延续自然文化遗产的专业价值观	哲学与法学类、自然与人文类通识教育课程；平台与专业理论课程中相关职业素养教育部分、规划设计课程及实践课程等
		8–2 具有维护环境的可持续发展、“为人类和其他栖息者提供良好的生活质量”和“风景园林守护者”的专业使命感	
		8–3 遵守敬业、诚信的职业规范、遵守公平公正的职业道德、维护职业的尊严和品质	
		8–4 坚守理想的专业追求	
9	要求 9：个人和团队	9–1 具有团队合作精神或意识	规划设计类课程的小组合作项目、实践课程与个性创新课程等
		9–2 能够在多学科背景下的团队中承担个体、团队成员以及负责人的角色，培养团队合作精神	
10	要求 10：沟通	10–1 能够在规划设计实践中与业界同行、建设方、施工方及社会公众等进行有效沟通和交流，包括基地调查分析、撰写报告和规划设计文稿、陈述发言、清晰表达或回应指令	语言与应用类通识教育课程；规划设计课程、实践课程和个性创新课程为主，平台与专业理论课程课堂讨论及作业为辅
		10–2 具备国际视野，富于创新精神，具备可持续发展的环境保护与文化传承意识、健康的社会交往能力	
		10–3 具有一定的外语应用能力	
11	要求 11：项目管理	11–1 了解与熟悉一定的风景园林资源保护与利用、规划与设计、建设与管理的政策、法规、规范及行业标准的基本内容	专业实践课程、工程经济、风景园林工程与技术类理论课程等
		11–2 具有各种类型、各种尺度风景园林空间建造基本的施工配合、实施、监理、经济及管理控制能力	
		11–3 具有对风景园林资源、规划设计、建设、以及使用与维护基本的管理能力	
12	要求 12：终身学习	12–1 树立建构主义哲学理念，能认识不断探索和学习的必要性，具有自主学习和终身学习的意识	各类课程，主要应体现在教学方法上，如采用启发式、引导式、讨论式等教学方法
		12–2 具备终身学习的基础知识，掌握自主学习的方法，了解拓展知识和能力的途径	
		12–3 能针对个人和职业的发展需求，采用合适的方法，自主学习，培养在专业领域不断学习和适应发展的能力	

4 教学内容体系建构

4.1 内容体系结构

教学内容体系是指为了实现教学目标，各种教学环节通过合理的结构配置所呈现的具体内容组合。一般本科教学内容体系包括学时和学分安排、课程结构配置及教学内容的组织等。而具体的教学内容系指教学过程中同师生发生交互作用，服务于教学目的而达成的动态生成的素材与信息，一般包括教学大纲、教材与教案等。

面对国家对本科专业人才培养目标的实现，对学生个性化和自主化学习的强化，对学时和学分的控制、对毕业要求的达成以及对模块化课程的科学设置等各方面的要求，作为一个工程实践性较强的专业，风景园林本科培养中如何在 KAQP 高等教育人才培养模式下，形成符合自身专业特点的知识体系和模块化课程是其教学内容体系建构的核心所在。为此，笔者根据风景园林专业特征和发展趋势，结合通识教育与专业教育，总结形成如下风景园林教学内容体系的综合结构配置。

在内容体系结构整合与设计方面，将专业内容体系分解为专业主线课程、专业理论课程和专业实践课程 3 大板块，以此向外拓展形成由自然与人文、哲学与法学、经济与管理、科学与数理、人类与艺术、语言与应用、信息与技术、体质与素质等类型组成的通识教育板块，以及由建筑与城乡规划、风景资源与历史、生态与植物、工程与技术、政策与法规等类型组成的平台与专业教育板块（图 4–1）。这样的内容体系结构配置具有如下几方面的特点：

（1）目标上更加符合专业定位与学科的未来发展方向，内容上更加契合本科教育的职能定位；

（2）围绕教育的四大支柱，拉通了通识教育与专业教育的联系，以专业主线内容体系带动通识教育内容体系与平台板块的建设；

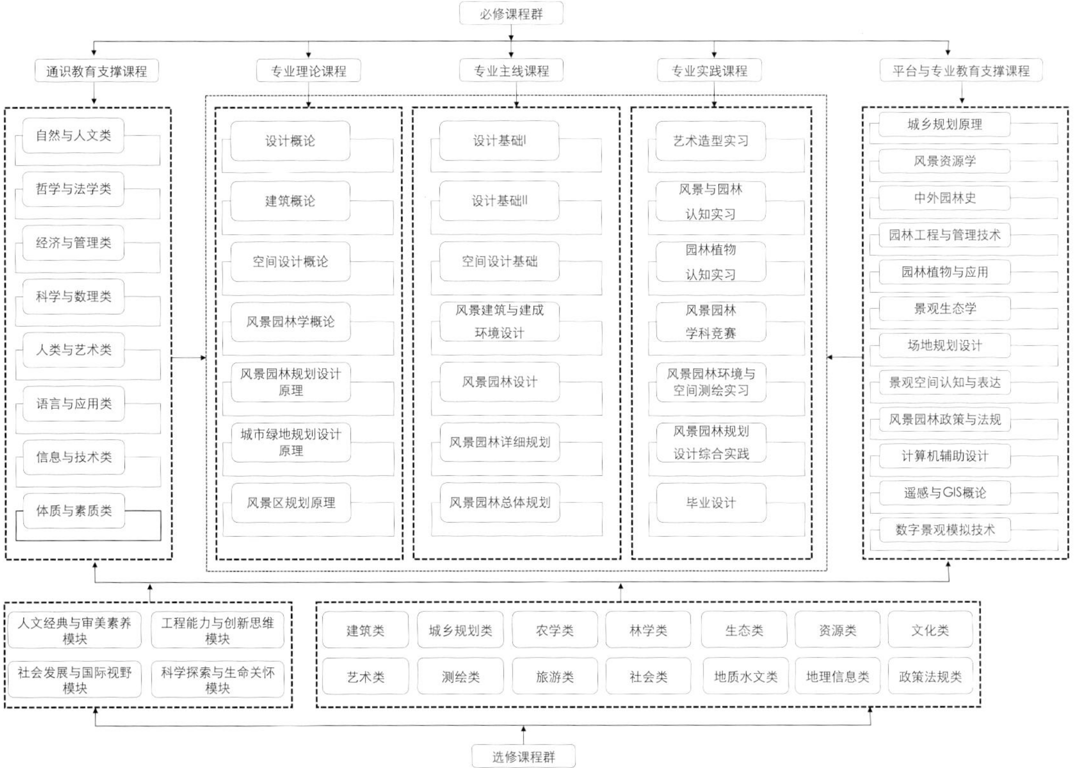

图 4–1　风景园林本科专业内容体系结构图

（3）在结构设计上以专业核心板块为主线，通识课程和平台与专业教育课程为支撑，形成主线突出，两翼并重，交叉互动的内容体系结构；

（4）在主线课程基础上，形成讲座式选修课程集群，将交叉课程、混合课程作为课程建设的重点方向；

（5）在课程模块设计上注重核心知识体系建构和方法训练，主线模块兼顾风景园林规划设计训练的深度和广度；

（6）通过实验、实习及实践课程的设计，凸显与强化教学基地在教学中的作用，突出新工科背景下专业教育的工程性与实践性[23]。

4.2　通识教育知识体系及模块化课程

在我国高等教育的改革过程中，由于对大学专业教育的矫枉过正，在通识教育的实施过程中产生了诸如通识教育等同于非（弱）专业化、通识教育等同于通才教育、以及通识教育等同于泛知识教育等多方面的误区，从而使得通识教育与专业教育严重脱节，相互消解，未能发挥通识教育应承担的功能与作用。

从以通识教育为高校教育灵魂的美国大学所推行的通识教育发展历史来看，其经历了艾略特时期（C. W. Eliot）的选修制（1872—1909年）、劳威尔（A. L. Lowell）时期的集中与分配制（1909—1937年）、赫钦斯（Robert M. Hutchins）时期的名著课程计划（1937—1943年）、科南特（James B. Conant）时期的通识教育计划（1943—1971年）、博克（Derek Bok）时期的核心课程（1971—2002年）、以及萨默思

（Lawrence H. Summers）时期的通识教育改革（2002 年至今）等发展阶段，是一个随时代发展的演变过程。综合来看，通识教育在教育目标、教育重点、知识领域制定等方面的本质特征至少包括以下 3 个方面：①育人为教育的首要目标；②知识的整体化和综合化是教育的重点；③多元化和国际化视野是知识领域制定的方向[24]。

通识教育的主要任务为解决大学自由教育中“为何而生”的问题。而针对学生将来从事某种职业而进行的专业教育，解决的是大学自由教育中“何以为生”的问题。两者在内涵上辨证统一，相辅相成。

在实施中作为大学本科自由教育的两条主线，通识教育与专业教育贯穿整个本科教育始终，不应是流于形式的先后关系，而应是如同 DNA 的两条多核苷酸链一样，相互结合，并行协同，相辅相成，去共同形成本科教育的主体。

从风景园林学科通识教育与专业教育的知识关联来看，通过专业学习可以让学生了解风景园林的空间、形态等外在表象是受社会、经济、文化等因素的影响而形成的，而通过通识教育的学习可以让学生理解社会、经济、文化等因素对客观世界包括城市、建筑、风景园林等物质载体的形成具有决定性作用或影响。通过两者的对照、互补学习，不在于学生知识增长的多少，而关键可以培养学生的独立思考能力和自学能力，形成学生在观察表象时去自觉探寻内在规律的学习习惯。

为此，可将风景园林专业通识教育知识体系确定如下（表 4–1，表 4–2）。

表 4–1　　通识教育知识体系中的知识领域（44 学分）

序号	知识领域	知识单元	推荐课程	推荐学分
1	自然与人文	自然的演化进程 人类文化与文明发展 人类文化与信仰	行星与地球、自然地理、人文地理、生命系统科学	6
2	哲学与法学	中外哲学历史 哲学思想与方法 中外法学比较 批判性思维	毛泽东思想和中国特色社会主义理论体系、马克思主义基本原理、中国近代史纲要、思想道德修养与法律基础等	6
3	经济与管理	经济学原理及经济发展规律 管理学原理	经济学基础、管理学基础	4
4	科学与数理	科学与技术的思想基础和历史进程 科学与技术的思想要点 科学探索和技术创新的精神 数理学基础与应用	现代科学技术史、高等数学、科学现象与原理、科技创新	6
5	人类与艺术	人类文化的产生、发展、类型 人类社会 人类艺术的形式与表达 艺术鉴赏与艺术创作	人类文化学、社会学、美术、画法几何及阴影透视、艺术鉴赏	6
6	语言与应用	通用类语言与应用 专业类语言与应用	大学英语、科技与专业外语	8
7	信息与技术	现代信息与技术的发展	计算机信息技术、文献检索、程序设计语言、Python 编程基础、开源软件与编程等	8
	合计			44

表 4–2　　个人体质与素质领域（4 学分）

序号	体素领域	单元	推荐课程	推荐学分
1	体育	体质锻炼	体育	2
2	素质	军事、心理素质	军事理论、心理学等	2
	合计			4

在教学改革的过程中，为了强化人文艺术类课程与风景园林专业的融合，同济大学“艺术造型”课程改变了以往通用的从几何体、静物与人物头像素描及水彩或水粉等色彩入手的传统美术教学方法，在阴佳和吴刚等老师的倡导与践行下，积极探索将风景园林的要素（如山石、树木、花鸟等）、空间（园林、山水等）、表现形式（炭笔、水彩、国画等）等融入课程教学，传统与现代结合，通识与专业结合，在培养学生人文艺术修养和对专业的兴趣的同时，拓展了学生视野，传承了风景园林诗画结合的精神（图 4-2—图 4-7）。

图 4-2　城市印象（炭笔设色）

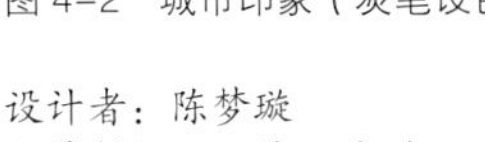

设计者：陈梦璇
指导教师：阴佳、吴刚

图 4-3　水墨花鸟团扇

设计者：秦安琪
指导教师：阴佳、吴刚

图 4-4　水墨山水绘

设计者：王瑾
指导教师：阴佳、吴刚

图 4-5　水墨山水绘

设计者：蔡雨辰
指导教师：阴佳、吴刚

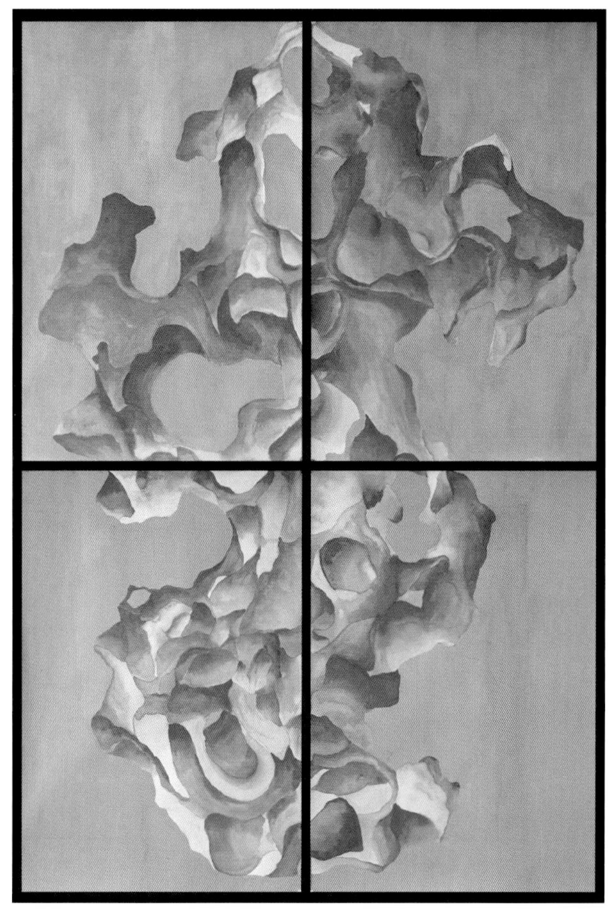

图 4-6　水彩景石

设计者：秦安琪
指导教师：阴佳、吴刚

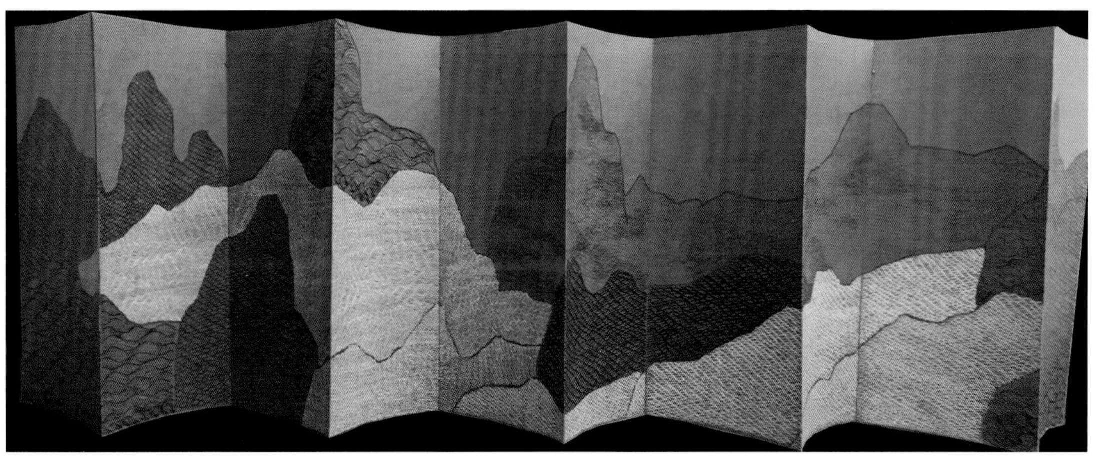

图 4-7　色彩山水绘

设计者：杨潇芬
指导教师：阴佳、吴刚

4.3 专业教育知识体系

从风景园林的学科内涵、工作对象、业务流程等方面来看，其专业知识体系核心领域主要集中在空间·形态·美学、环境·生态·绿化与行为·心理·文化三个层面，其能力体系核心领域集中在资源·保护、规划·设计与建设·管理三个层面[25]（表 4–3—表 4–5）。

表 4–3 专业知识体系中的核心知识领域与知识点单元

序号	核心知识领域	知识点单元		备注
1	空间·形态·美学	空间知识	风景园林空间的表现形式、构成要素、比例尺度及时空对应关系	空间、形态和美学三者是风景园林的主要表现形式，也是风景园林专业的核心知识之一
		形态知识	风景园林形态的外现形式	
			风景园林形态的组成要素、组合方式、功能指向、形态与意义	
		美学知识	风景园林美学的内容与表现形式	
2	环境·生态·绿化	环境知识	风景园林的区域、地域、基地及内部环境特征与肌理	包括从宏观到微观，从大尺度到小尺度的环境特征和肌理
		生态知识	风景园林的生态系统与结构格局、生态要素及相互作用、生态链与生态位及核心环节，生态规划及管理措施	可选择生态学或景观生态学
		绿化知识	风景园林绿化的生态特征、地域特征、生长特征、形态特征、文化特征、建造功能及其方法	以植物材料进行空间与景观营造是风景园林专业的重点知识
3	行为·心理·文化	行为知识	风景园林空间所发生行为的目的性、能动性、预见性、程序性、多样性、可度性	应认识行为、心理与文化三者的相互影响、互为层次关系，以及与风景园林空间、形态、美学等的互动关系
		心理知识	对风景园林的心理认识过程、心理情感过程、心理意志过程，以及知、情、意心理过程三者之间的关系	
		文化知识	风景园林的显性文化特征（图式表征、名称表征、设计表征等）	
			风景园林的隐形文化特征（风景园林的象征意义、审美情趣，以及宗教、经济与政治含义等）	

表 4-4　　知识体系中的核心能力领域与单元

<table>
<tr><th>序号</th><th>核心能力领域</th><th colspan="2">能力单元</th><th>备注</th></tr>
<tr><td rowspan="2">1</td><td rowspan="2">资源·保护</td><td>资源层面</td><td>风景园林资源的调查、认知、分析、组织、发掘、利用等能力</td><td>在能力培养过程中培养学生的风景资源系统观、资源辩证观、资源层次观、资源开放观、资源动态平衡观等对待风景资源的专业素养</td></tr>
<tr><td>保护层面</td><td>自然与人文风景资源的保护能力、保护手段与方法</td><td>在培养学生对于风景园林资源保护能力的同时，强化对生态环境的保护意识、可持续发展的思维等素养教育</td></tr>
<tr><td rowspan="7">2</td><td rowspan="7">规划·设计</td><td rowspan="3">规划层面</td><td>对风景园林规划意义和特征（长远性、全局性、战略性、方向性、概括性等）的认识能力</td><td rowspan="7">在规划设计能力的培养过程中逐步树立专业准则与职业道德</td></tr>
<tr><td>对风景园林规划的资料收集、分析、战略和目标制定、与其他相关规划的协调，以及表达等能力</td></tr>
<tr><td>风景园林规划流程的操控能力、项目的管理与组织能力以及对风景园林规划方法的应用能力</td></tr>
<tr><td rowspan="4">设计层面</td><td>对客户期望、需要、要求等的理解与风景园林语言物化能力</td></tr>
<tr><td>对设计基地内外自然和文化元素的认知、理解、分析、组织及利用能力</td></tr>
<tr><td>设计各流程阶段规范性文件的编制能力</td></tr>
<tr><td>设计理论与方法的应用能力及设计的创新能力</td></tr>
<tr><td rowspan="6">3</td><td rowspan="6">建设·管理</td><td rowspan="5">建设层面</td><td>各种类型、各种尺度风景园林空间建造的施工配合能力</td><td>对应于规划设计单位</td></tr>
<tr><td>各种类型、各种尺度风景园林空间建造的施工实施能力</td><td>对应于施工单位</td></tr>
<tr><td>各种类型、各种尺度风景园林空间建造的施工监理能力</td><td>对应于监理单位</td></tr>
<tr><td>各种类型、各种尺度风景园林空间建造的经济控制能力</td><td>对应于建设单位、投资控制单位</td></tr>
<tr><td>各种类型、各种尺度风景园林空间建造的管理控制能力</td><td>对应于风景园林项目的主管单位或部门</td></tr>
<tr><td>管理层面</td><td>对风景园林资源、规划设计、建设、以及使用与维护的管理能力</td><td>处于不同岗位对风景园林涉及的不同对象的管理能力</td></tr>
</table>

表 4–5　　　　专业知识体系中的核心素质领域与单元

<table>
<tr><th>序号</th><th>核心素质领域</th><th>素质单元</th><th>备注</th></tr>
<tr><td rowspan="2">1</td><td rowspan="2">专业价值观</td><td>“以大自然的良性存在为最终依据”的专业自然观[1]</td><td rowspan="2">专业价值观的是形成专业素质的基础</td></tr>
<tr><td>尊重和延续自然文化遗产</td></tr>
<tr><td rowspan="2">2</td><td rowspan="2">专业责任感</td><td>维护环境的可持续发展</td><td rowspan="6">专业价值观、专业责任感、职业规范和职业道德、专业追求是作为专业从业人员形成现代人格的必备条件</td></tr>
<tr><td>“为人类和其他栖息者提供良好的生活质量”和“景观守护者”的专业使命感[2]</td></tr>
<tr><td rowspan="3">3</td><td rowspan="3">职业规范和职业道德</td><td>遵守敬业、诚信的职业规范</td></tr>
<tr><td>遵守公平公正的职业道德</td></tr>
<tr><td>维护职业的尊严和品质</td></tr>
<tr><td>4</td><td>专业追求</td><td>坚守理想的专业追求</td></tr>
</table>

注：

1　刘滨谊教授认为，风景园林专业素质应包括专业使命感、自然观、科学理性与创新性、空间环境意识、以实践为检验标准等5项专业素质。其中自然观，旨在坚持自然第一，人工第二；保护自然第一，开发建设第二；规划设计、建造管理、权衡利弊得失，一切以大自然的良性存在为最终依据，这是风景园林专业的自然观，其基础是对于自然的热爱、对于自然规律的尊重。除了理性的原则之外，风景园林专业的自然观更多的是潜移默化、最终付诸行为的专业感觉，这种专业感觉的形成，其有效的方法是走进大自然，接受自然的熏陶。[26]

2　刘滨谊教授认为，风景园林专业人员作为肩负着“为人类和其他栖息者提供良好的生活质量”和“景观的守护者”的神圣使命感，其基础是对于生活的热爱、对于大众的尊重。使命感的培养需要学生结合规划设计实践，深入生活，体会社会需求，倾听大众呼声。[26]

4.4 教育知识体系与模块化课程

根据国际风景园林师联合会、联合国教科文组织（IFLA-UNESCO）《国际风景园林师联合会 - 联合国教科文组织风景园林教育宪章（IFLA-UNESCO Charter for Landscape Architectural Education）》（简称《风景园林教育宪章》）要求，风景园林专业学生需掌握以下知识和能力：

（1）文化形态史和风景园林是一种社会艺术的理解（History of cultural form and an understanding of design as a social art）。

（2）文化和自然系统（Cultural and natural systems）。

（3）植物材料及其应用（Plant material and horticultural applications）。

（4）工程材料、方法、技术、建设规范和工程管理（Site engineering including materials，methods，technologies，construction documentation and administration，and applications）。

（5）风景园林规划设计的理论与方法（Theory and methodologies in design and planning）。

（6）各种尺度的风景园林规划设计、管理和调查、研究、实践（Landscape design，management，planning and science at all scales and applications）。

（7）信息技术和计算机应用（Information technology and computer applications）。

（8）公共政策与法规（Public policy and regulation）

（9）沟通与交流能力（Communications and public facilitation）。

（10）职业道德规范与价值观（Ethics and values related to the profession）。[27，28]

2004 年，通过对旗下 1458 名成员的调查，美国风景园林师协会（American Society of Landscape Architects，简称 ASLA）、加拿大风景

园林师协会（Canadian Society of Landscape Architects，简称 CSLA）、风景园林教育委员会（Council of Educators in Landscape Architecture，简称 CELA）、风景园林师注册委员会（Council of Landscape Architecture Registration Boards，简称 CLARB）、风景园林鉴定委员会（Landscape Architectural Accreditation Board，简称 LAAB）等机构形成了风景园林核心知识结构研究报告（Landscape Architecture Body of Knowledge Study Report，简称 LABOK）。从报告来看，其从如下九个层面调查分析了风景园林教育和从业所需要的知识与能力。[29]

（1）风景园林历史与评论（Landscape Architecture History and Criticism）。

（2）自然与人文系统（Natural and Cultural systems）。

（3）规划设计理论与方法（Design and Planning Theories and Methodologies）。

（4）公共政策与法规（Public Policy and Regulation）。

（5）不同尺度空间的规划、设计与管理、实践（Design, Planning and Management at Varios Scales and Application）。

（6）场地设计与工程：包括材料、方法、技术和应用（Site Design Engineering: Materials, Methods, Technologies and Applications）。

（7）建设规范与工程管理（Construction Documentation and Administration）。

（8）交流与沟通（Communication）。

（9）职业道德规范与价值观（Values and Ethics in Practice）。

根据 LABOK 的分析结论，风景园林本科毕业生（第一学位）必须具备的核心知识与能力主要包括：①风景园林历史与评论；②自然与人文系统；③规划设计理论与方法；④场地设计与工程：包括材料、方法、技术和应用；⑤交流与沟通等五个方面。而以上五个方面的本科教育阶段与从业、再教育（如专业培训、研究生教育等）等阶段相比，在具体知识点方面掌握程度的要求也不尽相同。

从内容上看，《风景园林教育宪章》中确立的风景园林专业学生需具备的知识和能力，涵盖了 LABOK 所调查的范畴，而后者更是从风景园林专业从业者的角度，从本科教育、再教育、从业等方面分析了不同阶段风景园林专业学生和从业人员所需具备的知识和能力。该报告对在《风景园林教育宪章》基础上构建风景园林本科专业教学内容体系及其知识能力架构具有较重要的参考意义。

从《风景园林教育宪章》中确立的风景园林专业学生需具备的知识和能力内容来看，其中①文化形态史和风景园林是一种社会艺术的理解；②文化和自然系统；③植物材料及其应用；④风景园林规划设计的理论与方法；⑤公共政策与法规等重在知识的传授（属于 KAQP 人才培养模式的“K”）。⑥工程材料、方法、技术、建设规范和工程管理；⑦各种尺度的风景园林规划设计、管理和调查、研究、实践；⑧信息技术和计算机应用；⑨沟通与交流能力等重在能力的培养（属于 KAQP 人才培养模式的“A”）。而⑩职业道德规范与价值观则重在专业素养的塑造（属于 KAQP 人才培养模式的“Q/P”）。

从对国内具有代表性的样本院校风景园林本科教育阶段专业教学课程的统计与分类分析来看，在对应度上，与《风景园林教育宪章》所确定的风景园林专业学生需掌握的知识和能力，以及与 LABOK 所调查的风景园林专业教学所需的主要教学范畴及内容虽然具有相当的对应关系，但在课程单元的全面性、不同课程单元的分配比重、课程具体内容等方面也还是与执行风景园林师（Landscape Architect）执业注册制度国家的样本院校存在一定的差距，尤其是在公共政策与法规、职业道德规范与价值观方面较为缺位。

为此，以《风景园林教育宪章》规定的风景园林专业学生需具备的知识和能力为基础，以 LABOK 对本科教学（第一学位教育）知识与能力的调查结果为依据，结合风景园林的专业核心内容，可建构起如下风景园林本科的 KAQP 专业教学内容体系（表 4–6，表 4–7）。

表 4–6　　专业知识领域的内容、课程单元及推荐学分（36 学分）

序号	知识领域模块	核心知识内容	推荐课程	推荐学时
1	风景园林历史与文化（History and culture of landscape architecture）	中国风景园林历史和文化 外国风景园林历史和文化 中外风景园林历史的相互对应关系及文化的异同	中外风景园林史 风景园林文化 风景园林艺术	6
2	自然和文化系统（Natural and cultural systems）	自然系统的空间表征、构成要素 自然场地条件与生态系统 土地利用模式与建成形态 文化系统的构成要素、特征及对风景园林的影响 自然系统与文化系统之间的关系	风景资源学 场地分析 基础生态学 景观生态学 人类文化学	8
3	植物材料及其应用（Plant material and horticultural applications）	植物的分类与名称 植物的群落生态系统 植物的景观特色 植物在风景园林中的功能及其应用 种植设计原则、流程及其方法 植物的后续管理与维护	植物学 园林植物与应用 种植设计 植物养护与管理	8
4	风景园林规划设计的理论与方法（Theory and methodologies in design and planning）	风景园林规划设计理论领域的发展历程与当代发展方向 风景园林规划设计理论与方法 风景园林规划设计工作的流程与模式 风景园林的规划设计语言 风景园林相关规划设计的理论与方法	建筑设计原理 城乡规划原理 风景园林导论 风景园林规划原理 风景园林理论前沿 风景园林设计方法	10
5	公共政策与法规（Public policy and regulation）	对风景园林使用和发展产生影响的政策和法律规范 风景园林的基本法规、附属法规及相关法规 风景园林发展新的趋势和问题 风景园林工程项目的审批流程	风景园林法规与规范 风景园林政策与发展	4
	合计			36

表 4–7　专业能力领域的内容、课程单元及推荐学分（72 学分）

序号	能力领域模块	核心能力内容	推荐课程	推荐学时
1	工程材料、方法、技术、建设规范和工程管理（Site engineering including materials, methods, technologies, construction documentation and administration, and applications）	工程材料及其特性的认知能力	建筑力学与结构 风景园林材料学 风景园林工程设计 建筑与风景园林构造 风景园林工程经济 风景园林项目管理	8
		工程材料在设计中的应用能力		
		工程技术流程的了解与理解能力		
		风景园林工程项目建设规范的了解与理解能力、设计管理能力以及建造、监理等管理能力		
2	各种尺度的风景园林规划设计、管理和调查、研究、实践（Landscape design, management, planning and science at all scales and applications）	客户目标、需求、要求等的理解能力	设计基础 空间设计 建筑与规划设计基础 建成环境设计 风景园林设计 风景园林详细规划 风景园林总体规划	56
		资料调查收集、数理分析能力		
		规划设计目标、策略的制定能力		
		各类规划的理解与协调能力、项目组织管理能力		
		规划设计项目各阶段文件的编制能力		
		规划设计理论和方法的应用能力、创新能力		
3	信息技术和计算机应用（Information technology and computer applications）	信息的收集、筛选、分析能力	文献检索（数据库、OFFICE 等）	6
		信息的数理分析能力、图形文件的处理能力、计算机辅助设计的能力	计算机信息技术、地理信息系统（GIS）、参数化设计等	
		设计成果的表达与交流能力	设计表达与陈述	
4	沟通与交流（Communications and public facilitation）	规划设计成果的口头陈述能力	专业沟通与交流	2
		规划设计成果的可视化交流技巧（如图片和影音等）		
		在不同阶段与规划设计项目合作者的联系或当面交流能力		
		风景园林规划书面文件或图形文件的制作与表达能力		
		风景园林项目的会议组织能力		
	合计			72

注：

1.“工程材料、方法、技术、建设规范和工程管理”模块多以参观、调查、测绘、课程设计、实习、社会实践等形式开展；

2.“各种尺度的风景园林规划设计、管理和调查、研究、实践”模块是对学生关于风景园林认知能力、逻辑思维能力、形象思维能力、操作能力、交流与组织管理能力等的全方位训练；

3.“信息技术和计算机应用”模块可与通识教育的信息与技术模块协同开展；

4.“沟通与交流”模块可结合其他教学模块开展训练。

4.5 实践体系与模块化课程

配合主线课程，结合风景园林专业的内涵与学科特点，可将实践体系分为实验、实习与实践、设计等三个板块，其中实验分为环境与生态学基础实验和行为与规划设计实验 2 个模块；实习与实践根据学生学习规律分为认知、理解、应用与综合 4 个阶段开展；设计独立于课程设计，可由国内外院校联合设计与设计竞赛等组成（表 4–8）。

表 4–8　　实践体系中的领域和核心实践单元推荐学分（36 学分）

序号	实践领域	实践模块	实践核心内容	推荐学分
1	实验	环境与生态学基础实验	对构成风景园林的水、土、大气、声等基本环境要素以及生态、气候、地质、地貌、水文等基本地理要素的基础实验	4
		行为与规划设计实验	对使用者在风景园林中的观察和模拟实验，探索规划设计与使用者行为之间的关系	2
2	实习与实践	艺术造型实践	风景园林空间、美学、美术、艺术造型实践	2
		风景园林认知实习	风景园林空间实体及图式认知实习	1
		风景园林考察实践	风景园林空间感知实践、风景园林组成元素考察实践、风景园林工程建设考察实践	1
		风景园林规划设计实践	不同尺度风景园林规划设计实践	2
		毕业设计	综合性风景园林规划设计实践	16
		企业实习	实际工作环境与工作状态体验实习	4
3	设计	国内院校联合设计	国内同类院校的联合设计（暑期夏令营）	4
		国际院校联合设计	国际同类院校的联合设计（暑期夏令营）	
		设计竞赛	国内外各类设计竞赛	
	合计			36

注：部分实践模块可与专业能力领域课程模块形成联合教学模块，以课题为中心共同开展教学活动。

5 主线课程教学教程与实践

5.1 专业教学目标框架

根据《风景园林教育宪章》，风景园林的教育应以风景营造为主线，以与取得职业资格或职业实践准入的对接为目标。[27, 28] 该宪章明确了风景园林专业的教学职能目标和结果目标。

从教学时序上看，按照学生获取知识、培养能力等的规律，当学生由高中进入大学，由普通教育转入高等教育，在本科阶段对专业知识和技能的学习一般均会经历认知、理解、应用、综合 4 个学习阶段，具体每个学习阶段时间的长短则由专业的学制、专业的特点、教学特色等方面决定。

为此，整合教学目标体系的经典建构范式，结合风景园林本科教育的职能目标，以不同教学阶段划分的时序建构为基础，以 KAQP 组成要素为对象，可形成风景园林本科的专业教学目标体系框架（图 5-1）。

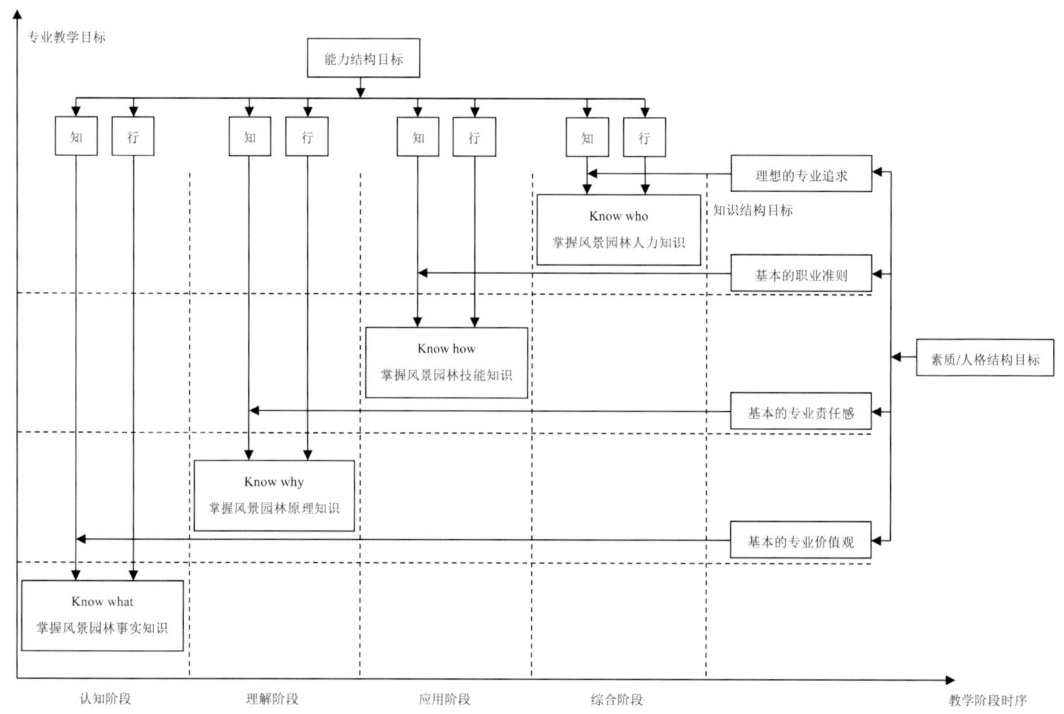

图 5–1　风景园林本科专业教学目标体系框架图

5.2　主线课程设计

根据本科教育经历的从启蒙与认知、理解、应用到综合的学习阶段，可形成风景园林专业本科教学主线课程[①]（表 5–1）。

① 该主线课程设计主要以同济大学的四年制风景园林专业本科教学主线课程为基础，重点突出风景园林、建筑和城乡规划的三位一体，并结合风景园林专业培养改革方案对其内容、时序、要求及具体教程实施方案等进行了一定的修正与调整。由于目前国内开设风景园林专业的院校学科背景不同，在主线课程设计上也会存在一定的差异。

表 5-1　　风景园林专业本科教学主线课程一览表

年级	阶段	主线课程名称	课程定位与目标
1	认知	设计基础 I	作为专业启蒙教学，该课程目的旨在让学生初步认识和了解设计的意义、原理及其运用；熟悉并掌握形态构成和空间限定的基本特征与方法；了解不同建构空间与使用者行为之间的关系；学习建构空间设计的基本内容、元素和方法，培养学生的感知能力与认知方法，了解和熟悉设计的表达和表现方法
		设计基础 II	了解材料、构造与形态和空间之间的相互关系，学习运用材料进行空间塑形和建造的基本原理和方法；了解并初步掌握使用功能与空间和形态之间的关系，了解并熟悉方案设计的基本方法；了解并初步掌握行为与空间关系的调查分析方法；进一步熟悉和掌握设计的表达和表现技能
2	理解	空间设计基础	重点培养学生对空间生成原理的理解和掌握，通过水平空间、垂直空间和多维空间的具体训练，让学生理解空间组织的基本原理、方法与技能，了解和掌握空间生成的组成要素、逻辑体系、结构体系、组织形式、组合方式，以及对空间设计的表达技能与方法
		风景建筑与建成环境设计	重点培养学生对风景园林与建筑之间相互关系的认识，理解风景园林中的建筑选择、布局、成景、组合、空间组织等的基本原则，掌握建筑及其建成环境设计的流程、方法与表达手法；训练学生对风景、风景建筑及其附属景观环境的空间设计方法；培养学生从自然风景与人工景观的辩证关系上去发现问题、分析问题及解决问题的能力，培养学生在风景建筑与建成环境设计中意念思维、逻辑思维与形象思维的统一
3	应用	风景园林设计	重点培养学生对风景园林设计要素、基本布局与组合原则的认识，理解与掌握风景园林设计的主要流程、设计方法与基本表现手法；训练学生基于真实基地开展调查分析和研判，基于现状及规划发现问题、分析问题并在设计中解决问题的能力，实现对学生逻辑思维能力的培养；培养学生在风景园林设计中的想象和形象思维及创造能力；培养学生认真、细致、严谨的职业素质与专业精神
		风景园林详细规划	该课程为学生从学习风景园林设计转向风景园林规划的中间环节，旨在培养学生对中观尺度城乡风景园林空间（如城市广场、公园绿地、旅游目的地等）的调研分析能力、风景园林要素与其他城乡功能要素的空间协调能力、对不同立地条件下风景园林规划对象的分析、策划及规划设计的能力、以及基于风景园林规划策略的分区引导与指标控制编制能力等。课程强调将风景园林规划设计理论综合运用于具体的规划实践之中，以引导合理开发，保障规划区域环境的可持续发展。 通过本课程的学习，了解目前国内外风景园林详细规划的动态、进展与发展趋势，初步建立风景园林规划设计的理论与方法体系的知识框架；厘清各类风景园林规划设计方法的异同及相互关联；掌握风景园林规划设计的理念、方法与技术；提升调查分析、综合思考及分工合作的能力，尤其着重培养学生发现问题、分析问题与解决问题的能力。课程强调通过实践操作来加深学生对规划的科学性、应变性和控制性的理解，因地制宜、科学合理地进行规划设计
4	综合	风景园林总体规划	重点培养本科生综合运用所学知识从风景园林角度综合解决区域性保护与发展矛盾问题的能力，要求掌握风景名胜区、自然保护区、旅游景区等区域总体规划的方法和技能，以综合分析问题、发现问题与解决问题的方法及理性思维能力、交流能力培养为核心。 课程通过对国内外景观总体规划类型、理念、技术路线和规划方法的系统介绍和研析，使本科生较全面、系统地掌握国内外在这一领域的研究动态与发展趋势。 课程以真题为基础通过现场调研掌握发现问题和分析问题的方法，通过专题讲座、分组规划、节点交流等形式，开阔学生的专业视野，培养学生深入观察、独立思考及解决问题的能力
		毕业设计	作为本科专业教学中的最后环节，通过毕业设计的全过程教学，检验学生对已学基础知识、专业知识和技能的应用能力，在教师指导下，帮助学生结合实际课题学习新的专业知识，并进行融会贯通和综合运用，从而达到培养学生综合运用所学的基础理论、专业知识和基本技能的能力；提高学生查阅、收集资料并进行分析和研判的信息处理能力；提高学生发现、分析与解决实际问题的能力；培养学生独立工作能力和集体协作精神；提高学生包括任务计划安排、规划设计、绘图协作、口头和书面表达等的综合水平，从而使学生得到从事实际工作所必需的综合训练，具备进行科学研究工作所必需的基本能力

5.3 主线课程教学实践

1）设计基础 I

作为一个工科类专业，风景园林专业本科的生源多为理科生，学生由高中进入大学，无论从生活、学习、心理等方面均会发生较大的转变。而完成由应试教育向本科教育转换，由数理思维向规划设计思维转换是专业启蒙阶段的教学重点。专业主线课程的设计既要具有一定的趣味性，培养学生对专业的兴趣，也要循序渐进，符合学生对专业的学习规律（表 5–2）。为此，课题选择从生活入手，以日常家具作为着手点，学生通过观察实验，自己动手完成一个日常家具的设计与制作，在较短时间内让学生了解和理解设计与生活的关系，从而激发学生的学习兴趣。其后的课题均以实际体验认知和基础训练为主，通过对现实物质载体的认知、体验和采集，结合设计的绘图、模型制作、表达等基础训练，完成对学生设计初步技能的培养（图 5–2—图 5–10）。

表 5–2　　教学计划表

序号	教学时段	教学要求	训练内容	学时（课内 / 课外）
1	设计意识启蒙	转变应试思维模式，初步唤醒设计意识	日常家具 / 用具设计	8/16
2	形态构成与空间限定	了解并掌握平面构成、色彩构成、形态构成和空间限定的基本原理和运用方法；熟悉空间原型与空间生成逻辑的相互关系	色彩采集 / 立体构成与平立转换 / 展览空间设计	16/32
3	人体与空间关联	了解人体尺度和空间模度的概念，认识身体尺度与空间比例的相互关系和基本规律；熟悉空间的基本特征与构成方法	人体姿态装置 / 光与空间实录 / 空间叙事：事件（行为）与空间	12/24
4	环境认知实践	了解设计调查、研究、分析、表达的基本方法	装置艺术 / 建筑或风景园林实体空间测绘	12/24
5	微型空间设计	初步了解空间与使用者行为之间的关系，建立空间体验与身体感知的关联；了解并熟悉空间设计的基本内容和方法；初步熟悉设计表达的方法	微型景观建筑 / 构筑物设计	20/40

SCHEDULE
教学进度

1 设计意识启蒙

1）启蒙讲座
2）观看实验

讲座：
1）设计基础
2）图像日记与摄影

1）日常家居设计与制作
2）成果交流

全班交流

2 形态构成与空间限定

1）平面构成
2）色彩采集

讲座：平面构成与色彩基础

1）平面构成与色彩采集
2）生物体空间转译

讲座：立体构成与平立转换

1）立体构成与平立转换
2）模型制作

1）成果完成
2）交流与评图

全班交流

3 人体与空间关联

1）布置题目、明确任务
2）相关讲座
3）设计概念

讲座：行为与设计

1）人体装置设计
2）空间与叙事

1）成果完成
2）交流与评图

全班交流

4 环境空间认知

1）布置题目、明确任务
2）相关讲座
3）环境空间现场调研

讲座：空间调查方法

1）实体空间测绘与抄绘
2）装置艺术设计

讲座：空间的图纸表达方法

1）成果完成
2）交流与评图

全班交流

5 微型空间设计

1）布置题目、明确任务
2）相关讲座
3）设计选址与概念

讲座：空间设计基础

1）设计概念
2）空间功能与体验

讲座：当代艺术与设计

1）空间与环境
2）空间与光、风、雨、雪等自然气象

讲座：空间表达方法

1）空间与材料
2）图纸制作与表达

1）成果完成
2）交流与评图

全班交流

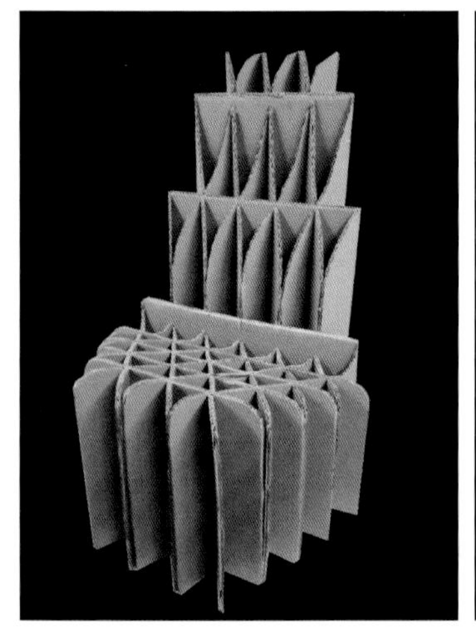

图 5-2　日常家具设计——纸椅子

以常见的纸板作为制作材料完成日常家具的设计，可快速培养学生对设计的学习兴趣，并提高学生的动手能力
设计者：刘知为、谢妍
指导教师：张学伟等

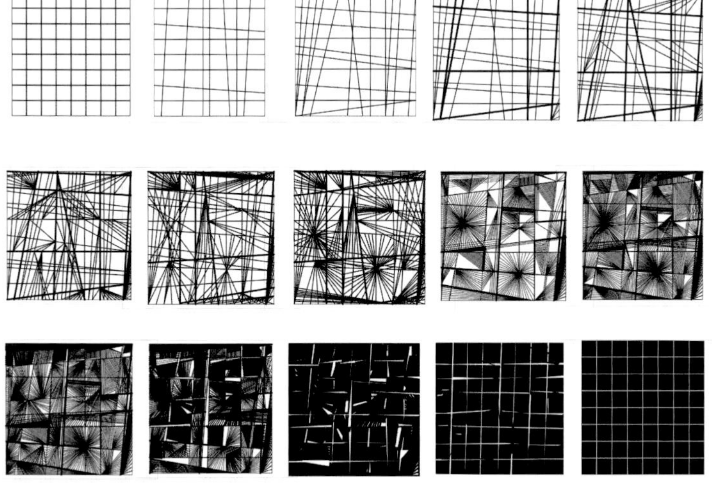

图 5-3　平面构成——网格渐变

通过对平面网格的斜置、错位、拉伸、旋转等，掌握平面构成设计的基本原理与方法
设计者：陈梦璇
指导教师：王科、杨峰、周健

图 5-4　色彩采集与构成

以实体事物为原型，通过对其进行色彩分析和采集，完成色彩的平面构成，在了解色彩原理的同时体会色彩构成设计的基本原理与方法
设计者：蒋涵
指导教师：张学伟等

图 5-5　色彩采集与构成

设计者：王瑾
指导教师：张学伟等

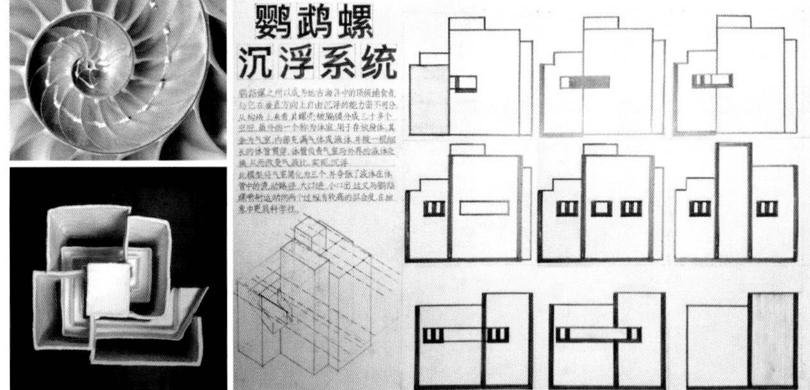

图 5-6　有机体的空间再现——鹦鹉螺沉浮系统

通过对有机体的观察、分析与体验，重现其空间构成体系，初步理解空间的组成特征与规律，掌握空间的基本表达方法
设计者：刘知为
指导教师：张学伟等

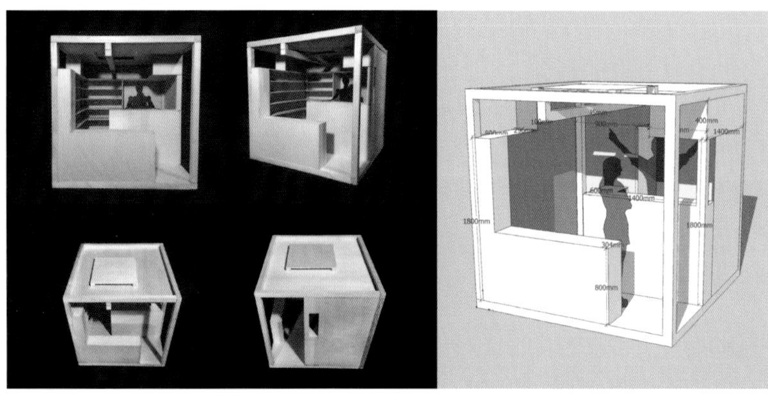

图 5-7　人体与空间关联——社区服务亭

在对社区服务亭行为使用观察、记录的基础上，通过人体与空间在规模、尺度、行为等方面的关联建构，理解空间与人体的尺度关系
设计者：刘知为
指导教师：张学伟等

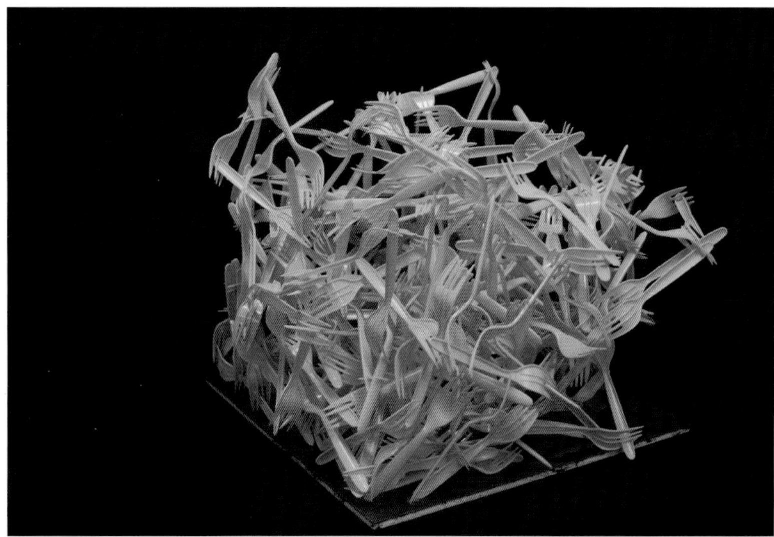

图 5-8　装置艺术——集群形态生成

以短快题形式开展的装置艺术课程设计，通过同一形式的构件（如一次性筷子、叉子、牙签、竹签、火柴等）让学生通过装置艺术理解集群形态的生成机制和方法
设计者：彭唤雨、张楚君、李佳阳
指导教师：戚广平、董屹等

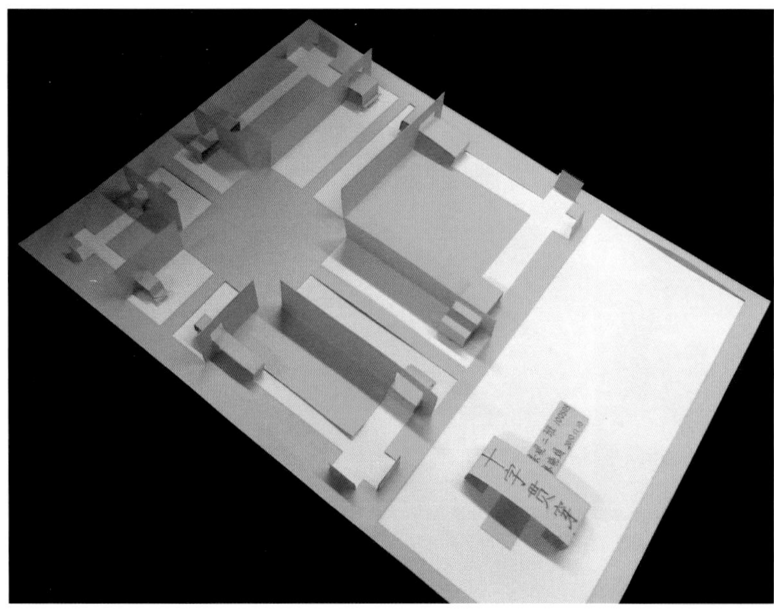

图 5-9　空间构成——十字贯穿

以纸张为媒介，通过折叠、竖立、穿插等构成方法，理解空间构成的基本原理、尺度与方法
设计者：廖晓娟
指导教师：戚广平等

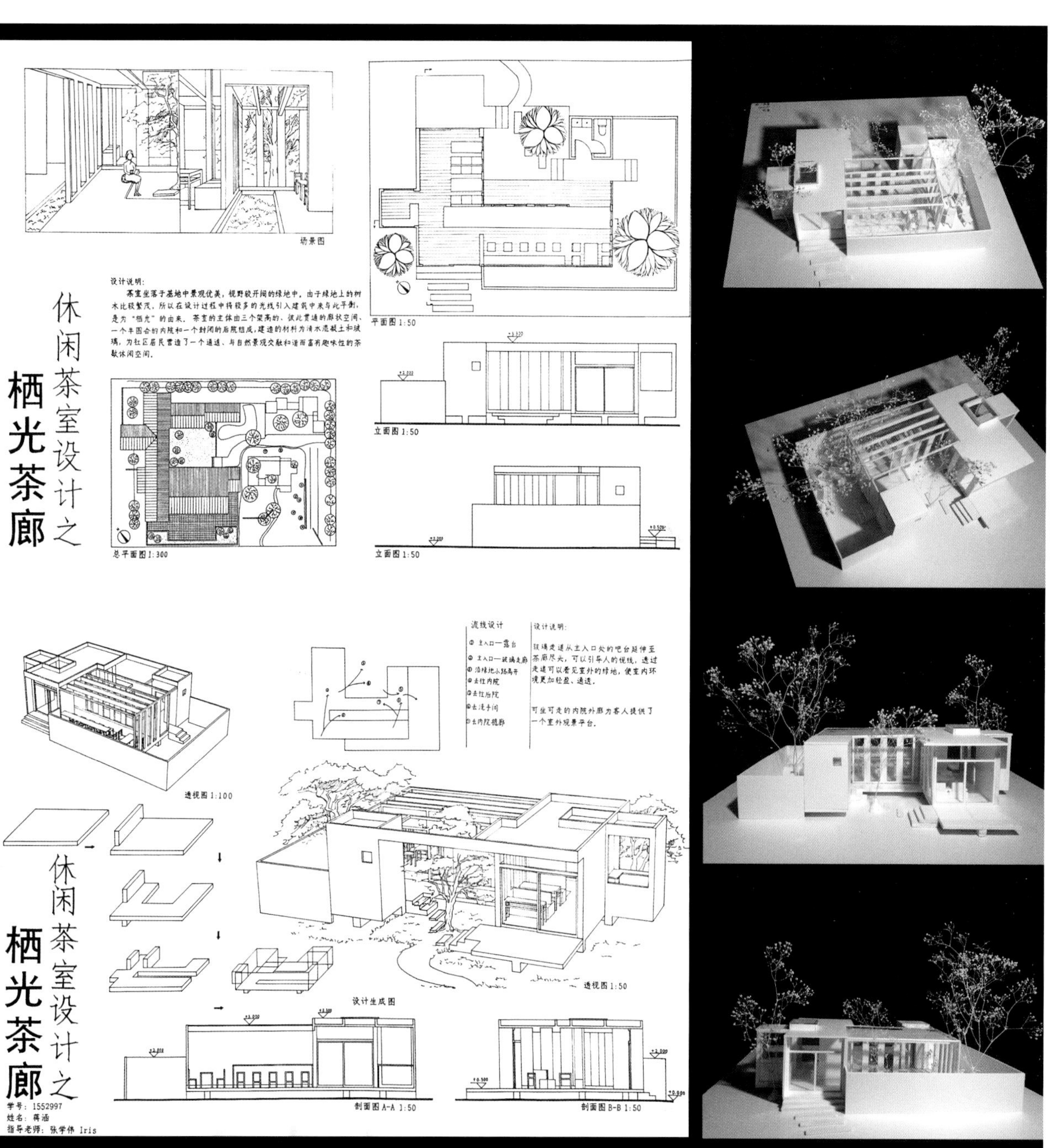

图 5–10　微型空间设计——茶室

选择茶室这一景观建筑为课题，在对基地内外环境因子调查分析的基础上，理解空间的功能组成、布局关系、空间组织、形态生成、内外关联、行为适用等空间设计的基本原理与方法

设计者：蒋涵

指导教师：张学伟等

2）设计基础 II

人的使用行为模式决定了场地空间的尺度，从建筑室内到室外，从街道到街心花园，从公园绿地到自然风景区，人工要素逐步减少，自然要素逐次增多，人对空间的使用行为从个体转向群体再转向相对的个体。设计基础系列课题基于人的使用行为与空间两者之间的共生关系，通过设计培养学生对空间规模、尺度、形态、结构、要素、组织、塑造、建构等方面知识和技能（图 5-11—图 5-16）。

表 5-3　　教学计划表

序号	教学时段	教学要求	训练内容	学时（课内/课外）
1	空间与尺度	了解建筑与场地不同要素的基本尺度及元素组合而成的空间尺度，掌握不同空间的尺度比例关系	建筑空间认知与抄绘 风景园林场地空间认知与抄绘	12/24
2	行为与空间关系的调查分析	了解并熟悉行为调查与分析方法（主观及客观调查方法、行为信息图解分析方法）和空间调查与分析方法(空间尺度、比例、组织关系调查方法、空间信息图解分析方法等）	街道、街区公共空间 / 城市开放空间调研、感知、分析、表达	12/24
3	基于建构方式的小型公共空间设计	了解材料的物质特性（受力、加工特性和建构方法）对空间设计的影响，以及精神特性（色彩、质感、肌理、建构方法等）对空间感知的影响	小型建筑 / 公共空间设计（砖结构、木结构、竹结构、钢结构等）	16/32
4	环境空间建构 / 再现	了解并初步掌握功能与空间和形态之间的关系，了解并熟悉自然感知、环境景观与空间建构设计的基本方法；进一步熟悉和掌握空间设计的表达技能	风景园林空间再现 / 塑造 / 重组 / 更新	28/56

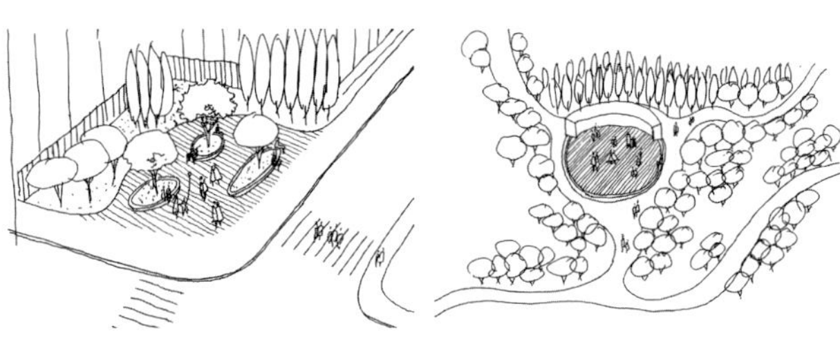
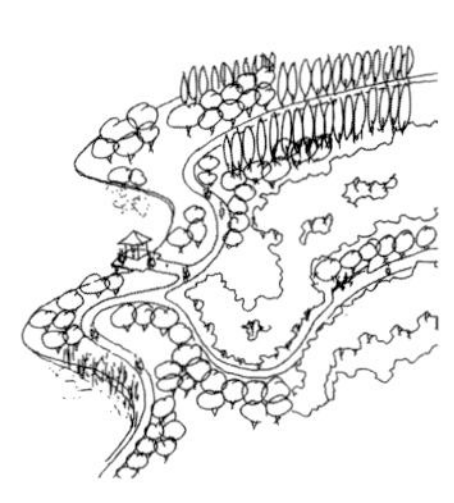

SCHEDULE
教学进度

1 空间与尺度

1）布置题目、明确任务
2）相关讲座
3）现场调研

讲座：
1）课程总体安排
2）建成空间调研方法

1）调研分析
2）测绘与抄绘

1）成果完成
2）交流与评图

全班交流

2 行为与空间关系

1）布置题目、明确任务
2）相关讲座
3）现场调研

讲座：行为与空间调查方法

1）调研分析
2）调研报告撰写
3）行为与空间分析表达

1）成果完成
2）交流与评图

全班交流

3 小型公共空间设计

1）布置题目、明确任务
2）相关讲座
3）现场调研

讲座：人、环境与建筑

1）概念与功能
2）尺度与规模

讲座：材料与空间建构

1）材料与建构
2）感知与表达

1）成果完成
2）交流与评图

全班交流

4 环境空间建构

1）布置题目、明确任务
2）相关讲座
3）现场调研

讲座：环境与空间

1）校园环境空间调研与解析
2）环境空间测绘与抄绘

1）古典园林空间调研与解析
2）古典园林空间测绘与抄绘

讲座：中国古典园林空间解析

1）环境空间场景提取
2）环境空间建构

1）环境空间解构
2）环境空间重构

1）图纸制作
2）模型制作

1）成果完成
2）交流与评图

全班交流

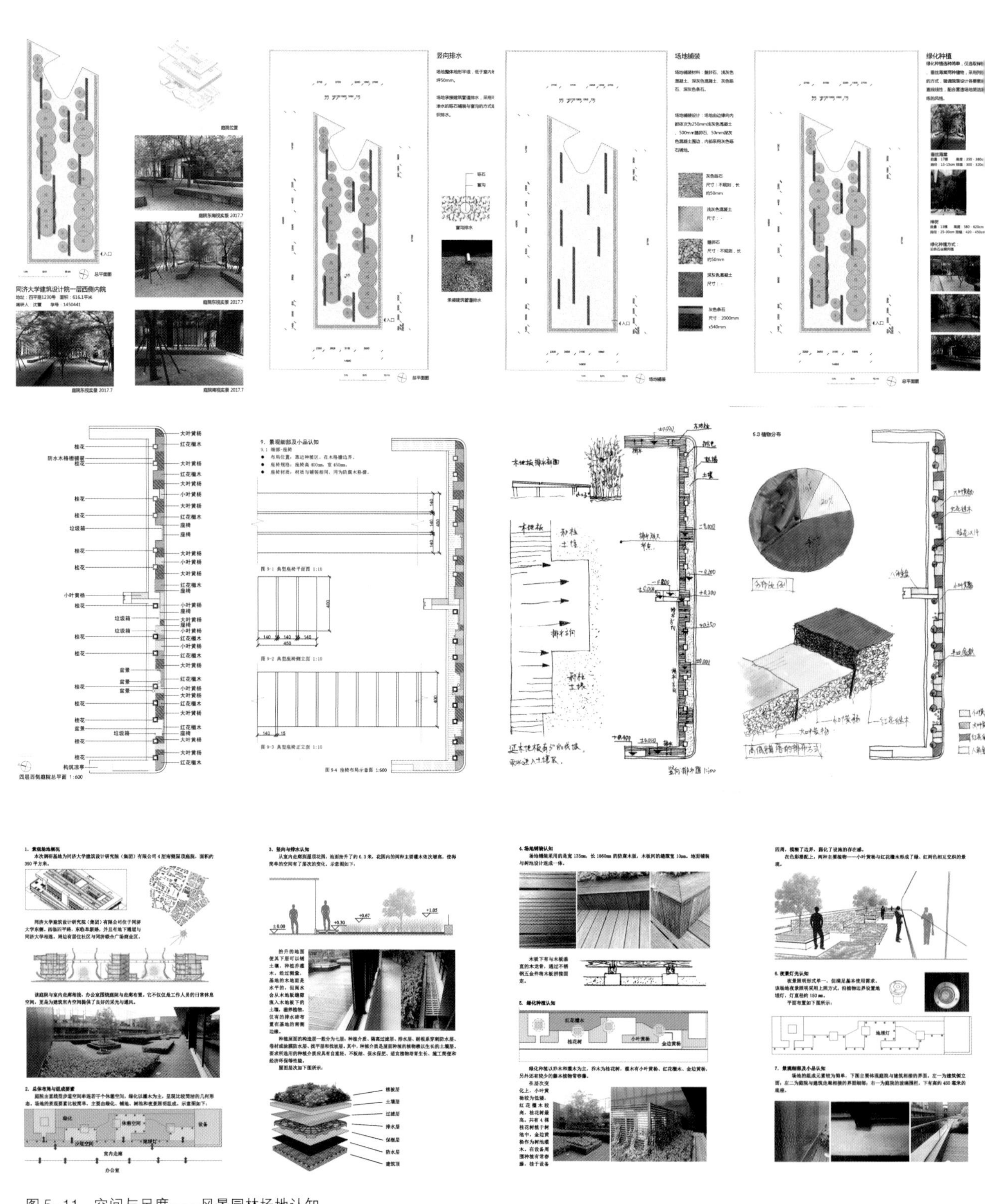

图 5–11　空间与尺度——风景园林场地认知

通过对校园内外风景园林空间的认知，了解风景园林空间的组成要素、空间布局、人体使用尺度关系等，掌握风景园林的空间尺度与比例关系

完成者：陈鹏、沈萱、林诗琪、梁爽等

指导教师：李瑞冬

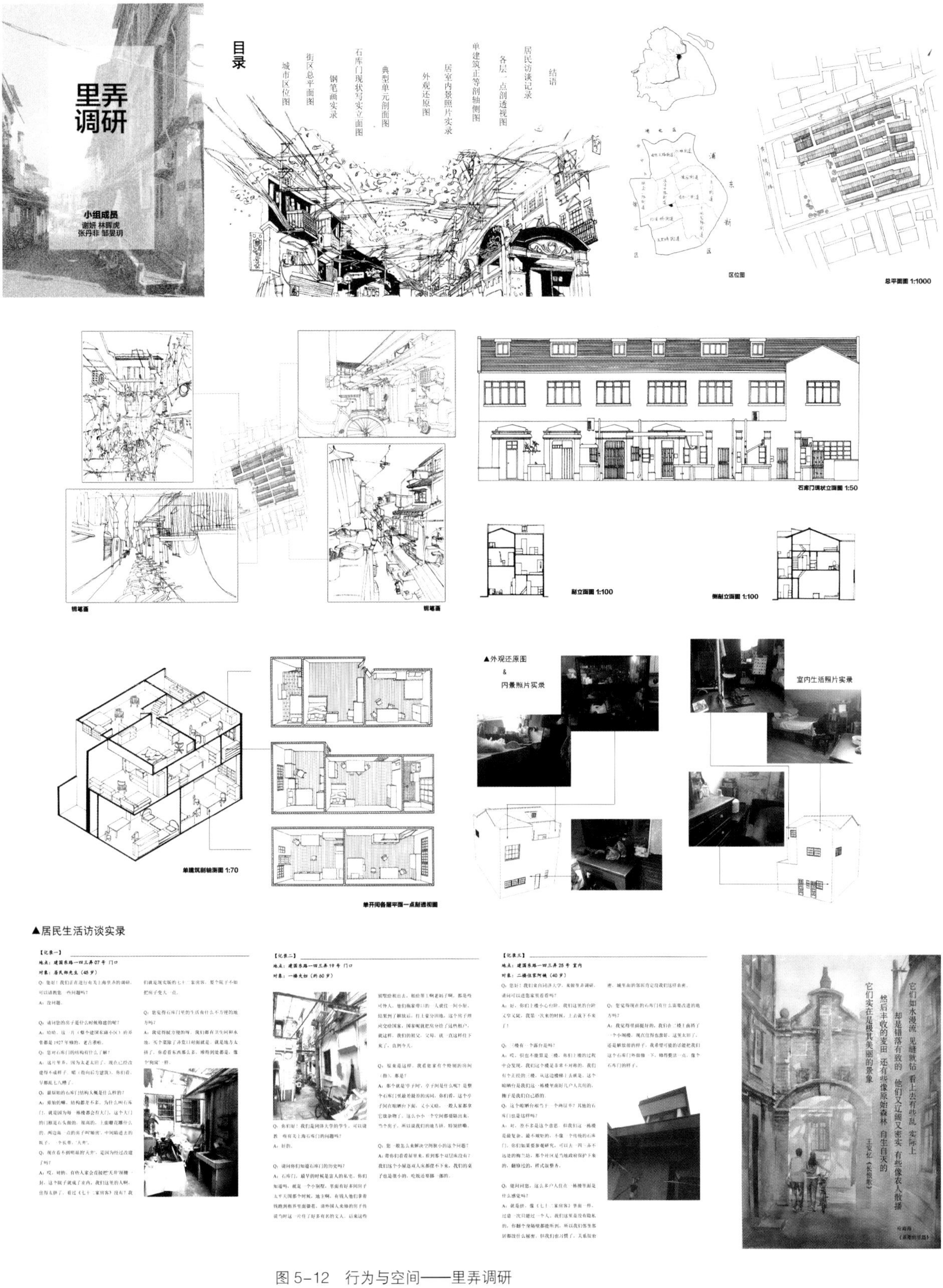

图 5–12　行为与空间——里弄调研

从校园走向街道，选择上海典型的街道空间——里弄作为调研对象，通过调研、问卷、感知、分析与表达，了解城市单元空间的规模、尺度、人群使用等，理解行为与空间的生成关联性

完成者：谢妍、林晖虎、张丹非、邹旻玥

指导教师：李兴无等

钢木书屋

1. 概念　2. 材料　3. 建造　4. 感知　5. 表达

供学生交流学习的书房　木的形态，色彩，质感，肌理　砌筑方式，与其它材料的搭接　空间感受　图纸表达，平，立，剖面图

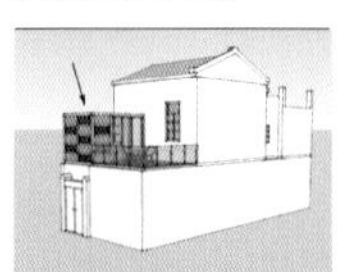

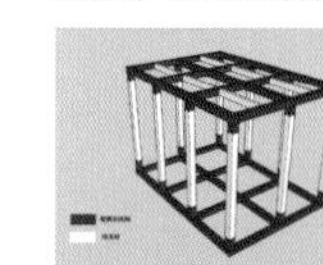

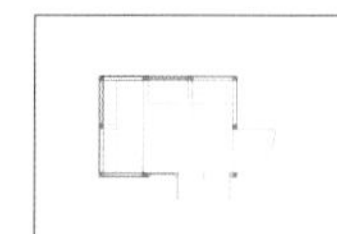

a. 位置：向南天井上，从二楼挑出与天井内会客厅屋顶连接　a. 形态：板状，木百叶，梁柱，架子　a. 结构体系：钢木承重　a. 木材的沧桑感与里弄气质符合　a. 平面图

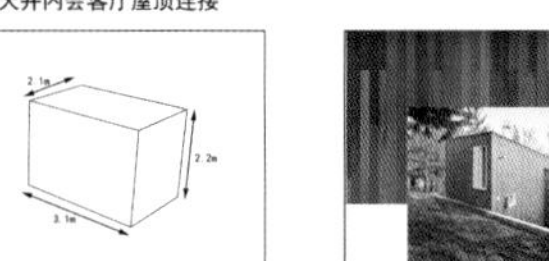

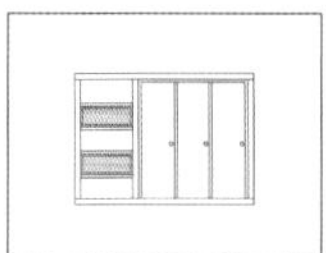

b. 尺度：15立方米　b. 色彩：两种色彩对比呼应　b. 材料交接　b. 格栅半透明，与尘世若即若离　b. 西立面图：玻璃门正对平台

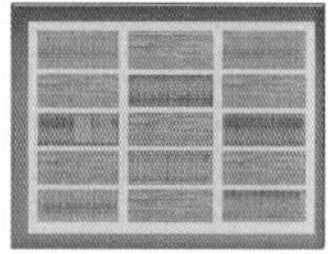

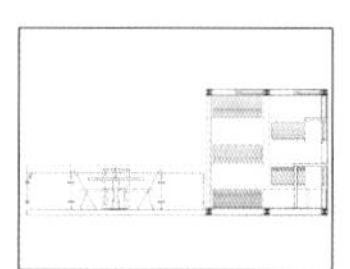

c. 用途：阅读，交流　c. 质感：粗糙，历史感，与里弄的沧桑呼应　c. 墙面：模数化，以400*900为一个单位　c. 自在, 丰富的活动　c. 剖面图

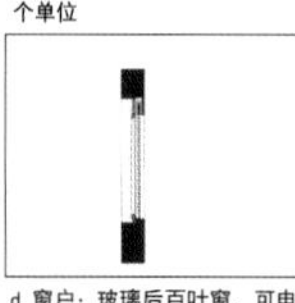

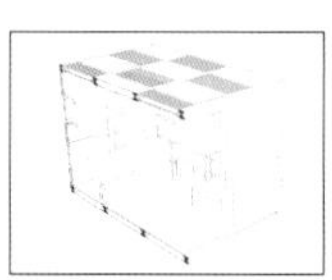

d. 空间构成：不同高度平台组成丰富的空间产生丰富活动　d. 肌理　d. 窗户：玻璃后百叶窗，可电动操控，在窗棚下利于不用时隐藏　d. 光影斑驳　d. 剖轴测

图 5-13　小型公共空间设计——钢木书屋

设计者：杨潇芬
指导教师：李兴无等

几何树屋

班级：2016级风景园林1班　姓名：谢妍　学号：1650450　日期：2017.05.03

1. 概念|concept　2. 材料|materiality　3. 建造|construction　4. 感知|conception　5. 表达|present

为里弄居民设计的休闲阅读场所　混凝土形态、色彩、质感、肌理　承重、连接、与其他材料的连接方式　设计角度和空间感受　图纸表达：平、立、剖面图

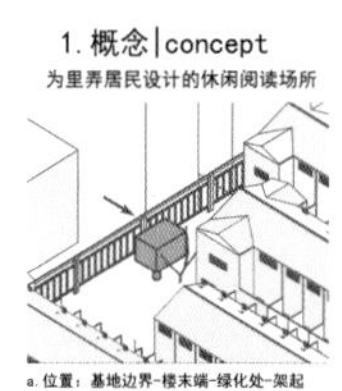

a. 位置：基地边界-楼末端-绿化处-架起　a. 混凝土形态：清水混凝土-竹模板　a. 支撑-凸出柱头设计-单立柱承重　a. 形态：立方体切割-混凝土&树木-简约&理性　a. 平面图

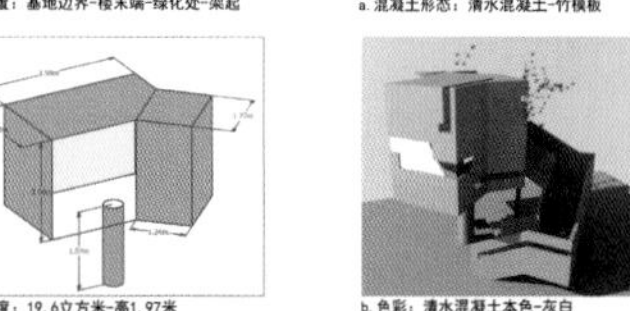

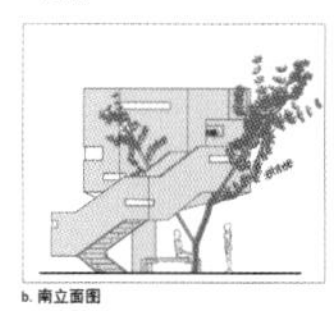

b. 尺度：19.6立方米-高1.97米　b. 色彩：清水混凝土本色-灰白　b. 承重-混凝土楼梯结构支撑楼体　b. 条形窗口-方形悬挂式书柜-活泼&光影多变　b. 南立面图

c. 用途：阅读、休憩、思考　c. 质感：凸凹-粗糙-坚硬&生动　c. 交接-垂直墙面平滑交接-切割感&逻辑感　c. 阅读区-凹凸设计-明亮&舒适&安全&亲切　c. 剖面图

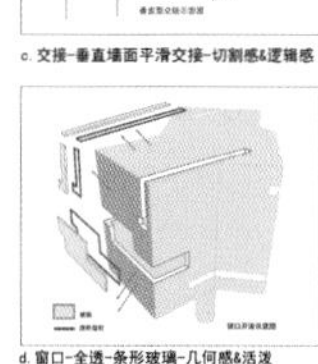

d. 结构：钢筋混凝土构筑　d. 肌理：平行竖条纹　d. 窗口-全透-条形玻璃-几何感&活泼　d. 建筑下的座椅-空间利用-放松&随意&舒适　d. 剖轴侧图

图 5-14　小型公共空间设计——几何树屋

基于建构方式的小型公共空间设计，衔接风景园林场地空间与街道空间认知，通过概念、材料、建造、感知与表达等层面理解空间设计在选址、尺度、功能、结构、形态、色彩、质感、肌理、细节、体验、图形表达等方面的原理与方法

设计者：谢妍
指导教师：李兴无等

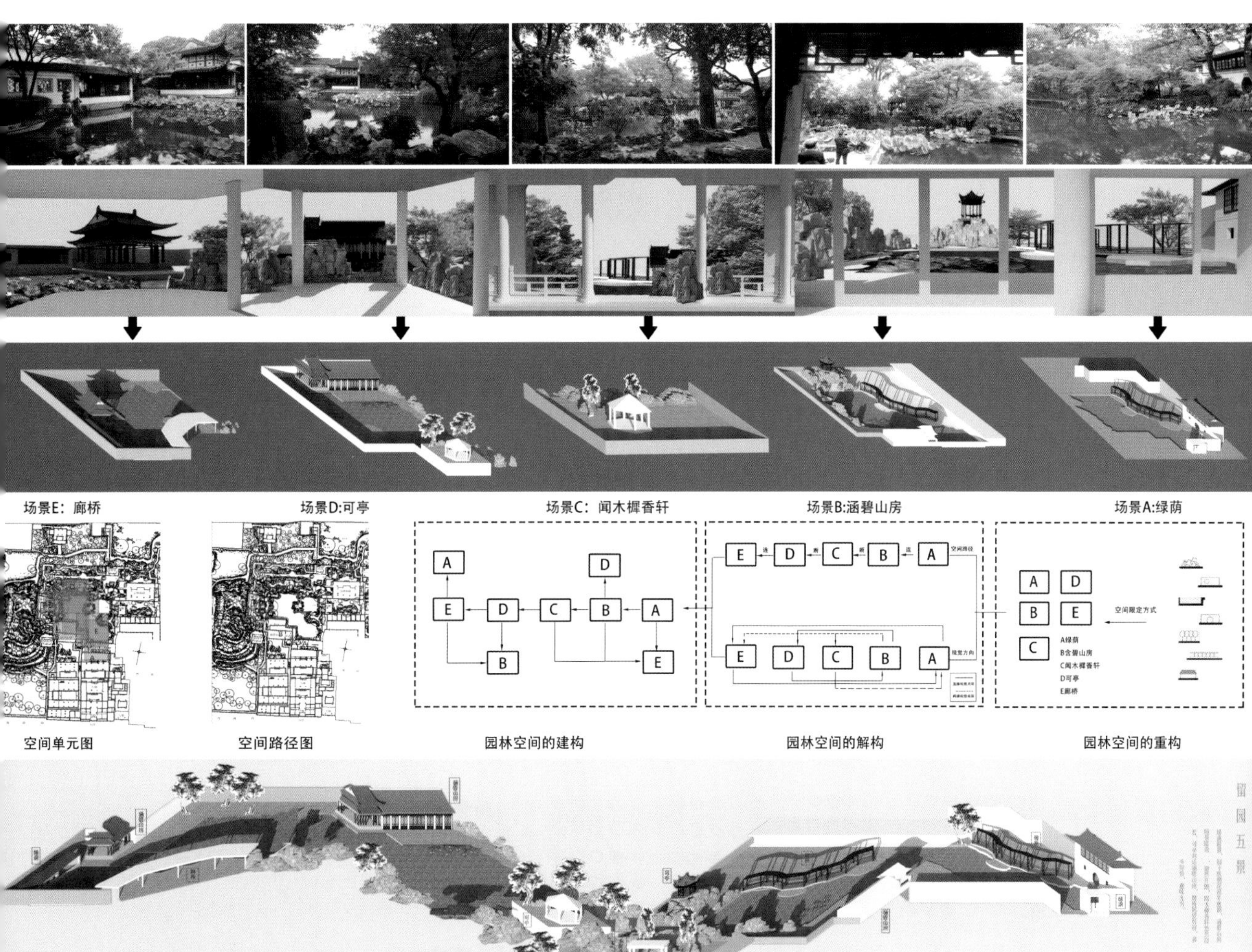

图 5-15　环境空间再现——园林空间生成设计

环境空间设计以中国古典园林空间为范本，通过对古典园林实体的调研，解读与提取场景空间单元，理解诸如围合、设立、覆盖、凸起、下凹、架空、悬挑、分离、相交、包含等空间生成方法，以“空间路径”与“空间方向”为线索建构园林空间的秩序，进而去解构古典园林实体空间，并重构园林空间的整体意向。该课题在认知空间的基础上让学生去理解空间，进而去建构、解构和重构空间

设计者：陈梦璇

指导教师：王科、杨峰、周健

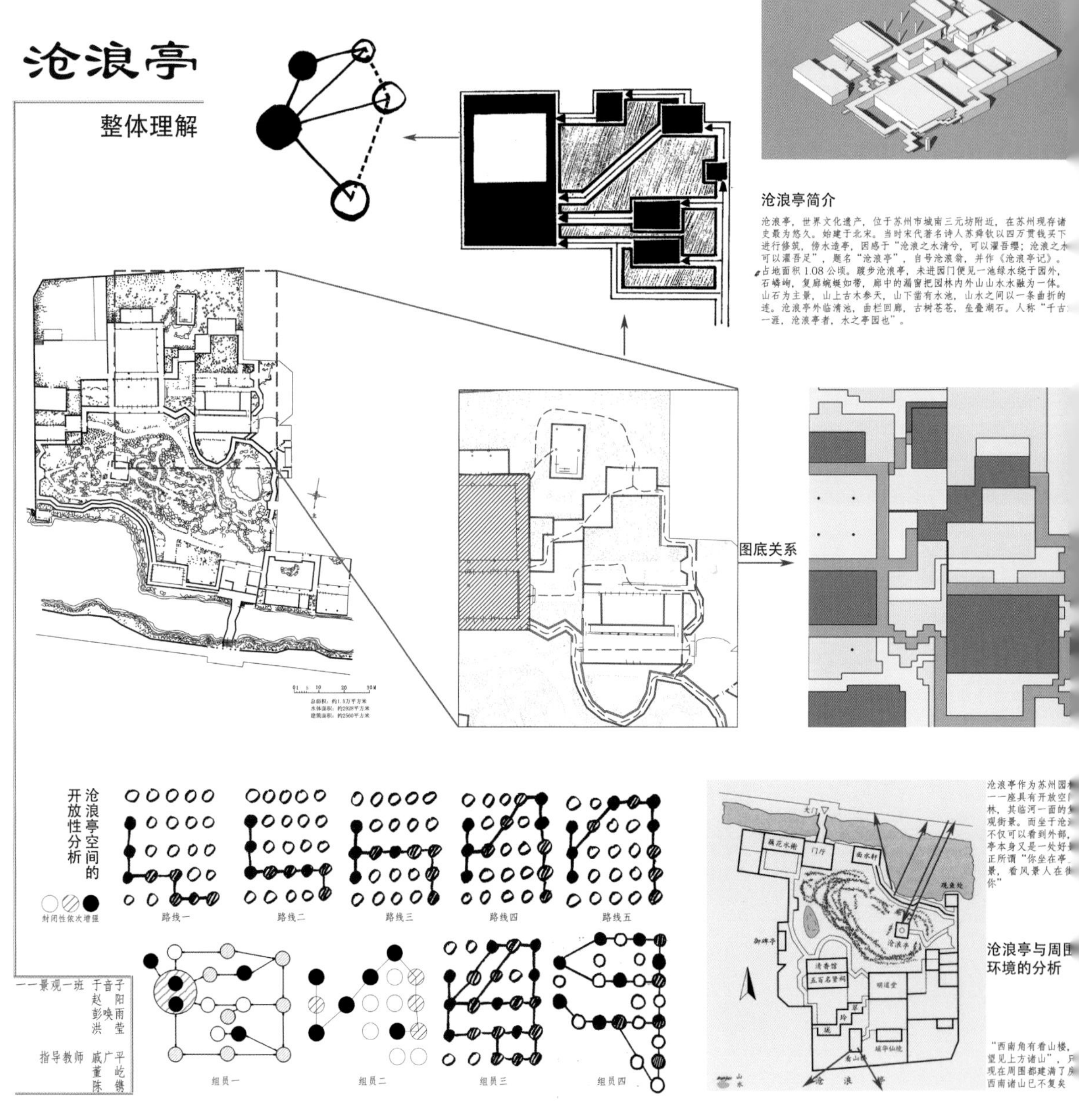

沧浪亭

整体理解

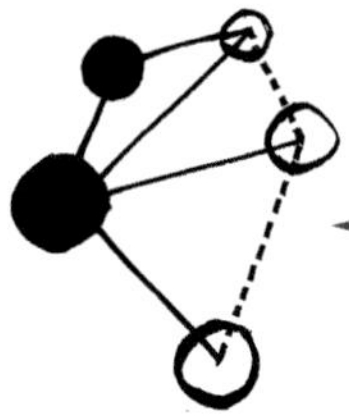

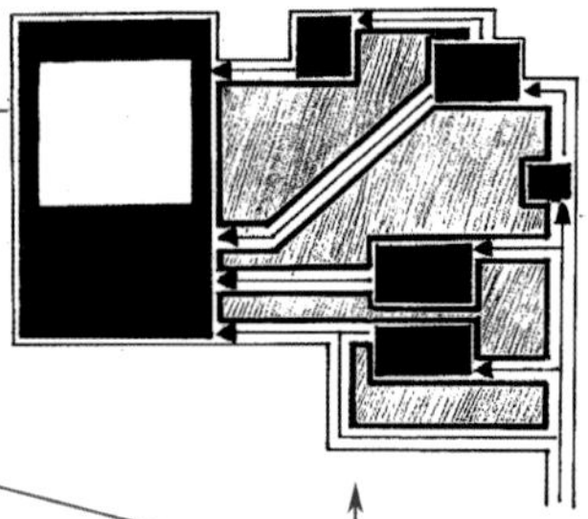

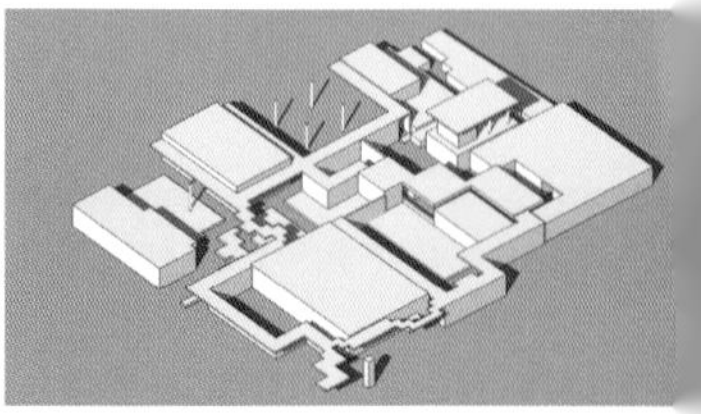

沧浪亭简介

沧浪亭，世界文化遗产，位于苏州市城南三元坊附近，在苏州现存诸史最为悠久。始建于北宋。当时宋代著名诗人苏舜钦以四万贯钱买下进行修筑，傍水造亭，因感于“沧浪之水清兮，可以濯吾缨；沧浪之水可以濯吾足”，题名“沧浪亭”，自号沧浪翁，并作《沧浪亭记》。占地面积 1.08 公顷。踱步沧浪亭，未进园门便见一池绿水绕于园外，石嶙峋，复廊蜿蜒如带，廊中的漏窗把园林内外山山水水融为一体。山石为主景，山上古木参天，山下凿有水池，山水之间以一条曲折的连。沧浪亭外临清池，曲栏回廊，古树苍苍，垒叠湖石。人称“千古一涯，沧浪亭者，水之亭园也”。

0 1 5 10 20 30M
总面积：约1.5万平方米
水体面积：约2928平方米
建筑面积：约2560平方米

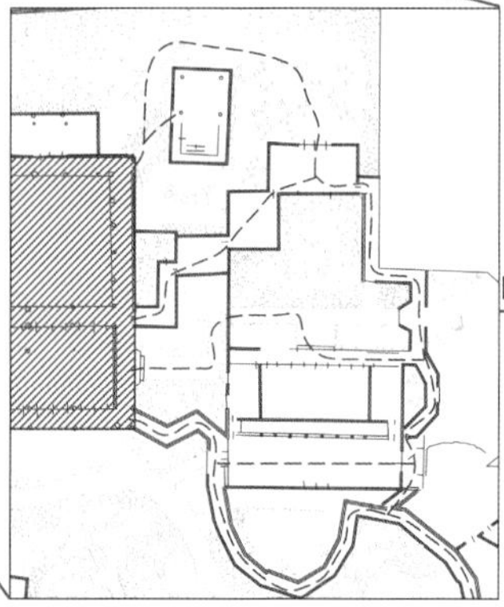

图底关系

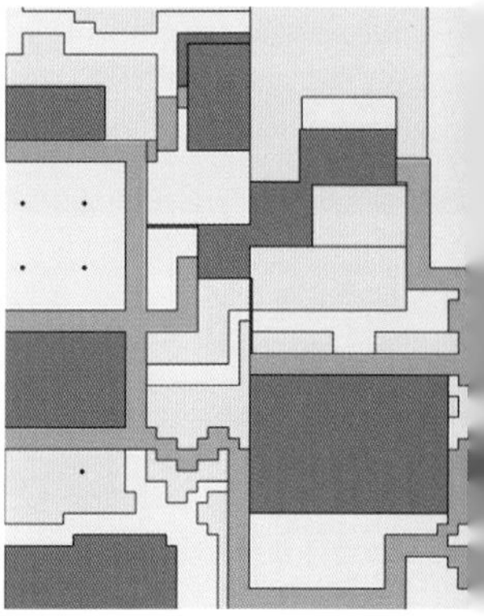

沧浪亭空间的开放性分析

封闭性依次增强

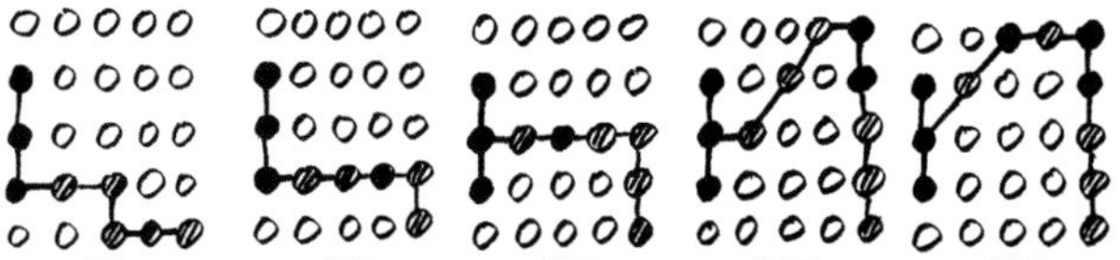

路线一 路线二 路线三 路线四 路线五

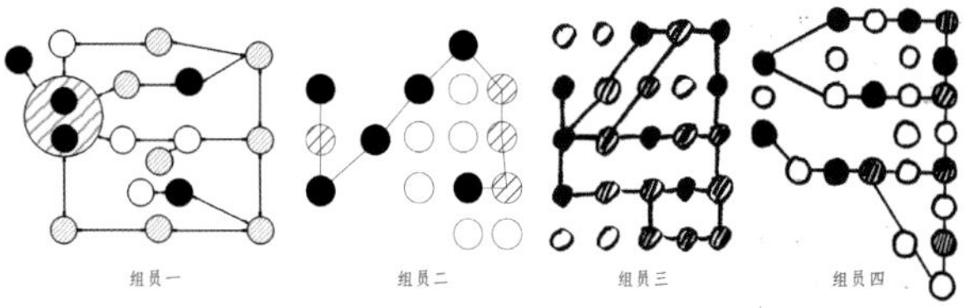

组员一 组员二 组员三 组员四

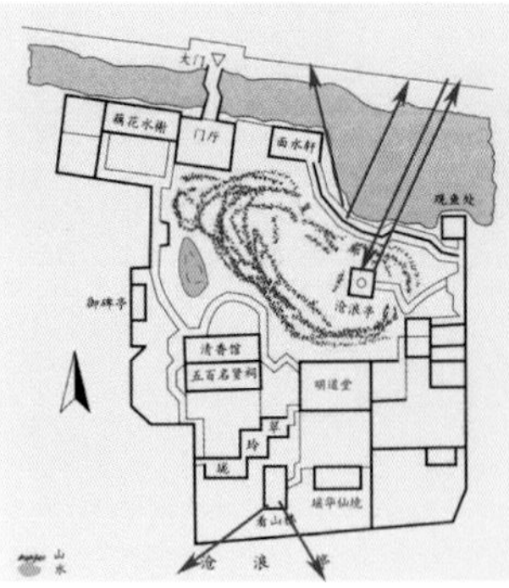

大门
藕花水榭
门厅
面水轩
观鱼处
御碑亭
沧浪亭
清香馆
五百名贤祠
明道堂
翠
玲
珑
看山楼
瑶华仙境
沧 浪 亭
山
水

沧浪亭作为苏州园林一一座具有开放空林，其临河一面的观街景。而坐于沧不仅可以看到外部，亭本身又是一处好正所谓“你坐在亭景，看风景人在街你”

沧浪亭与周围环境的分析

“西南角有看山楼，望见上方诸山”，只现在周围都建满了房西南诸山已不复矣

一一景观一班 于音子
赵 阳
彭唤雨
洪 莹

指导教师 戚广平
董 屹
陈 镌

图 5-16 环境空间再现——园林空间生成设计

设计者：于音子、赵阳、彭唤雨、洪莹
指导教师：戚广平、董屹、陈镌

3）空间设计基础

空间设计序列课程从水平到竖向再到多维，加以人的使用、时间的推移、事件的发生，力求由简入繁、由单一到多元、由简单到综合，培养学生对空间生成逻辑、结构体系、类型与要素组成、生成方法、形态与表达等的综合技能（表 5–4，图 5–17—图 5–21）。

表 5–4　教学计划表

序号	教学时段	教学要求	训练内容	学时（课内/课外）
1	水平维度空间设计	熟练掌握使用功能计划与空间之间的关系，熟悉水平空间的设计方法和熟练掌握水平空间设计的表达方法	水平空间生成：展览空间/纪念空间/小型园林空间等设计	20/40
2	竖向维度空间设计	了解结构体系与空间体系之间的互生关系，学习从结构逻辑启动的空间生成设计方法，熟悉竖向空间的设计方法和熟练掌握竖向空间设计的表达方法	垂直空间生成：社区中心建筑设计/层级花园设计	20/40
3	多维空间设计	学习行为、时间、事件与空间的互生关系；熟悉多维空间的设计方法和熟练掌握多维空间设计的表达方法	多维空间生成：建筑与景观多维空间设计	28/56

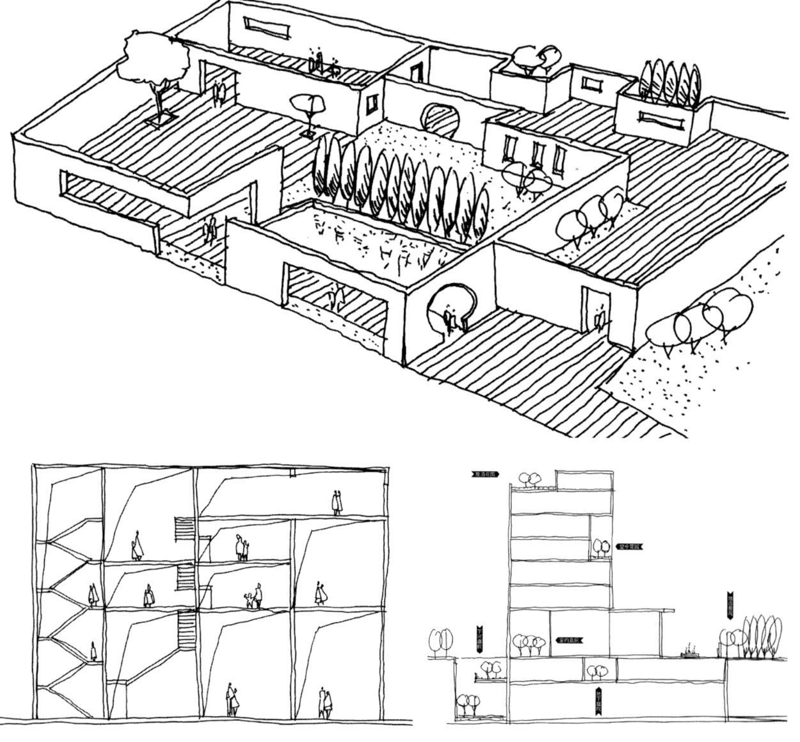

SCHEDULE
教学进度

1 水平维度空间设计

1）布置题目、明确任务
2）开设空间设计相关讲座

讲座：1）课程总体安排
2）空间生成原理
3）水平空间案例分析

1）基地调研
2）水平空间功能确立
3）空间与布局

讲座：水平空间设计方法与案例解析

1）平面布局设计
2）流线与空间组织

1）功能、环境、形式、意义等的逻辑关系分析与表达
2）平面图、剖面图、立面图等绘制

讲座：空间设计表达

1）成果完成
2）交流与评图

全班交流

2 竖向维度空间设计

1）布置题目、明确任务
2）基地调研
3）专题讲座

讲座：竖向空间案例分析

1）平面布局设计
2）竖向与空间生成

讲座：竖向空间设计方法与案例解析

空间生成（功能生成、结构生成、形态生成、立面生成、剖面生成、表皮生成等）

1）深化设计
2）成果制作

1）成果完成
2）交流与评图

全班交流

3 多维空间设计

1）布置题目、明确任务
2）基地调研
3）专题讲座

讲座：多维空间生成设计

1）平面布局设计
2）多维空间生成的概念与逻辑

讲座：多维空间案例解析

空间生成设计（功能、平面、水平与竖向流线组织、结构体系、环境组织、形态生成等）

空间生成设计（功能、平面、水平与竖向流线组织、结构体系、环境组织、形态生成等）

边界空间设计（建筑与景观、室内与室外、灰空间、院落、街面等）

成果制作与表达

1）成果完成
2）交流与评图

全班交流

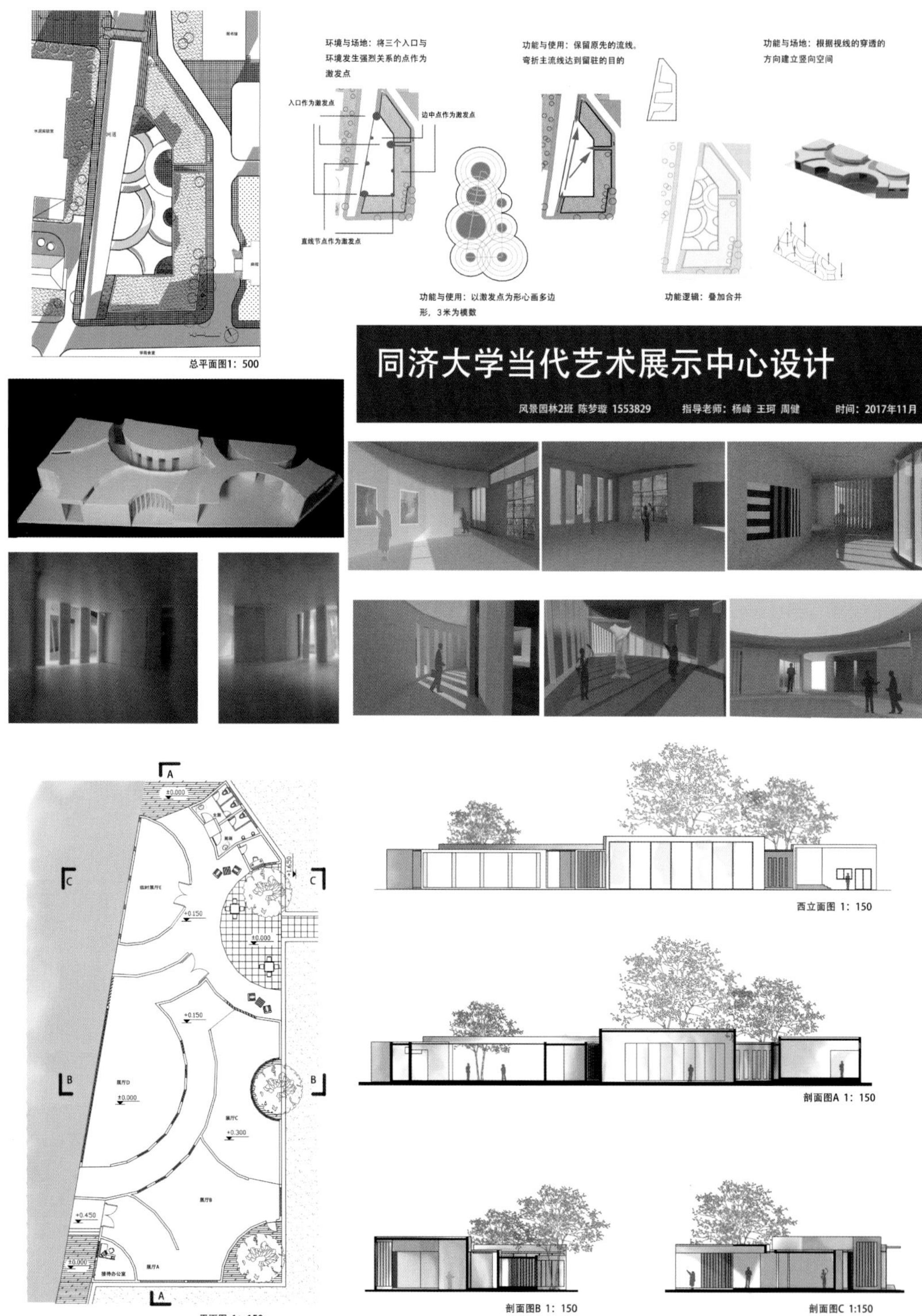

图 5-17　水平维度空间设计——当代艺术展示中心

选择校园艺术展示中心为课题，通过对场地与环境、功能与使用、表征与意义等的表达，以流线、路径与空间感受来完成水平空间的建构，并将建筑与景观元素融合，锻炼学生在水平流动空间的建构能力

设计者：陈梦璇

指导教师：王科、杨峰、周健

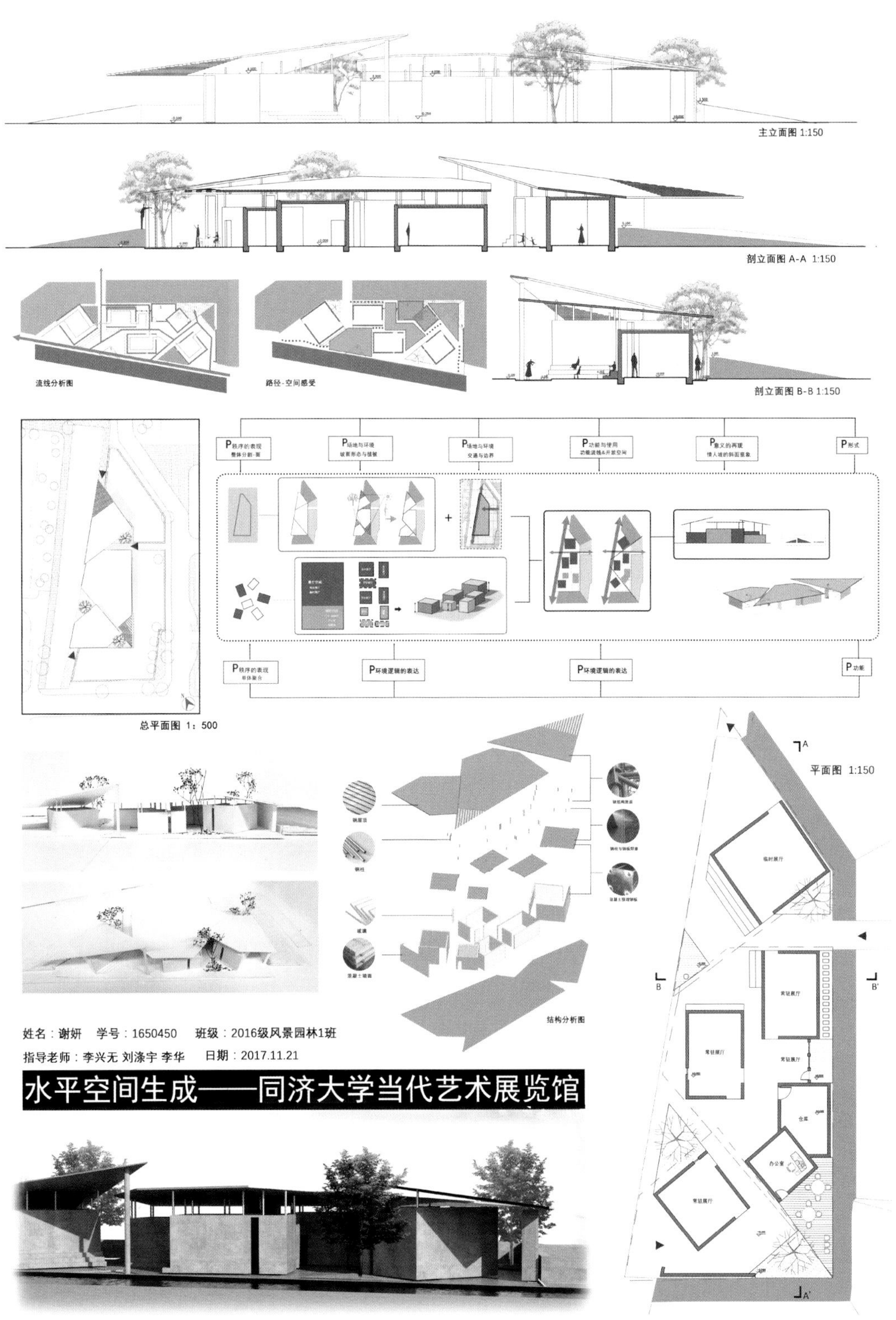

图 5-18 水平维度空间设计——当代艺术展览馆

设计者：谢妍
指导教师：李兴无、刘涤宇、李华

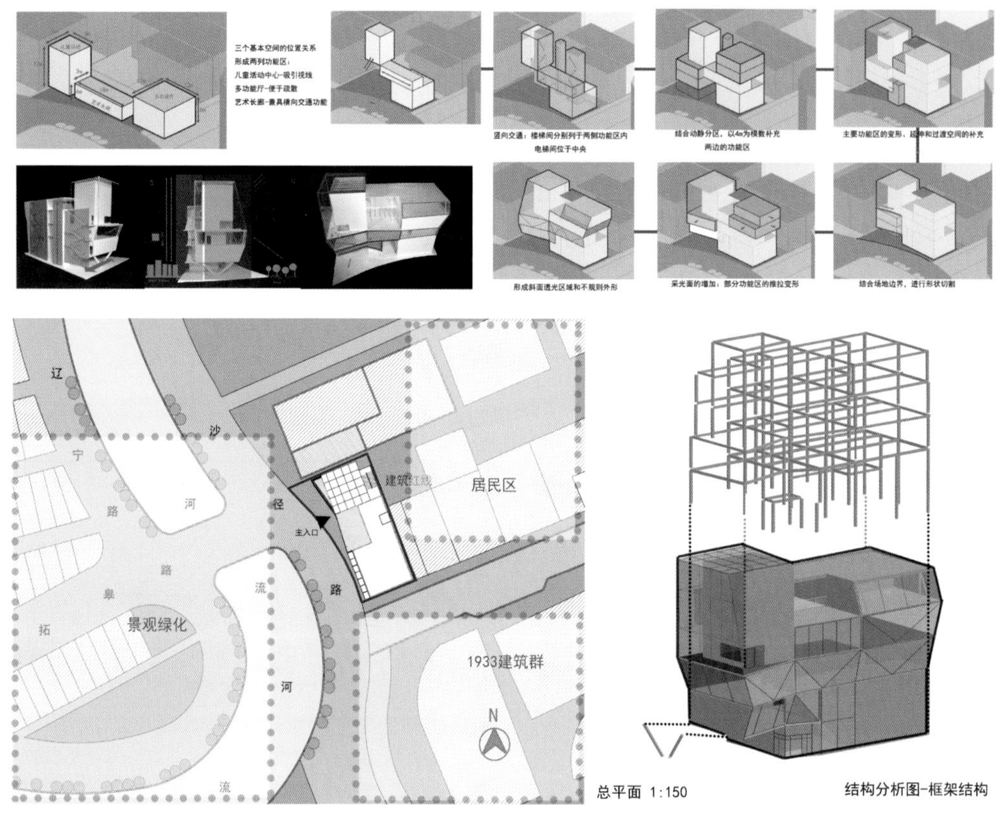

总平面 1:150

结构分析图-框架结构

垂直空间生成设计——1933社区居民活动中心

班级：2016级风景园林1班　姓名：谢妍　学号：1650450　指导教师：李兴无　刘涤宇　李华　日期：2018, 01. 11

内部场景图a

内部场景图b

内部场景图c

内部场景图d

内部场景图e

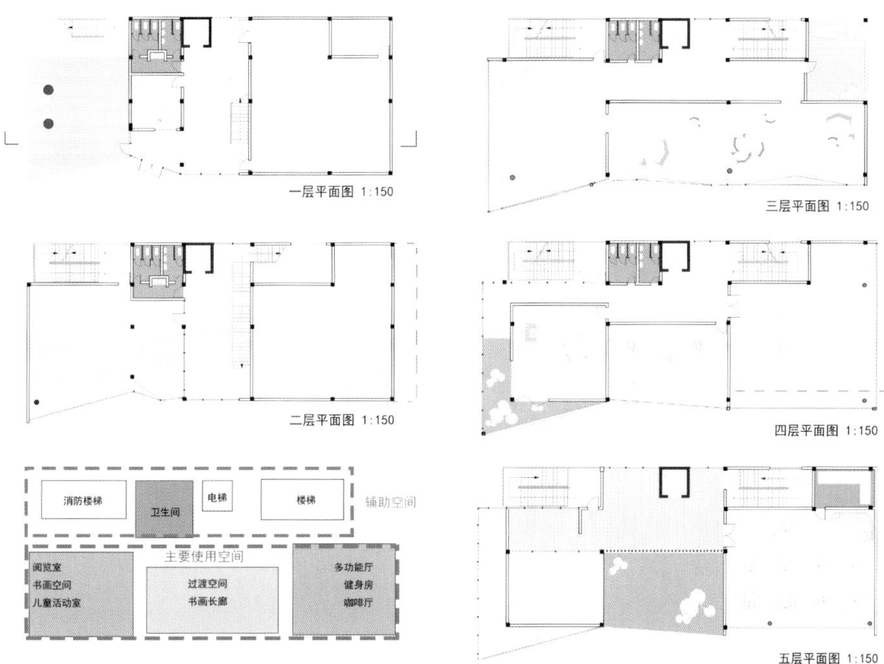

垂直空间生成设计——1933社区居民活动中心

班级：2016级风景园林1班　姓名：谢妍　学号：1650450　指导教师：李兴无　刘涤宇　李华　日期：2018,01.11

图 5-19　竖向维度空间设计——社区居民活动中心

在水平维度空间设计基础上进行的竖向维度空间设计训练，重点让学生理解结构体系与空间体系的互生关系、垂直交通与水平空间的组织关系、空间与形态的生成关系、场地与环境的共生关系等内容

设计者：谢妍

指导教师：李兴无、刘涤宇、李华

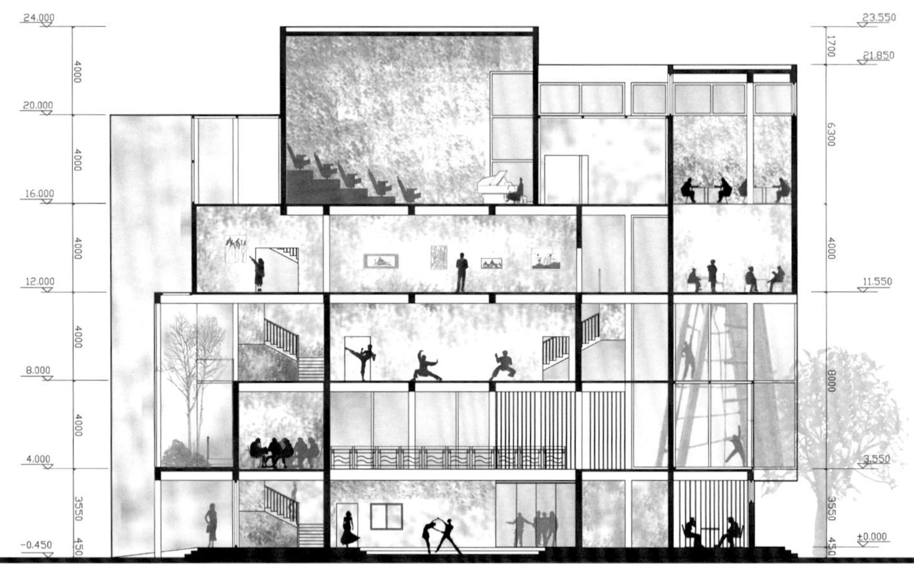

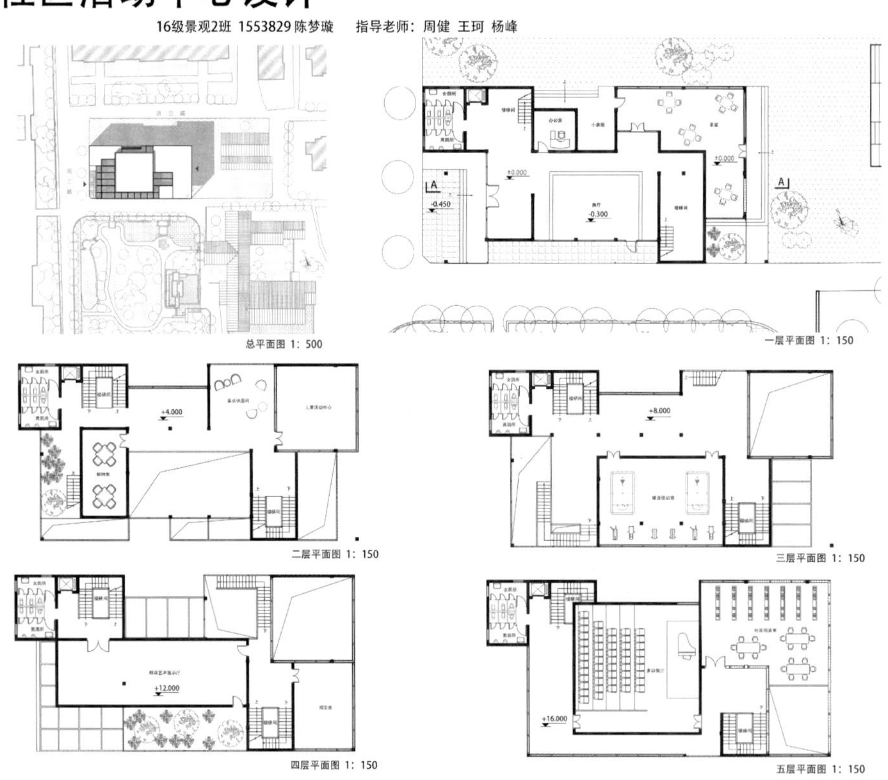

图 5-20　竖向维度空间设计——社区活动中心

设计者：陈梦璇
指导教师：王科、杨峰、周健

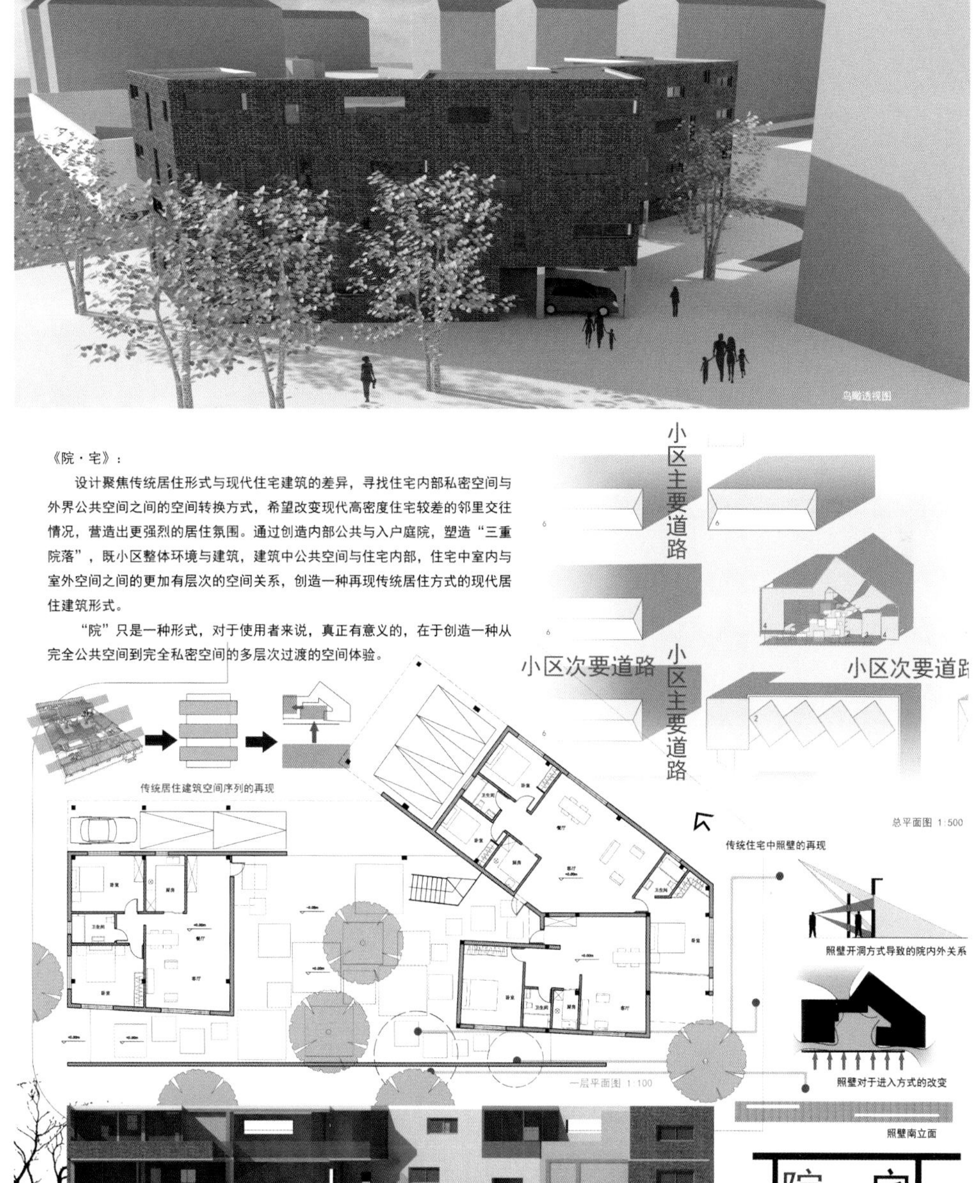

(a)

图 5-21　多维空间设计—院·宅

通过多维空间生成训练，让学生进一步理解基地环境、外部空间、周边联结、竖向设置、路径处理、视线组织、景观要素、日照与风向等方面的空间生成原理与方法，了解多维空间的营造与建构方式

设计者：王琦

指导教师：黄平

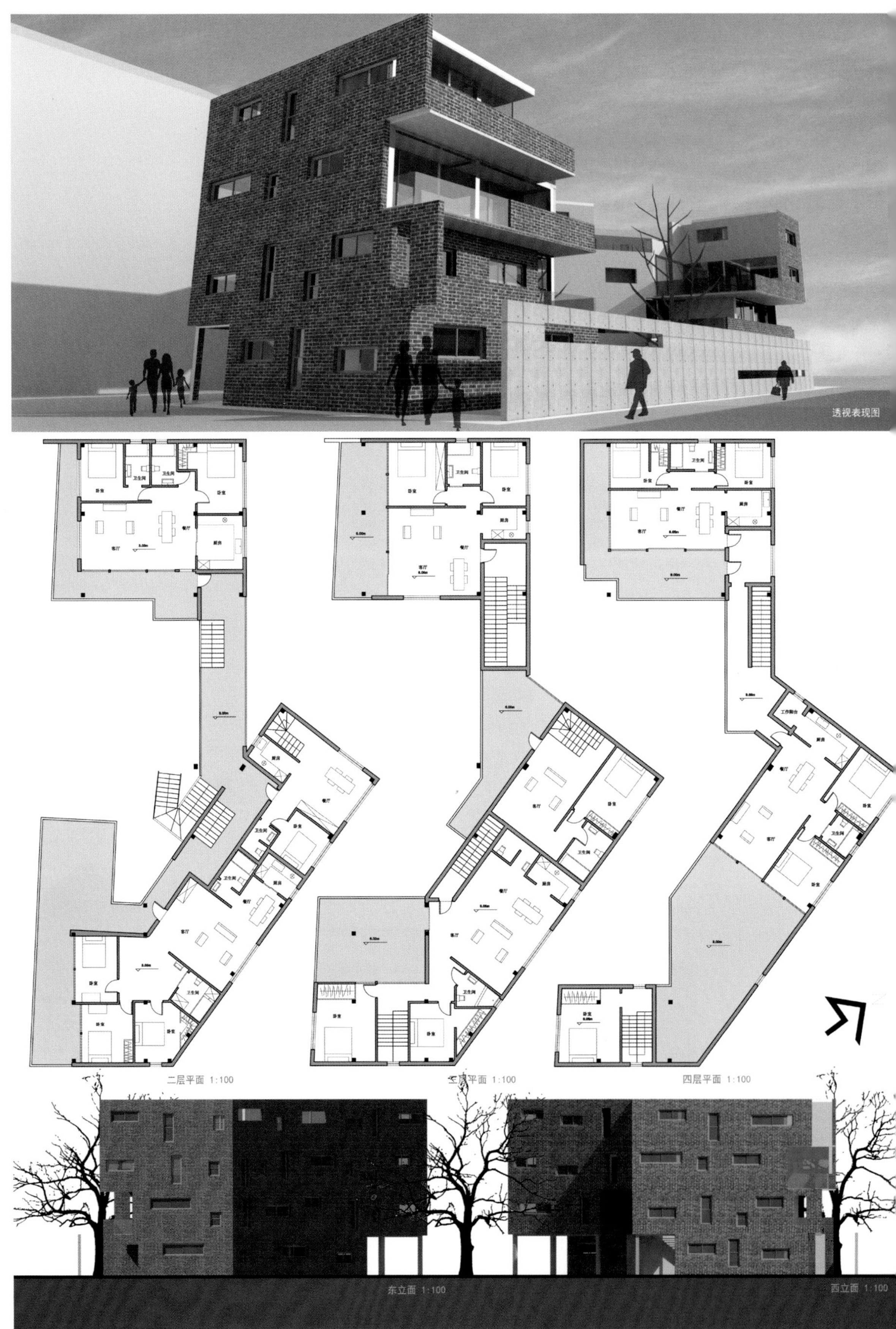

(b)

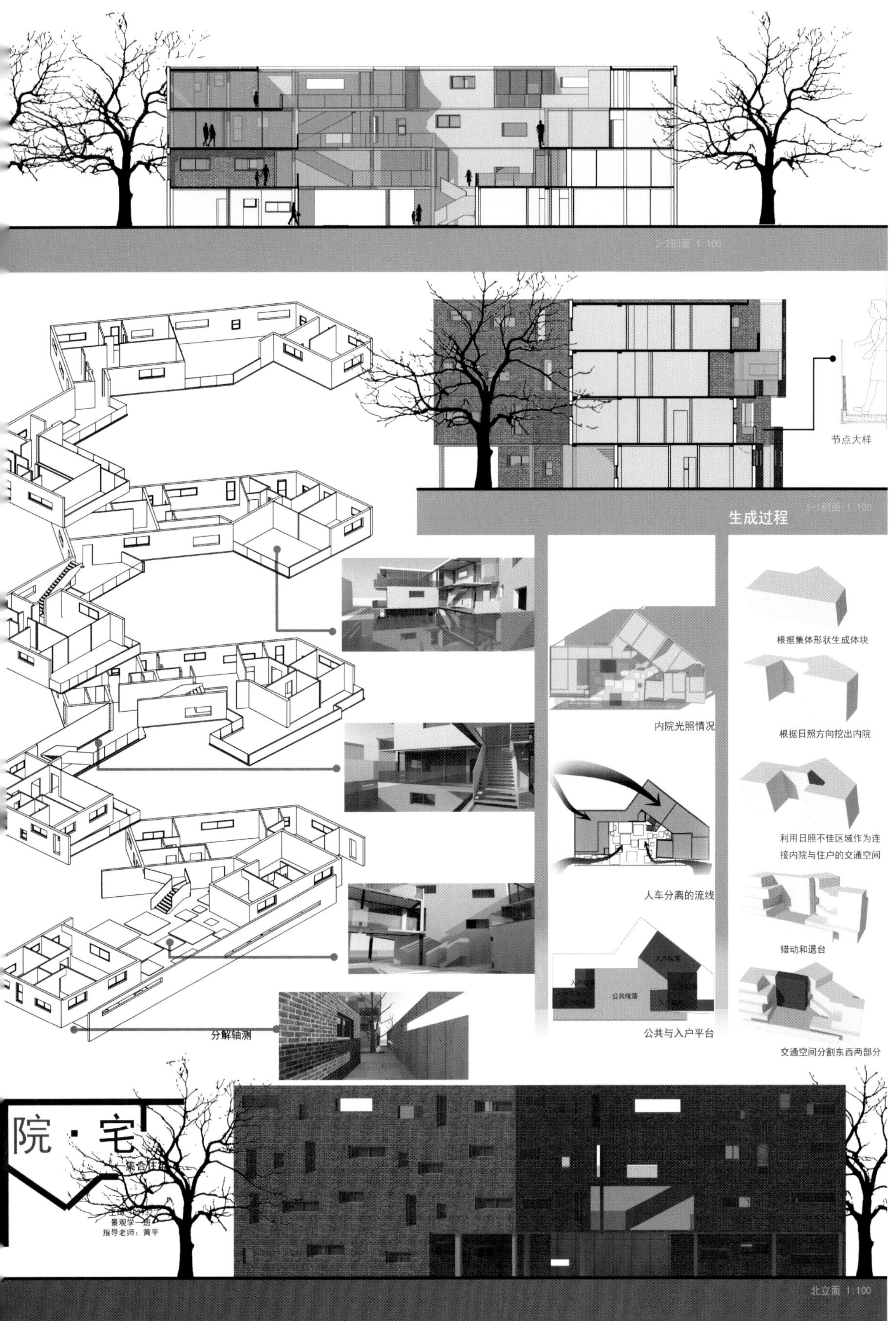

2-2剖面 1:100
节点大样
1-1剖面 1:100
生成过程
内院光照情况
人车分离的流线
入户院落
公共院落
公共与入户平台
根据集体形状生成体块
根据日照方向挖出内院
利用日照不佳区域作为连接内院与住户的交通空间
错动和退台
交通空间分割东西两部分
分解轴测
院·宅
景观学一班
指导老师：黄平
北立面 1:100

(c)

4）风景建筑与建成环境设计

风景建筑是风景的有机组成部分，也是风景的创造手段和观赏点，其选址、布局、设计均反映了人们对自然风景的审美表达。风景建筑设计课题旨在通过对自然风景与人工建筑两者关系的处理，帮助学生理解中国传统风景的审美内涵，培养学生对自然风景的价值认识、审美情趣、选址布局、空间组织、景观塑造等方面的技能，形成规划设计中人与自然共生的专业价值观。建成环境设计课题则以人工建筑空间为背景，以建筑、景观、室内一体化设计为内涵，培养学生对建成环境空间组成、功能组织、设施布局、元素构成、设计方法等方面的综合设计技能。两个题目的选择与设计训练在文化与专业素养培养方面，均旨在传承与发展中国传统风景园林的文化与精神。（表 5–5，图 5–22—图 5–26）。

表 5–5　　教学计划表

<table>
<tr><th>序号</th><th>课题</th><th>教学时段</th><th>教学要求</th><th>训练内容</th><th>学时（课内 / 课外）</th></tr>
<tr><td rowspan="3">1</td><td rowspan="3">风景建筑设计</td><td>场地调研</td><td>了解风景区域风景与建筑之间的关系；
解析风景建筑在选择、布局、成景等方面的特征</td><td>设计基地实地调研</td><td>4/8</td></tr>
<tr><td>教学讲座</td><td>风景建筑选址与布局、文化空间与风景建筑、旅馆建筑设计基础等</td><td></td><td>6</td></tr>
<tr><td>风景建筑设计</td><td>充分熟悉风景与建筑之间的关系，掌握选址分析、总体布局、景观单元组织、空间设计、造型表达等多层面的要点与方法；熟练掌握风景与建筑的表达方法</td><td>风景建筑：景区旅馆 / 游客中心 / 观景建筑</td><td>26/52</td></tr>
<tr><td rowspan="3">2</td><td rowspan="3">建成环境设计</td><td>教学讲座</td><td>建筑与建成环境、建成环境场地分析、场地设计方法、场地材料与特性等</td><td></td><td>8</td></tr>
<tr><td>场地调研</td><td>了解基地建筑空间构成、出入口关系、建筑平面功能、地上地下之间的关系、场地内设施功能与位置、场地内外竖向标高关系、管网布局情况、绿地布局、绿色建筑要求等</td><td></td><td>4/8</td></tr>
<tr><td>建成环境设计</td><td>熟悉并掌握建筑、室内、景观一体化设计的内涵；掌握从功能组织、空间布局、要素组合、场地与竖向、绿化种植、全天候使用、设施布置、节点处理等多层面设计要点、设计方法及设计生成的表达技能</td><td></td><td>20/40</td></tr>
</table>

SCHEDULE
教学进度

1 风景建筑现状调研分析

1）布置题目、明确任务
2）开设风景建筑相关专题讲座
3）现场调研

讲座：1）课程总体安排
2）基地介绍
3）风景建筑选址与布局

1）风景与风景建筑关系
2）风景建筑选址、布局、成景
3）基地风景特征

讲座：文化空间与风景建筑

2 风景建筑总体布局

1）基地风景特征与视域分析
2）风景建筑的选址比较

1）建筑总体布局（功能、交通、风景视域、景观单元等）
2）总平面布局草案

讲座：旅馆建筑设计基础

1）总平面设计
2）建筑布局草案
3）中期交流与评图

全班交流

3 风景建筑设计

1）建筑平面布局
2）建筑空间造型

1）建筑平面布局
2）建筑立面设计
3）建筑剖面设计

1）总平面、建筑设计等相关图纸成果完成与表达
2）设计说明、分项分析图、表现图完成

4 风景建筑汇报交流

1）提交风景建筑设计成果
2）风景建筑设计汇报交流

全班交流

5 建成环境设计调研分析

1）题目与基地介绍
2）现场调研

讲座：建筑与建成环境

1）基地建筑分析（功能、平面、开口、室外空间等）
2）场地分析（空间组成、场地特征、内外关系、使用需求等）

讲座：建成环境场地分析

6 建成环境布局设计

1）设计概念与关键词
2）空间布局（功能、流线、要素等）

讲座：场地设计方法

1）场地要素组织
2）竖向空间
3）绿化与设施布置等

7 建成环境深化设计

1）中期交流
2）平面与空间深化设计

全班交流

1）节点空间设计
2）细节设计

讲座：场地材料与特性

成果完成与表达

8 建成环境成果与总结

1）完成建成环境设计成果并提交
2）建成环境设计成果汇报交流与总结

全班交流

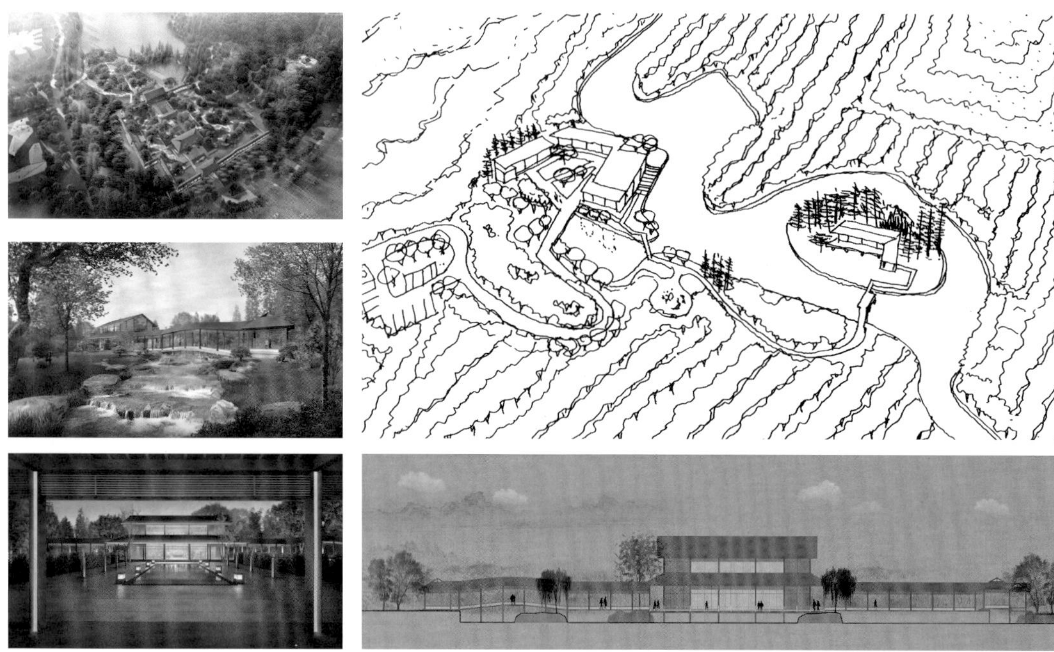

图 5-22　风景与风景建筑

无论是恒山的悬空寺、峨眉山的金顶、九华山的百岁宫、武当山的三大宫（太和、紫霄、玉虚）等无不为后人留下风景中的建筑典范，而立于赣江东岸的滕王阁更是与王勃的诗句“落霞与孤鹜齐飞，秋水共长天一色”而流芳后世。风景建筑可谓是“风景之眼”，一方面其是人们伸入自然风景的眼睛，反映了人对自然山水美的认识；另一方面其又对自然风景起到点睛作用，与自然风景融合构成风景的整体，是对风景的创造和再创作。

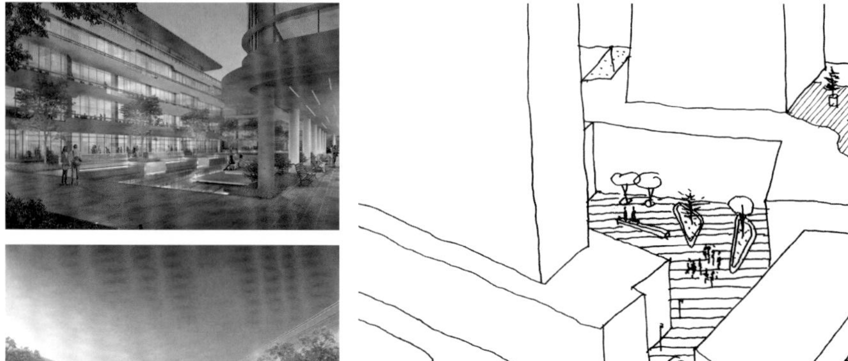

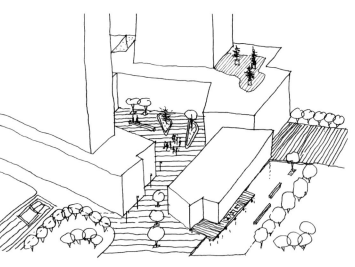

图 5-23　建筑与建成环境

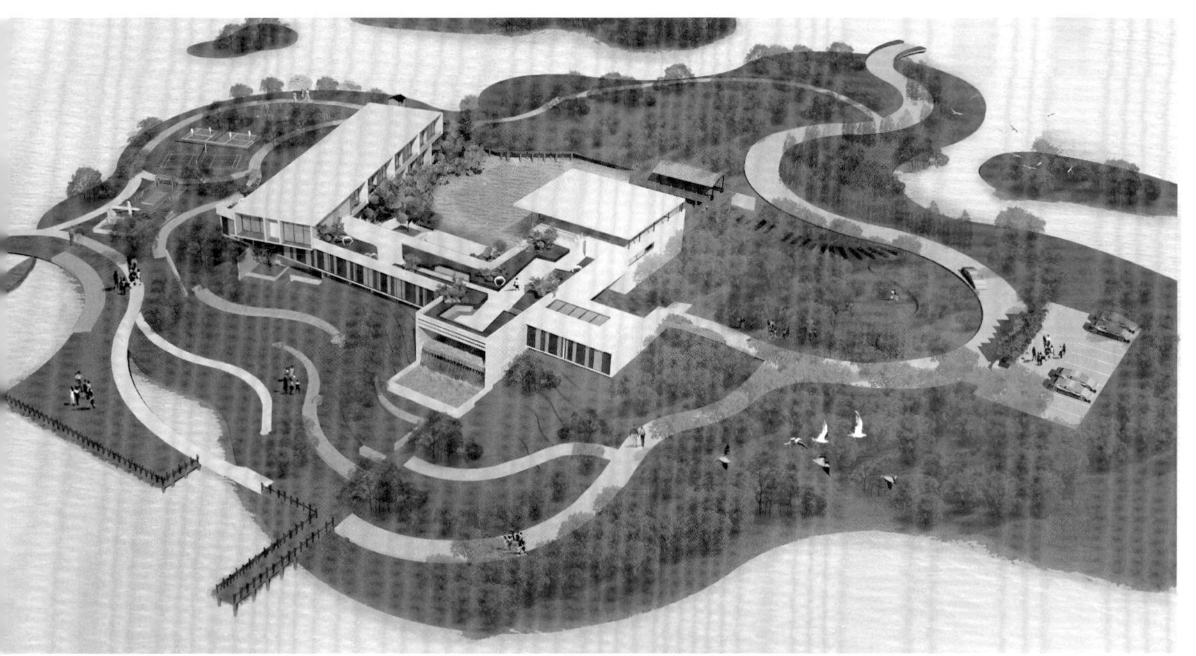

（a）

图 5-24　风景建筑设计——青年旅舍

选择旅馆这一常见于风景区域的建筑作为设计课题，一方面可从建筑的选址、布局、朝向、景观视线、点景等方面去理解风景与建筑两者之间的共生关系，另一方面通过旅馆建筑设计去理解风景建筑的空间组成、形态构成、单元组织、空间尺度、景观与观景、场景与事件、结构与材料等设计原理与方法

设计者：陈梦璇

指导教师：沈洁

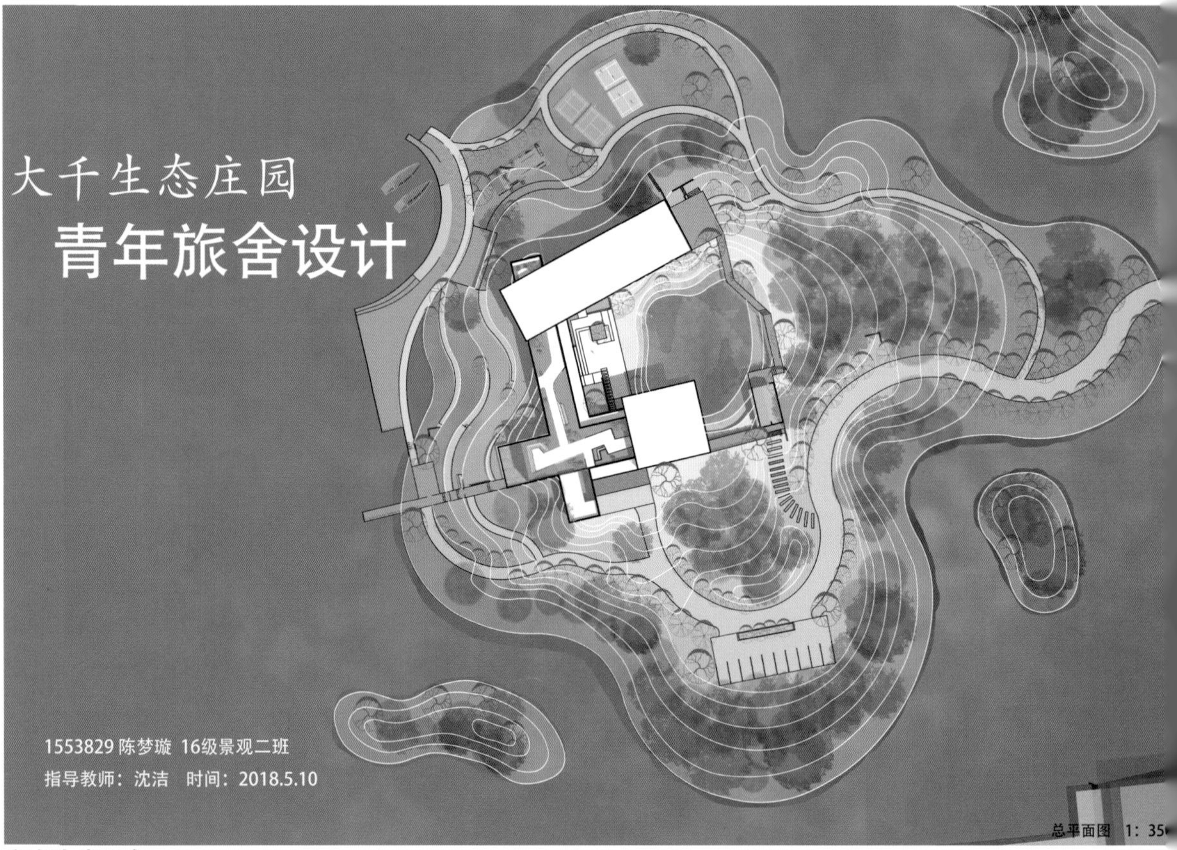

大千生态庄园

青年旅舍设计

1553829 陈梦璇 16级景观二班

指导教师：沈洁 时间：2018.5.10

总平面图 1：35

方案生成理念：

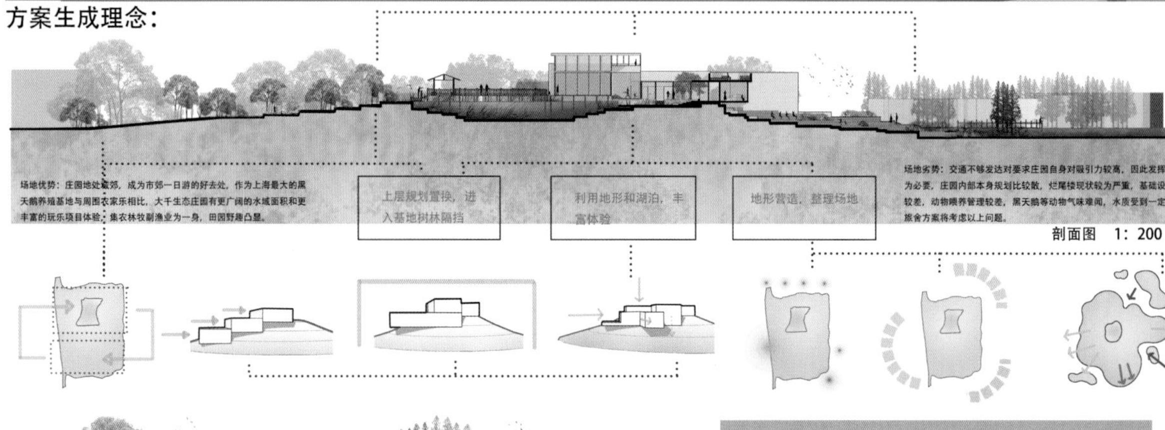

场地优势：庄园地处近郊，成为市郊一日游的好去处，作为上海最大的黑天鹅养殖基地与周围农家乐相比，大千生态庄园有更广阔的水域面积和更丰富的玩乐项目体验，集农林牧副渔业为一身，田园野趣凸显。
上层规划置换，进入基地树林隔挡
利用地形和湖泊，丰富体验
地形营造，整理场地
场地劣势：交通不够发达对要求庄园自身对吸引力较高，因此发挥
为必要，庄园内部本身规划比较散，烂尾楼现状较为严重，基础设
较差，动物喂养管理较差，黑天鹅等动物气味难闻，水质受到一定
旅舍方案将考虑以上问题。
剖面图 1：200

南立面图 1：200

西立面图 1：200

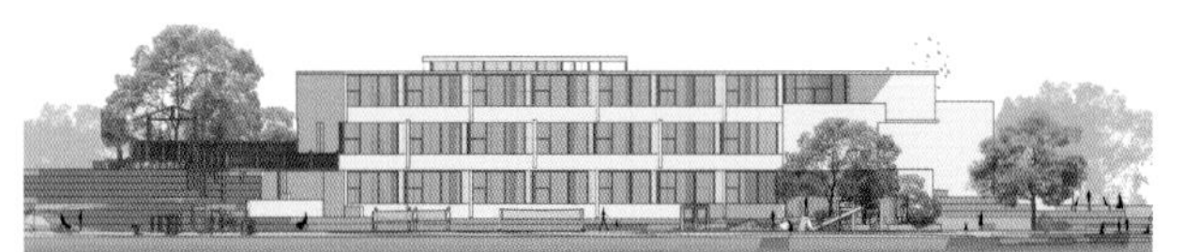

北立面图 1：200

（b）

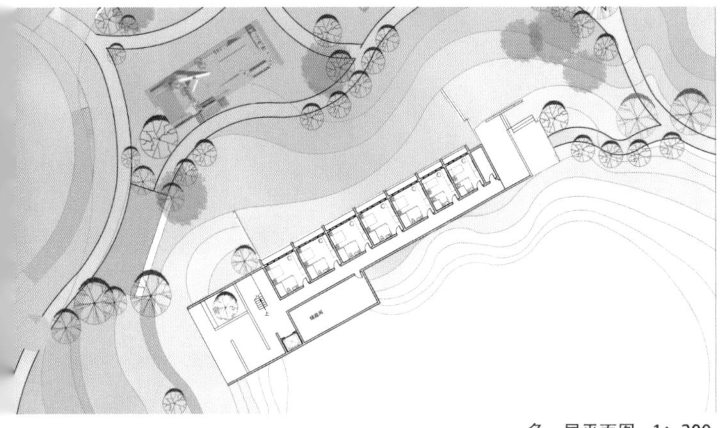

负一层平面图　1：200

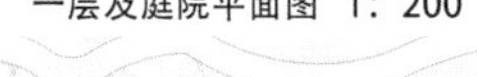

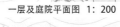

一层及庭院平面图　1：200

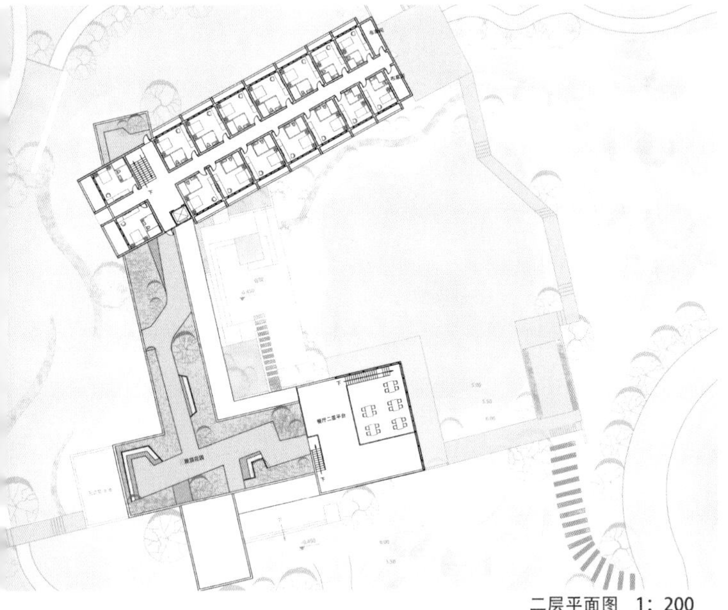

二层平面图　1：200

（c）

TAKE A PEEK

[Type] Kindergarten Architecture Design
[Location] Virtual Site
[Duration] 6 weeks, 2013.05
[Contribution] Individual Work
[Instructor]QI GUANGPING

INTRODUCTION

A 6-week work for architecture studio in the 4th semester.

For the residential neighborhoods, the scale of the kindergarten is limited to six classes with 24 children each, and fewer than two floors. Kindergarten must organize a reasonable passage route and function partition. Because of the huge quantity of outdoor activities, low-rise buildings can facilitate children's full contact with nature. If the space composition of the kindergarten is too monotonous and straight, children are easily bored and depressed by environment. In addition, staffs and teachers are another important factor that also affect the design. Many functional spaces such as guard room, office and kitchen need to be arranged.

PATTERN

TAKE A PEEK

[Type] Kindergarten Architecture Design
[Location] Virtual Site
[Duration] 6 weeks, 2013.05
[Contribution] Individual Work
[Instructor]QI GUANGPING

INTRODUCTION

A 6-week work for architecture studio in the 4th semester.

For the residential neighborhoods, the scale of the kindergarten is limited to six classes with 24 children each, and fewer than two floors. Kindergarten must organize a reasonable passage route and function partition. Because of the huge quantity of outdoor activities, low-rise buildings can facilitate children's full contact with nature. If the space composition of the kindergarten is too monotonous and straight, children are easily bored and depressed by environment. In addition, staffs and teachers are another important factor that also affect the design. Many functional spaces such as guard room, office and kitchen need to be arranged.

PATTERN

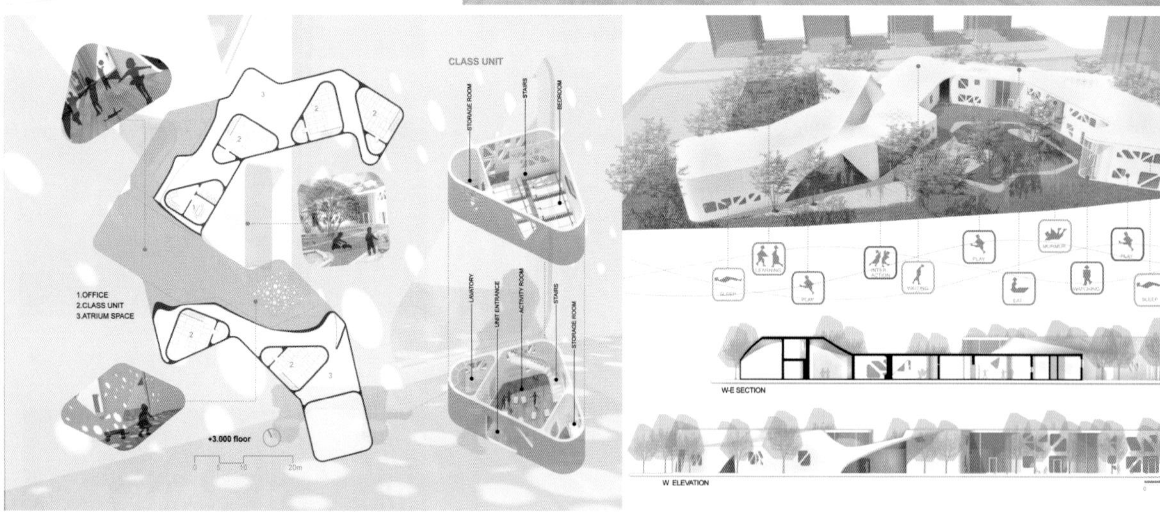

图 5-25　景观建筑与建成环境设计——幼儿园

设计者：郑纯
指导教师：戚广平

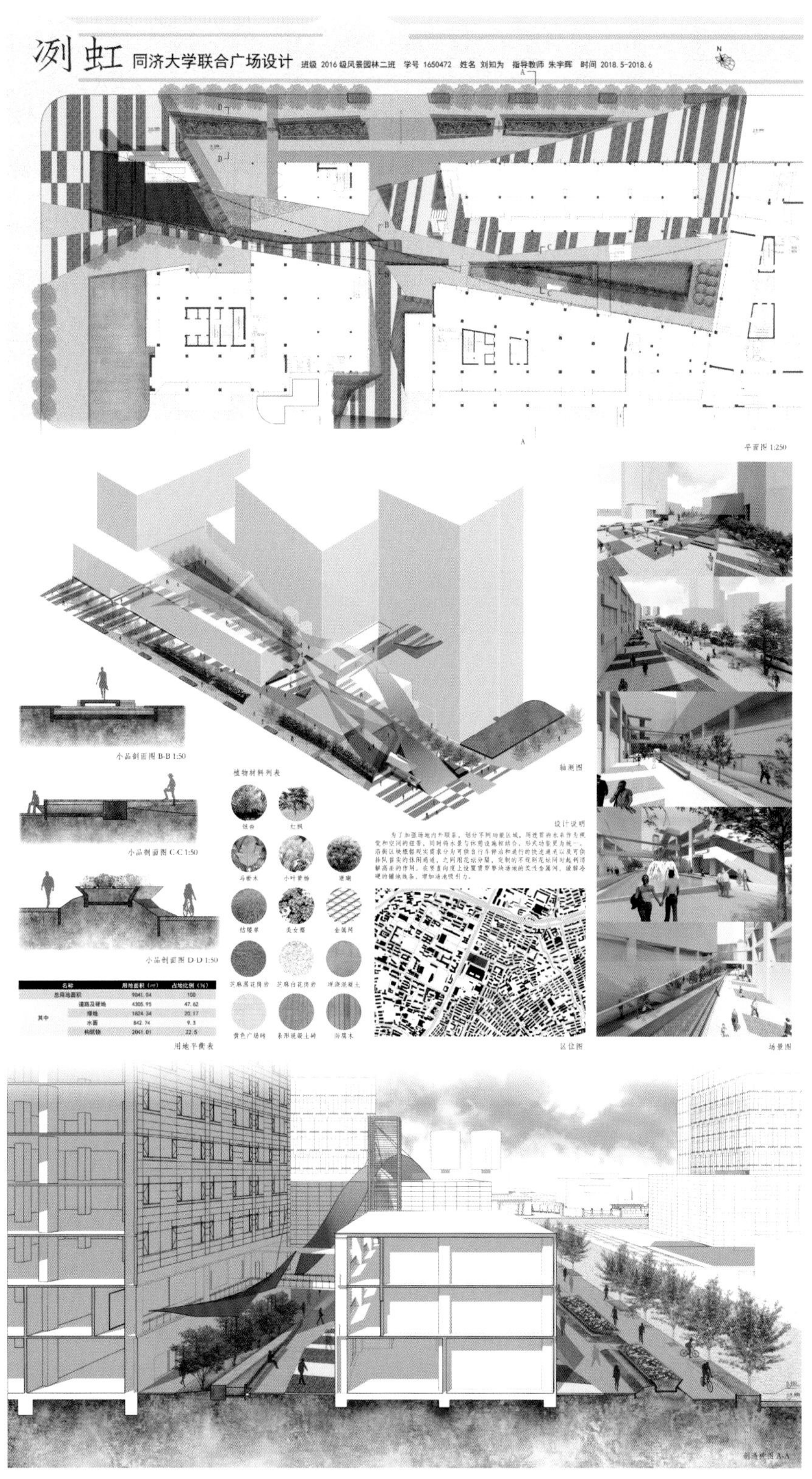

图 5-26　建成环境设计——联合广场

设计者：刘知为
指导教师：朱宇晖

5）风景园林设计

课程包括城市公园设计与古典园林设计两个部分，以两种针对不同使用群体的空间类型训练学生风景园林设计的要点、内容与具体方法。

城市公园作为公共开放空间，是群体使用行为的主要承载场所，可作为城市绿地、城市广场、滨水空间、城市绿道等多种公共开放空间的代表。通过以城市公园为课题的设计训练帮助学生掌握现代主义风景园林的设计理念，理解开放空间与城市的关系，重点训练开放空间的使用容量测算、使用特征分析、总体布局、设施布置、用地平衡、地形与竖向设计、景观塑造、绿化种植设计等方面的具体方法与手段。

古典园林无论是皇家园林、私家园林还是寺庙园林，均可视作一种私属空间，供个体或特定少数群体所使用，可作为现代私家庭院、居住区、单位、园区等具有私属性质空间的代表，但往往在文化、布局、设计手法等方面又超越这些空间类型，是一个综合而全面的空间载体。以古典园林为课题的设计训练帮助学生掌握中国传统风景园林的理念和文化，初步理解中国传统的景观美学与意识，重点训练私属空间的需求特征、使用行为、空间组织、山水格局、自然景观、庭院空间、风景建筑等方面的设计手法。

两个题目均选取真实的基地，可培养学生对现状调查、分析和研究的方法与技能，训练学生通过现场的实际空间体验来掌握图纸与现场设计相结合的方法，并以两种不同的设计类型进行相互补充，融会贯通（表 5-6，图 5-27—图 5-33）。

表 5–6　　教学计划表

序号	课题	教学时段	教学要求	训练内容	学时（课内 / 课外）
1	城市公园设计	场地调研	了解一般公园的布局、空间、景观特征； 熟悉公园设计的要点、要素及其组织方式； 掌握调查与分析的过程及方法	基地实地调研	4/4
		教学专题及讲座	了解公园设计的主要板块及必要的知识点； 熟悉公园设计的主要程序、原则与规范等； 掌握概念、形式、竖向与种植等主要设计内容	相关公园实地调研、图解分析	12
		公园设计	充分熟悉并掌握从总体布局、深化设计、节点设计、造型表达、植被景观及细部细节等多层面的设计要点与方法； 熟练掌握公园绿地设计的表达方法	公园总体布局 公园空间要素组合 公园景点与意向 公园游憩行为与空间	56/56
2	古典园林设计	场地调研	了解古典园林的文化理念与历史特点； 熟悉设计基地的历史、景观与空间格局； 掌握调查与分析的过程及方法	基地实地调研	4/4
		教学专题及讲座	了解古典园林设计的主要板块及必要的知识点； 熟悉古典园林设计的主要流程、理念和参考案例等； 掌握文化理念、地形空间、景观配置、视线组织等主要设计内容	古典园林实例现场调研、图解分析	8
		园林设计	充分熟悉并掌握总体布局、深化设计、节点设计、游线设计、植被山石、庭院空间等多层面的古典园林设计要点与方法； 掌握古典园林的设计生成与表达方法	古典园林理念与文化 古典园林布局 山水空间、自然景观、庭院建筑等	52/52

SCHEDULE
教学进度

01

1 公园现状调研分析

1）布置题目、明确任务
2）开设公园设计专题讲座
3）现场调研

讲座：1）课程总体安排
2）基地介绍
3）公园设计

02

1）公园设计的主要板块与内容
2）公园设计程序、原则与规范
3）相关公园案例图解分析

讲座：公园设计内容及流程

03

2 公园总体布局

1）基地现状分析
2）公园总体概念与布局

04

1）公园总平面结构布局
2）道路场地、地形、绿化、建筑、构筑物布局

讲座：公园设计的要素及构成

05

1）总平面图设计
2）中期交流与评图

全班交流

06

3 公园详细设计

1）场地、地形、水景、绿化等详细设计布局
2）主要节点空间设计

07

公园详细设计

08

1）总平面、剖面图、鸟瞰图等图纸成果完成与表达
2）设计说明、分项分析图完成

09

4 公园汇报交流

1）提交公园设计成果
2）公园设计汇报交流

全班交流

10

5 园林设计调研分析

1）题目与基地介绍
2）现场调研

讲座：古典园林设计导览

11

1）古典园林实例调研分析
2）基地分析（区位、内外景观资源、地形、水体、植被、文化等）

讲座：古典园林要素及组成

12

6 园林立意与布局

1）设计策划
2）设计理念确立
3）总体概念布局

13

1）空间与结构布局
2）景点设计
3）游览与视线组织

14

7 园林深化设计

1）中期交流
2）分项设计（空间、建筑物、构筑物、水景、地形、植被、小品等）

全班交流

15

山水空间、自然景观、庭院空间、文化意境等深化设计

16

成果完成与表达

17

8 园林成果与总结

1）完成园林设计成果并提交
2）园林成果汇报交流与总结

全班交流

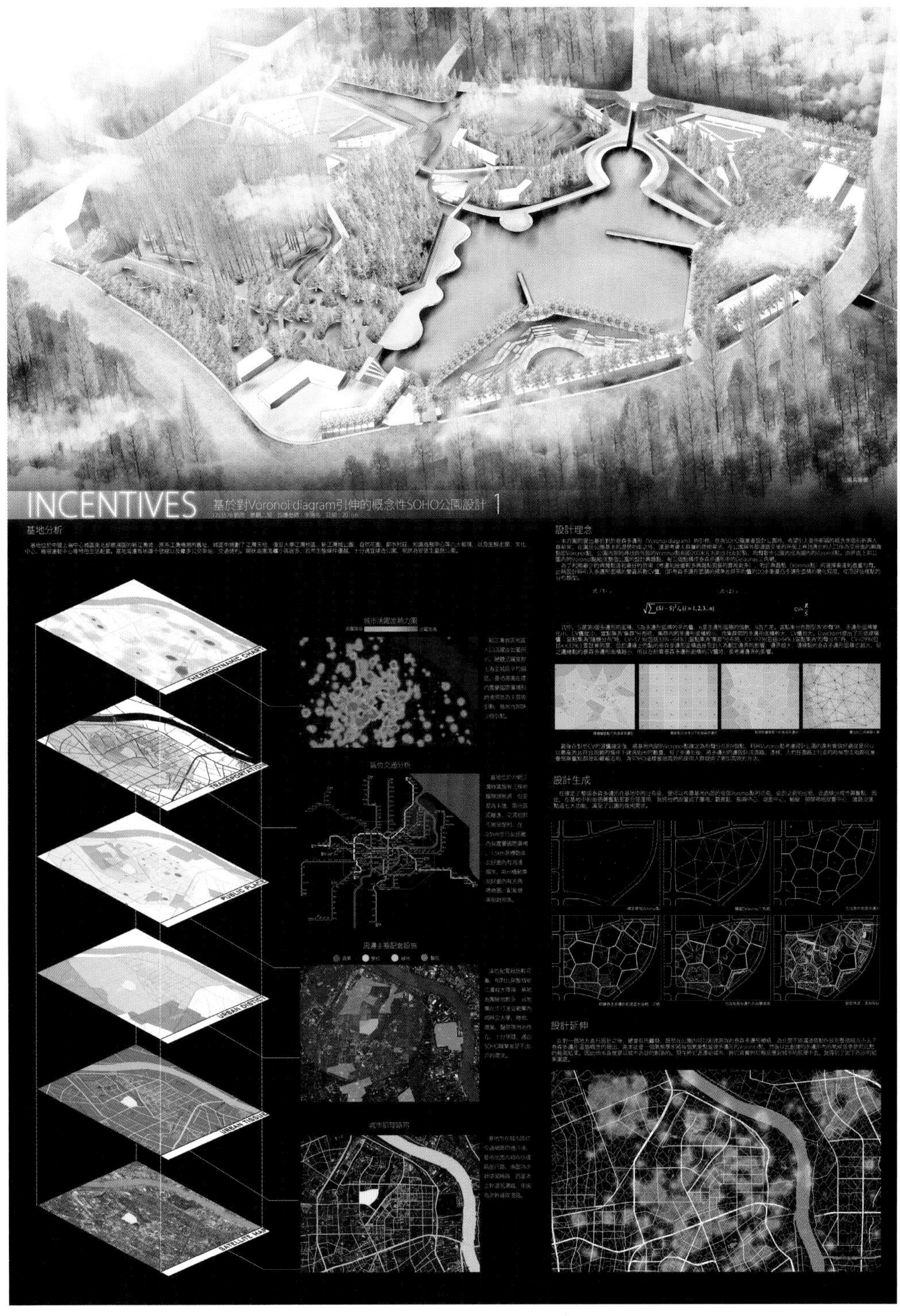

（a）

图 5-27　公园设计——SOHO 公园

公园主要针对基地周边的 SOHO 人群，利用“泰森多边形”特性来布局公园的“聚集点”和“均布点”，以此物化为公园的广场、观景点、休憩点、运动场地、绿化开阔地、服务设施等公园场地与设施，并以多边形来寻求相互之间的边际效应，是对公园设计方法的一种新的尝试

设计者：郭雨

指导教师：李瑞冬

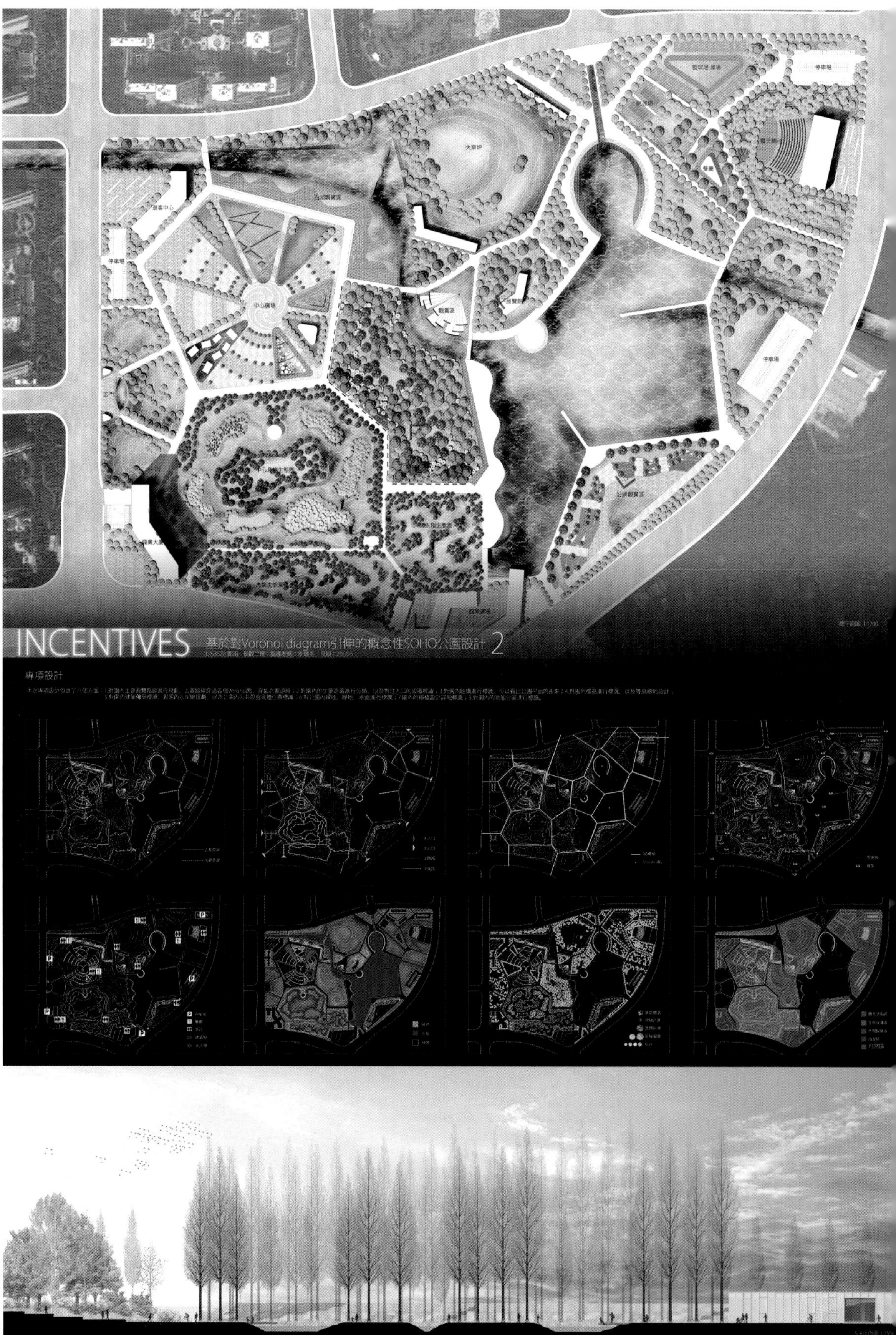

游客中心
停車場
中心廣場
大草坪
觀賞區
停車場
INCENTIVES
基於對Voronoi diagram引伸的概念性SOHO公園設計 2
專項設計

（b）

(c)

二重公园
DUAL PARK
1250470 邓文欣
指导老师 李瑞冬
10 20 40 80m
平面图 1:1500
现状道路穿越基地，将基地划分为两个部分，设计以此为基础，形成两个不同性格的公园。北面针对江湾城不同年龄结构人群，为自然生态教育公园；南面针对老城区中原社区居民，形成开放式公园绿地。两者通过整体缝合形成“二重公园”。穿越基地的道路既分隔两个公园绿地，也是城市一条潮汐性的城市道路，早晚高峰期间主要承担交通功能，其他时间则是一条供休闲漫步的林荫大道。
视线分析
潮汐性道路结构

（a）

图 5-28　公园设计——二重公园

该公园设计通过潮汐性道路和开放街区将自然生态教育公园与社区开放公园使基地整体缝合，形成针对两种人群、具有两种属性的“二重公园”

设计者：邓文欣

指导教师：李瑞冬

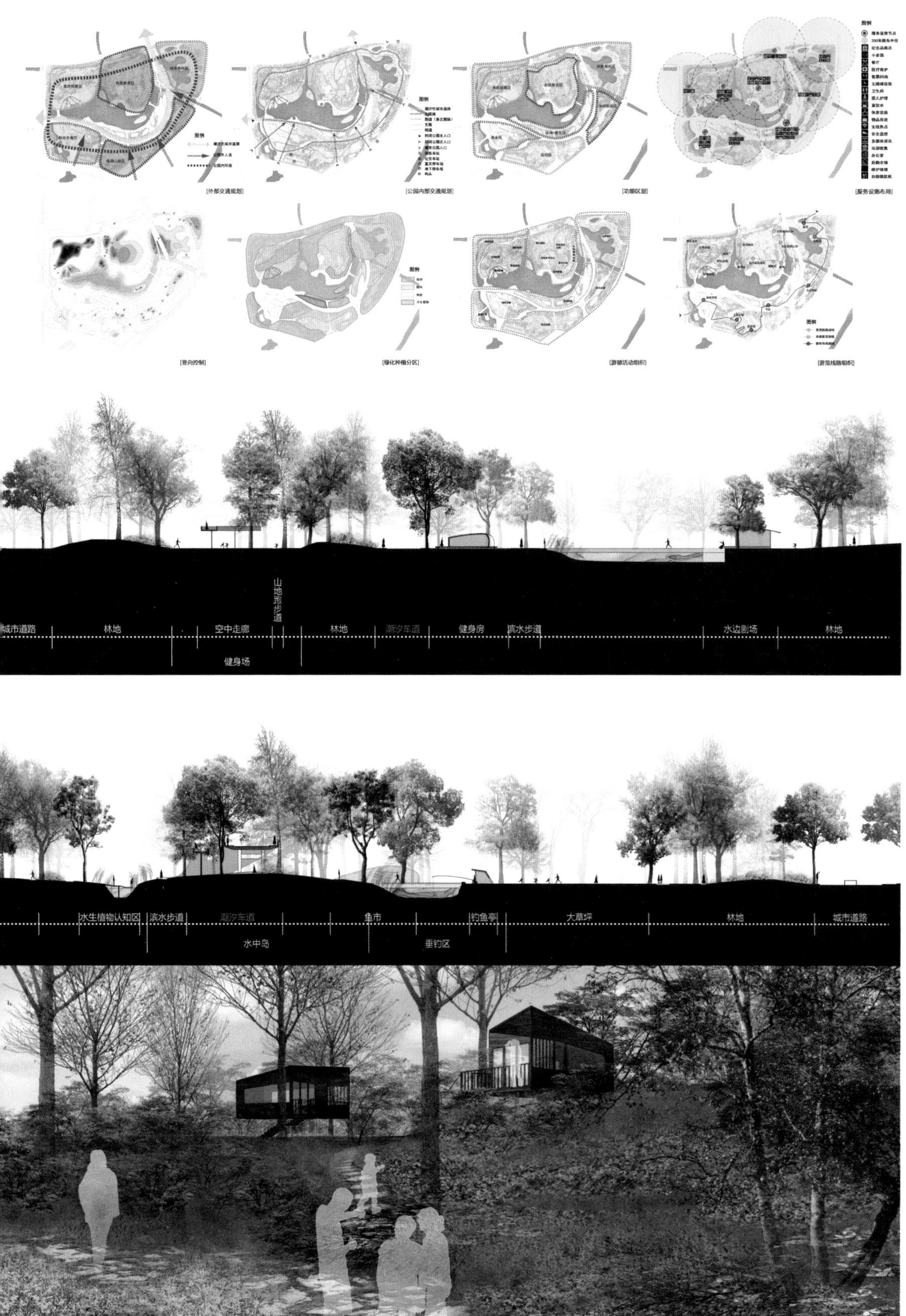

[外部交通规划]
[公园内部交通规划]
[功能区划]
[服务设施布局]
[竖向控制]
[绿化种植分区]
[游憩活动组织]
[游览线路组织]
城市道路
林地
空中走廊
山地跑步道
林地
潮汐车道
健身房
滨水步道
水边剧场
林地
健身场
水生植物认知区
滨水步道
潮汐车道
集市
钓鱼亭
大草坪
林地
城市道路
水中岛
垂钓区

（b）

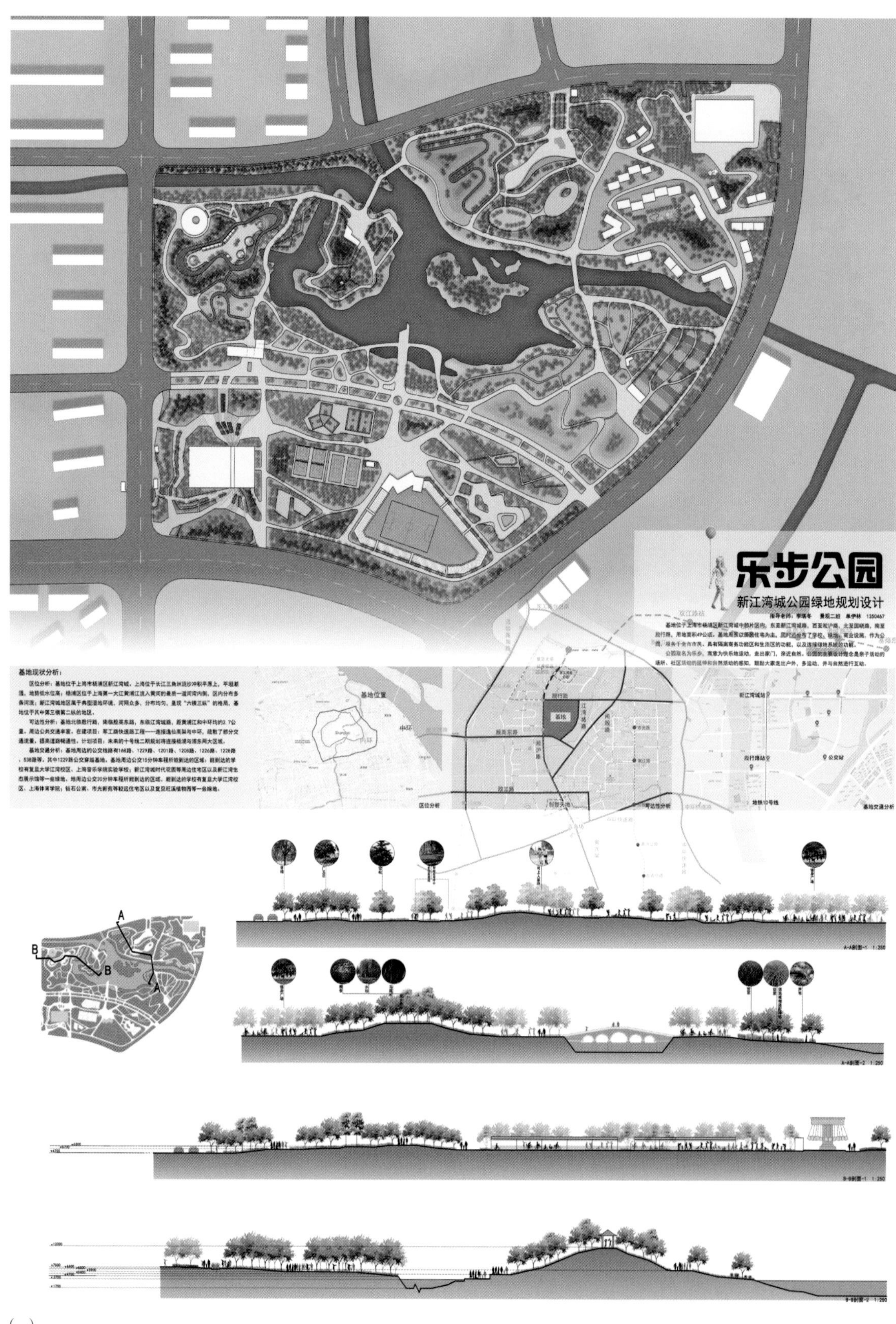

（a）

图 5-29　公园设计——乐步公园

设计者：单伊林
指导教师：李瑞冬

乐步公园
新江湾城公园绿地规划设计
指导老师：李瑞冬　景观二班　张伊林　1350467

用地性质分析：

公园四类用地分别为绿地、水面、硬质铺地和建筑用地，其中，硬质铺地包括道路、广场、停车场等。

用地名称	用地平衡表（m2）	所占比例（%）
绿地	284720	58.10%
水面	120450	24.60%
硬质铺地	54710	11.20%
建筑	30120	6.10%
总计	490000	100

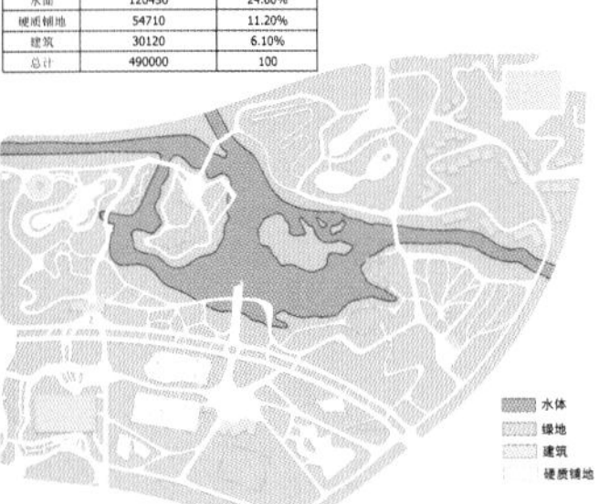

交通结构分析：

公园中间一条通道将其分为两个部分，北侧为一个综合性公园，南侧为一个专项体育公园，中间由一条花境大道连接。鲜花大道除了花境以外，还有小喷泉、口袋公园、花架等设施来丰富这一通道空间的内容。

此外，南侧与北侧的功能上也有一定的交叉；比如，南侧专项体育公园里面有一个从鲜花大道直通过来的喷泉广场，还有一个非专业性的滑板公园，提供了具有公园功能的开放性的交往空间。而北侧的公园也有草坪跑道、旱冰广场等运动内容。

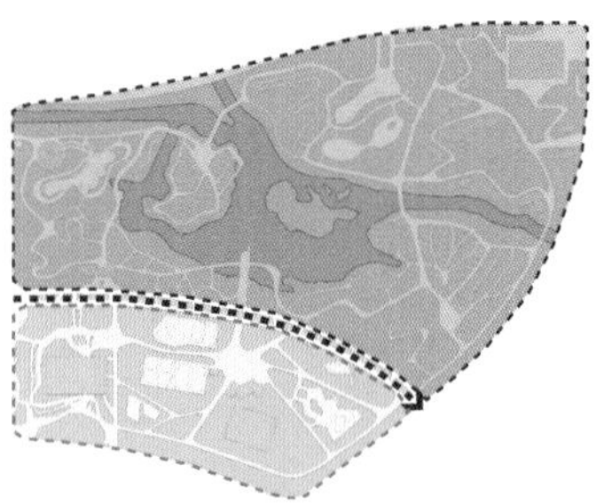

交通结构分析：

公园入口：

▲ 主入口（1处） 位于公园西侧，淞沪路上；

▲ 次入口（4处） 其中有一个车行入口，位于南侧殷行路靠近体育馆入口处；

辅助入口（2处）分别位于儿童活动区和体育馆，可以疏散人流，或者晚上运送货物；

▲ 广场入口（2处）作为体育馆和室内展示馆的行人入口；

停车场（2处） 南侧作为P+R停车系统，规划停车500辆；东北侧地下停车场规划停车220辆。

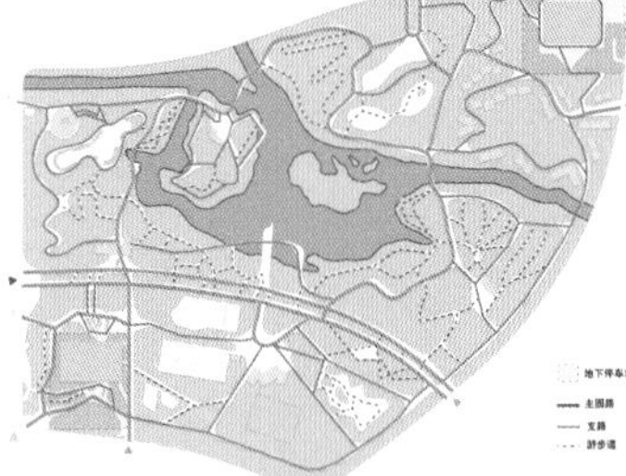

功能分区规划：

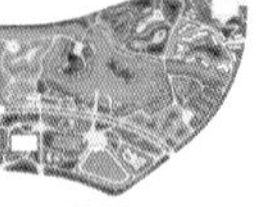

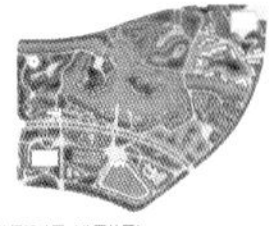
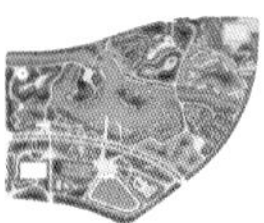
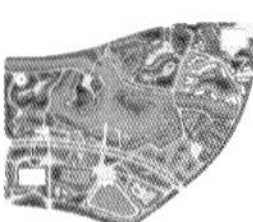
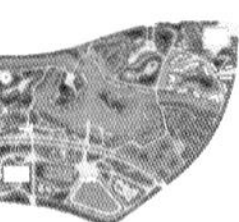
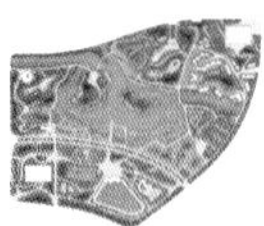

童游乐区（憩凤乐园）
免费游乐设施：
沙坑 组合滑梯 木马 涂鸦攀爬墙 迷宫
付费游乐场：
旋转木马 海豹戏水 魔幻飞椅 小飞象

岛上赏乐区（海岛七号）
观赏区：
竹林 极目亭 落羽杉林
玩乐区：
水上步行球

休闲活动区（公园社区）
安静：
棋牌区 指压板按摩径 藤架休憩区
喧闹：
轮滑广场 健身广场 微乐园 带状按摩区

餐饮手作区（吃喝玩乐小镇）
室内体验馆
店铺：
甜品餐饮 饮品咖啡 DIY小店

生态保育区（不可上人）
生态岛
带状生态景观

都市田园区（周末田野）
免费：可上人草坪 野餐（自备）
付费：短期：烧烤 露营（租借）
长期：周末菜园

带状观赏区
道路景观：
花境 喷泉藤架
滨水景观：
花境 芦苇湿地

带状观赏区
道路景观：
花境 喷泉藤架
滨水景观：
花境 芦苇湿地

分区游线规划：

（实线为建议游线，
虚线为其他可选择游线。）

整体游线规划：

由于体育运动区专业性强，针对性强，故不建议加入整体游线。

公园为第一次到来的游客设计了一条整体游线，虽然没有覆盖前面分析的所有景点，但是却可以让游客不走丢不回头地逛完大多数景观点。

A. 鲜花大道—— B. 游客服务中心（入口）—— C. 梅林 —— D. 植物迷宫 —— E. 小型游乐设施 —— F. 游乐场 —— G. 儿童购物区 —— H. 塑胶跑道 —— I. 滨水樱花木栈道 —— J. 落羽杉林 —— K. 竹林 —— L. 景观亭 —— M. 景观桥 —— N. 滨水草坪缓坡 —— O. 草坪跑道 —— P. 棋牌区 —— R. 微乐园 —— Q. 广场喷泉 —— S. 藤架休息区 —— T. 带状健身区 —— U. 健身广场 —— V. 轮滑广场 —— W. DIY小镇 —— X. 木栈道观木区 —— Y. 室内体验馆—— Z. 可上人草坪 —— AA. 景观桥 —— AB. 湿地木栈道 —— AC. 可上人草坪 —— A. 鲜花大道 —— AD. 喷泉广场 —— AE. 观景平台 —— A. 鲜花大道

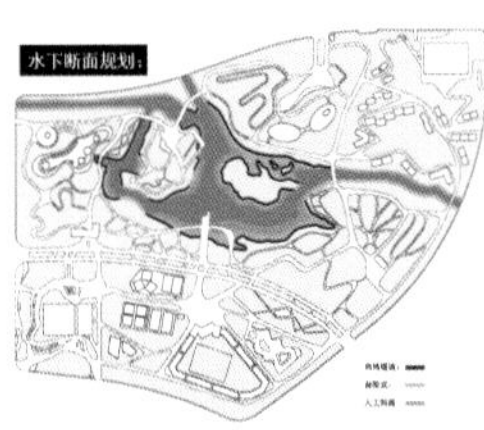

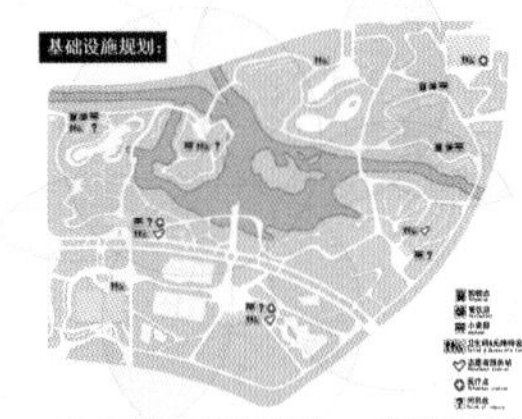

根据公园规范，厕所的服务半径为250m，公园共设有八个厕所，其中6个是依附于其他建筑而存在（比如位于游客服务中心内），两个是独立的厕所。

（b）

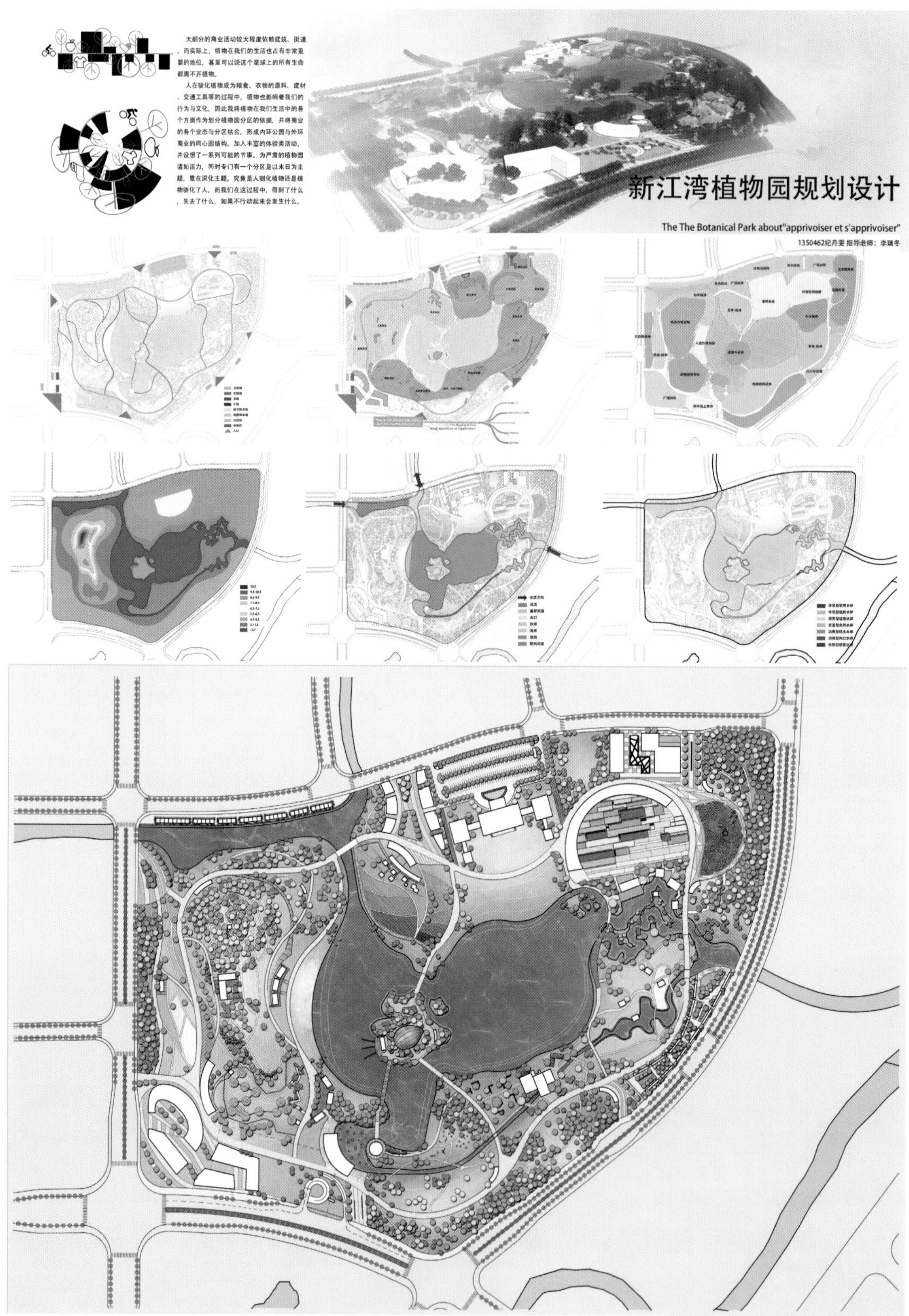

（a）

图 5–30　公园设计——植物园

同一课题，同一基地，不同的同学探索出不同的可能性，该公园设计以“植物园”为主题，在布局上将植物在日常生活的不同使用功能作为分区布局依据，通过塑造体验式景区与节点来探索新型植物园的布局模式

设计者：纪丹雯

指导教师：李瑞冬

新江湾植物园规划设计

The The Botanical Park about"apprivoiser et s'apprivoiser"

1350462纪丹雯 指导老师：李瑞冬

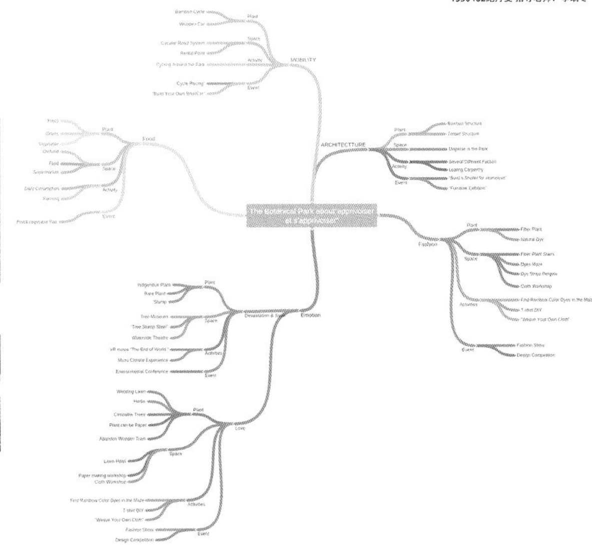

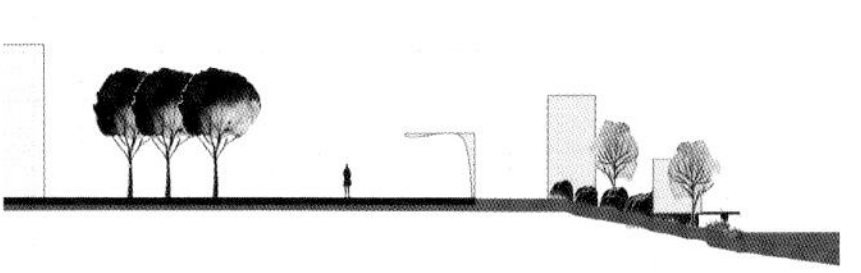

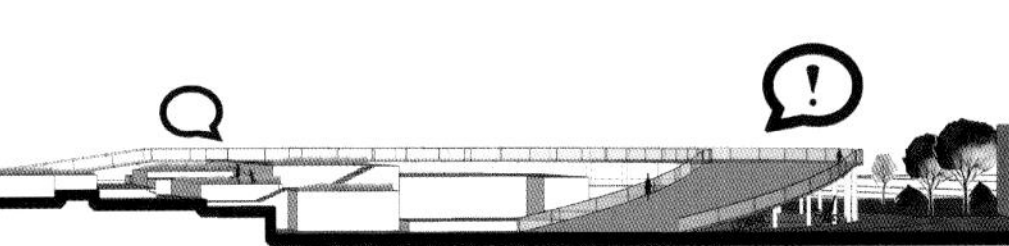

（b）

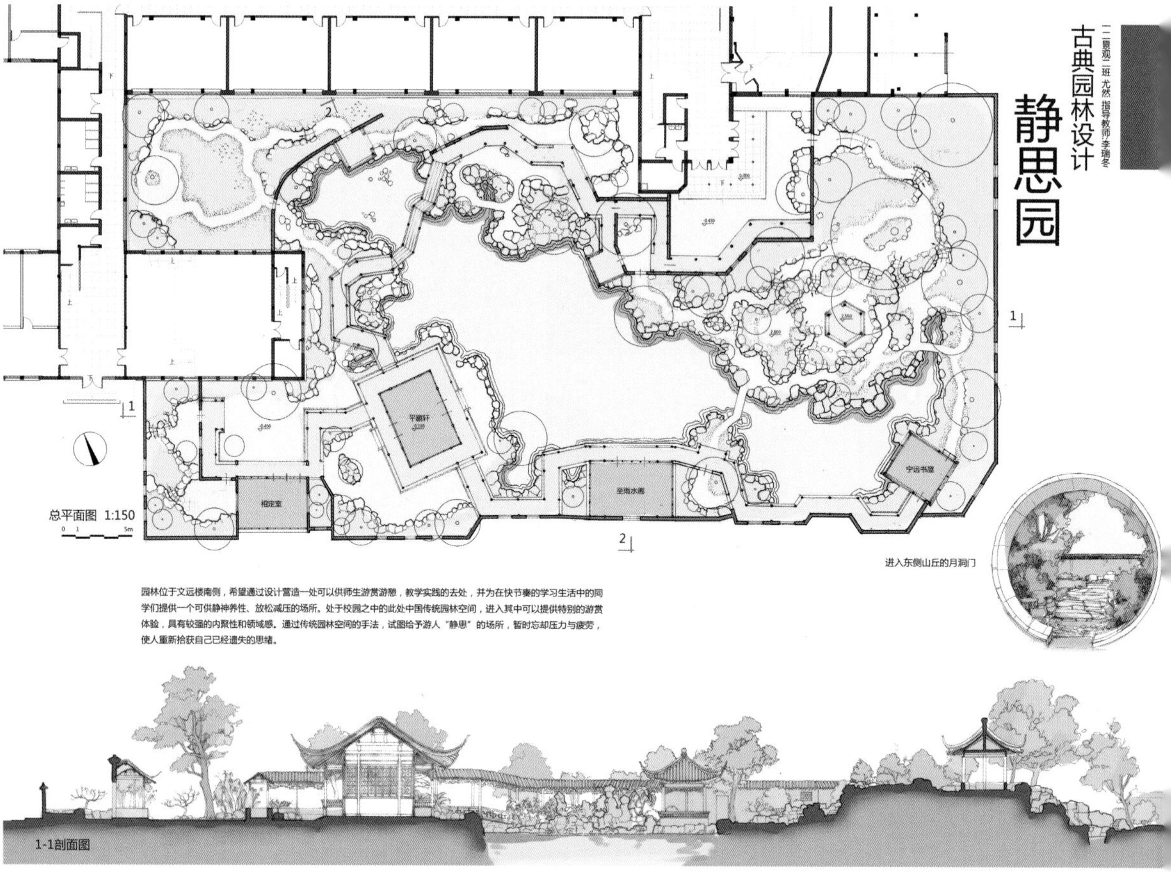

静思园
古典园林设计
二景观二班 尤然 指导教师 李瑞冬
总平面图 1:150
相定室
至雨水阁
宁远书屋
进入东侧山丘的月洞门
园林位于文远楼南侧，希望通过设计营造一处可以供师生游赏游憩，教学实践的去处，并为在快节奏的学习生活中的同学们提供一个可供静神养性、放松减压的场所。处于校园之中的此处中国传统园林空间，进入其中可以提供特别的游赏体验，具有较强的内聚性和领域感。通过传统园林空间的手法，试图给予游人“静思”的场所，暂时忘却压力与疲劳，使人重新拾获自己已经遗失的思绪。
1-1剖面图

（a）

平面 1:100
空间图示
立面 1:50
剖面 1:50
【竹風清響、秋梧虹水庭院】
【四季流轉】
舟游萬里
海棠笑
剖面 1:100

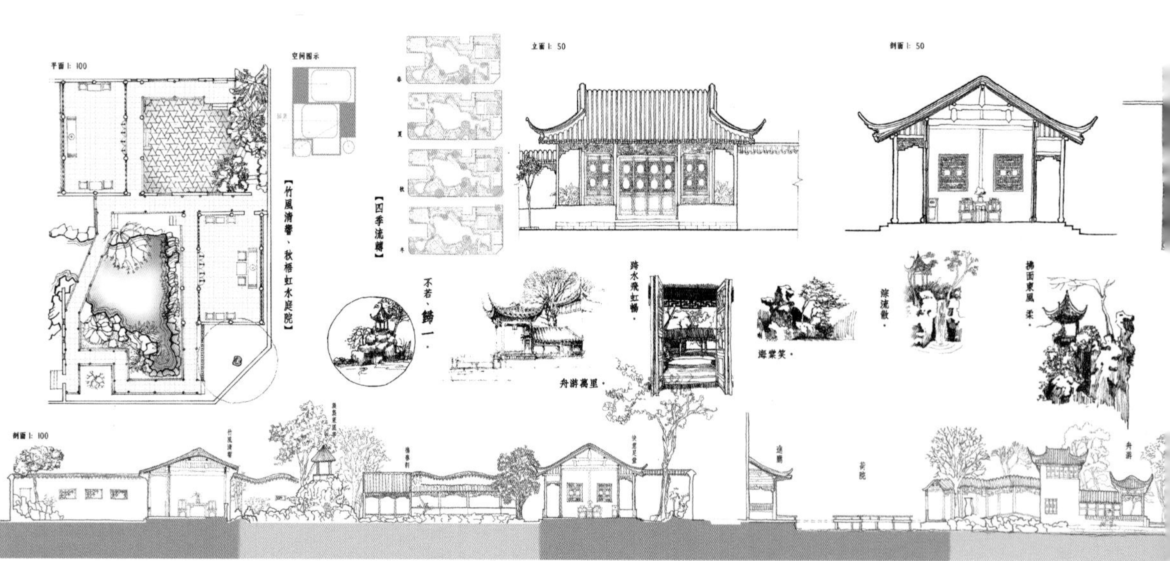

（a）

以校园环境为基地，针对师生这一使用人群，通过古典园林设计训练，培养学生对特定人群使用行为、文化背景、审美取向、精神意向等与风景园林空间布局关系的掌握。该课程设计，不仅是对学生在古典园林设计逻辑思维和形象思维方面的训练过程，也是对学生传承中国文化的养成过程

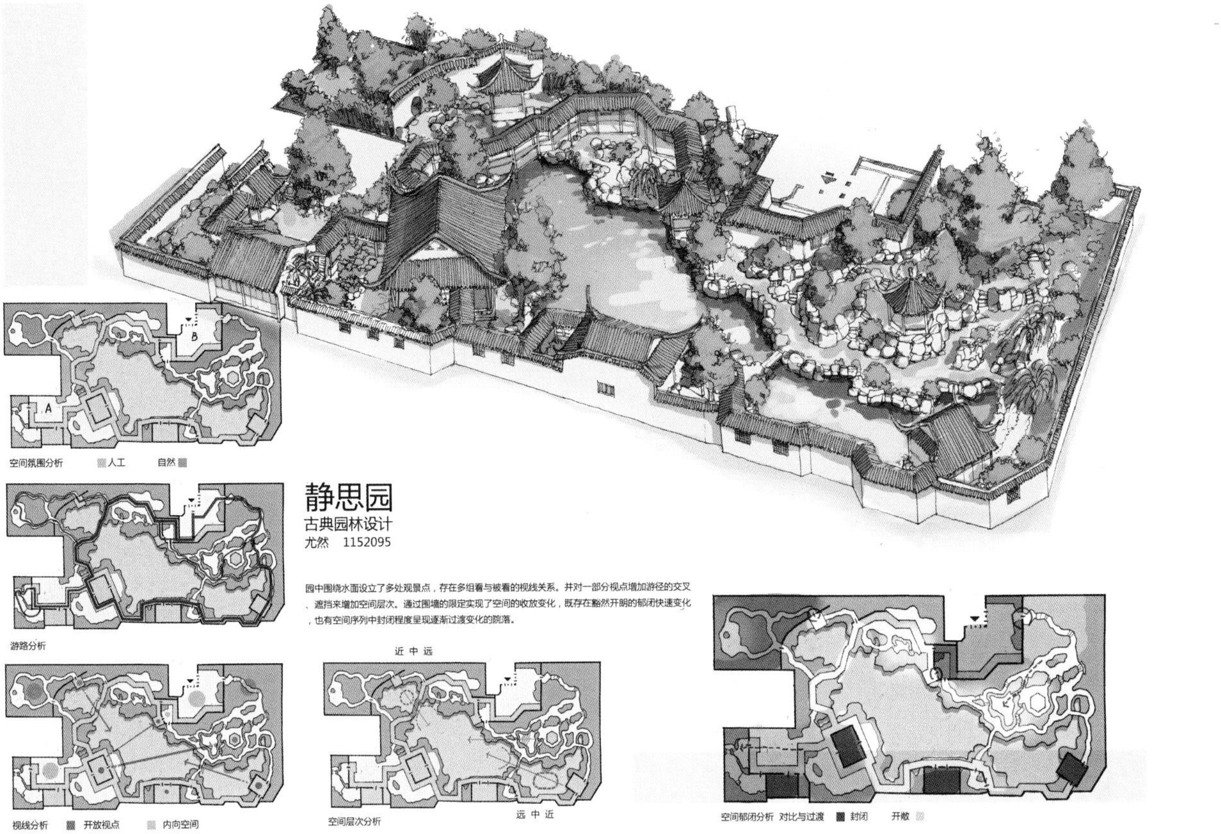

静思园
古典园林设计
尤然 1152095
园中围绕水面设立了多处观景点，存在多组看与被看的视线关系。并对一部分视点增加游径的交叉、遮挡来增加空间层次。通过围墙的限定实现了空间的收放变化，既存在豁然开朗的郁闭快速变化，也有空间序列中封闭程度呈现逐渐过渡变化的院落。
空间氛围分析 人工 自然
游路分析
视线分析 开放视点 内向空间
近 中 远
空间层次分析
远 中 近
空间郁闭分析 对比与过渡 封闭 开敞

（b）

图 5-31　古典园林设计——静思园

设计者：尤然
指导教师：李瑞冬

【快意足堂】
【万物歸一】
【歸一八景】
【造園子】
【歸一園】
剖面 1:100
屋顶平面图 1:500
平面图 1:150

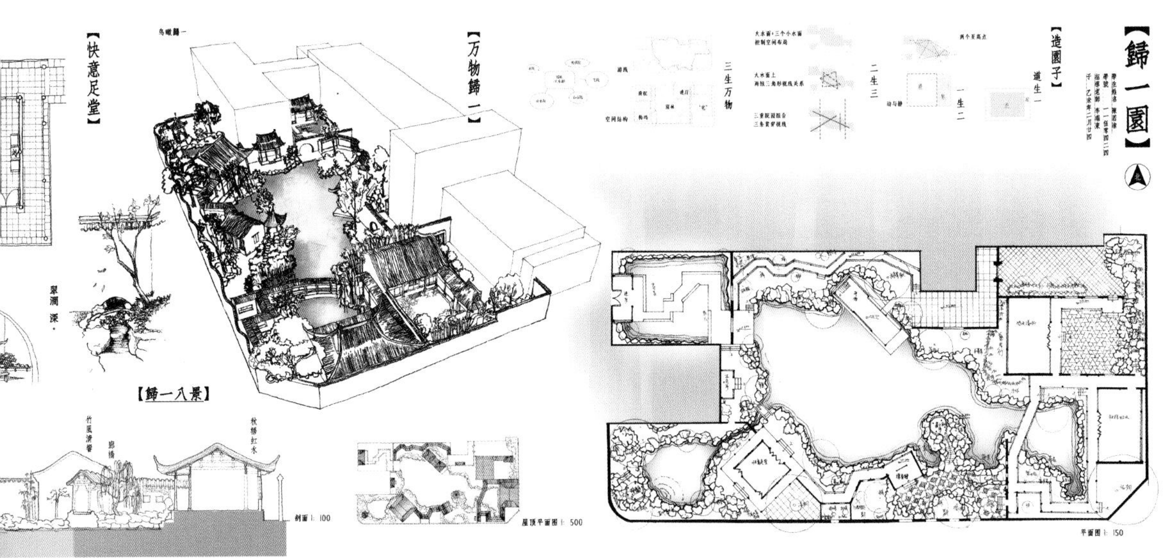

（b）

图 5-32　古典园林设计——归一园

设计者：陈若渝
指导教师：李瑞冬

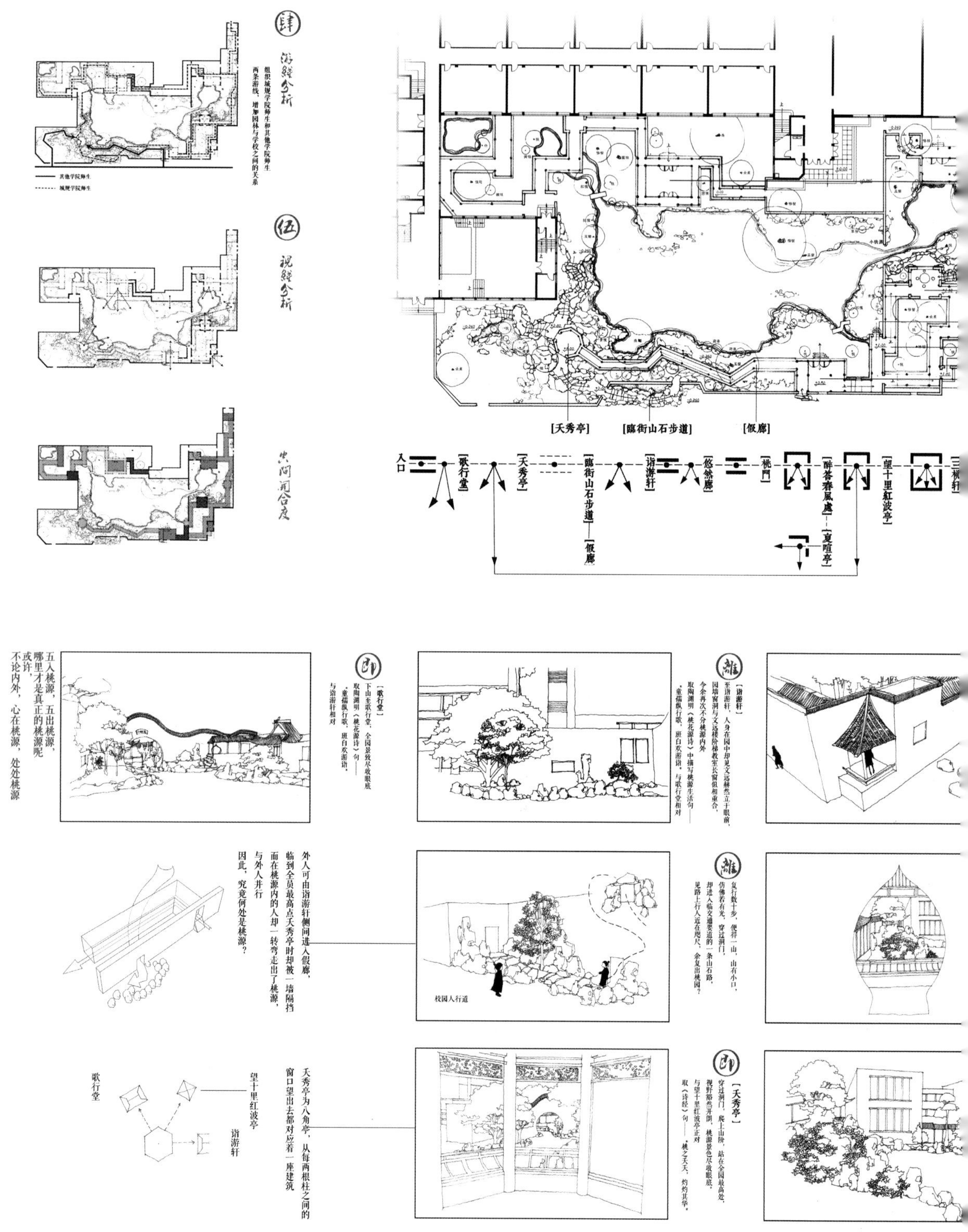
肆
游線分析
组织城规学院师生和其他学院师生
两条游线，增加园林与学校之间的关系
其他学院师生
城规学院师生
伍
視線分析
空間開合度
[天秀亭]
[臨街山石步道]
[假廊]
入口
歌行堂
天秀亭
臨街山石步道
假廊
诣游轩
悠然廊
桃門
醉蒼春風處
夏暄亭
望十里紅波亭
三桃
五入桃源，五出桃源，
哪里才是真正的桃源呢
或许，
不论内外，心在桃源，处处桃源
[歌行堂]
下山至歌行堂，全园景致尽收眼底
取陶渊明《桃花源诗》句——
"童孺纵行歌，班白欢游诣。"
与诣游轩相对
[诣游轩]
至诣游轩，人身在园中却见文远赫然立于眼前，
园墙窗洞与文远楼阶梯教室长窗似相重合，
令余再次不分桃源内外
取陶渊明《桃花源诗》中描写桃源生活句——
"童孺纵行歌，班白欢游诣。"与歌行堂相对
外人可由诣游轩侧间进入假廊，
临到全员最高点天秀亭时却被一墙隔挡
而在桃源内的人却一转弯走出了桃源，
与外人并行
因此，究竟何处是桃源？
校园人行道
复行数十步，便得一山，山有小口，
仿佛若有光，穿过洞门，
却进入临交通要道的一条山石路，
见路上行人近在咫尺，余复出桃园？
天秀亭为八角亭，从每两根柱之间的
窗口望出去都对应着一座建筑
歌行堂
望十里红波亭
诣游轩
[天秀亭]
穿过洞门，爬上山阶，站在全园最高处，
视野豁然开朗，桃源景色尽收眼底。
与望十里红波亭正对
取《诗经》句——"桃之夭夭，灼灼其华。"

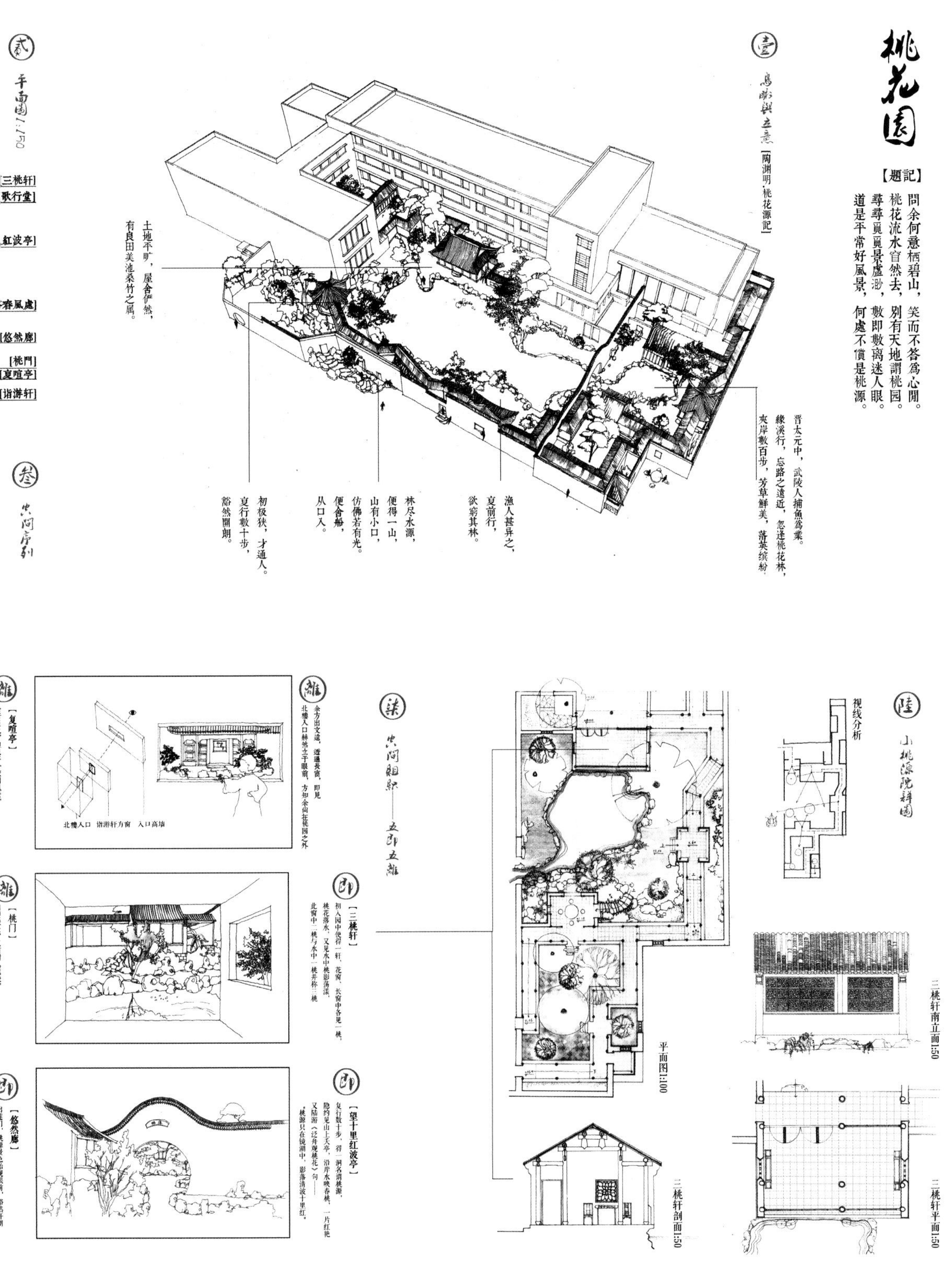

图 5-33　古典园林设计——桃花园

设计者：林青芸
指导教师：王敏、李瑞冬

6）风景园林详细规划

课程教学目标如下：

（1）帮助学生建立规划思维与视角，以风景园林空间的详细规划为课题，培养学生认识问题、分析问题和解决问题的能力。

（2）促进学生对当代风景园林空间的各种影响因素、潜质、冲突以及与之相应的规划策略与详细规划设计形成初步的理解与认识。

（3）引导学生去探求、解读当代生活中城市的复杂系统，强化学生对风景园林规划理论的理解，训练学生将相关理论应用于规划设计之中的能力。

（4）全面培养学生对风景园林空间规划的分析、策划、规划设计、规划编制与表达等专业能力与素养，掌握风景园林规划的共性与个性，进而衍生对风景园林的社会性、文化性、经济性和生态性的思考。

（5）通过调研分析、总体策划、分区规划与引导规划、地块的形态控制与规划设计等全过程、多层面的综合训练，培养学生整合宏观与微观、逻辑与形象的规划思维能力，以及对风景园林规划设计构成元素的组合能力。

（6）培养学生专业交流、团队合作与终身学习的能力，树立良好的专业素质、从业修养、职业道德，及对未来专业就业的适应能力（表5-7，图5-34—图5-46）。

表 5–7 教学计划表

序号	教学时段	教学要求	训练内容	学时（课内/课外）
1	现状调研与分析	收集现状基础资料和相关背景资料，如区位、交通、周边用地、动植物、水体、场地设施与用地现状、社会人文与经济发展等方面的内容，完成基地现状调研报告	从区域定位、生态本底、空间格局、服务设施、人文语境、社会经济等方面完成基地现状调研，初步总结基地的特色以及发展的有利条件与不利条件，撰写现状调研报告	24/36
2	总体策划	基于现状调查，选择相关规划视角，界定关键词，针对性地阅读相关文献，恰当地选择国内外案例进行对比分析，提出对规划区的总体策划	分析上位规划与相关规划对基地提出的规划要求，基于现状迫切需要解决的关键问题，预判地区发展的不确定因素，提出明晰的规划愿景、目标与定位等内容，并对规划范围进行总体策划	24/36
3	引导规划	厘清基地现状与周围城市环境的关系，基于控制性详细规划的总体指标要求进行分区引导（与用地规划结合），并以《城市绿地分类标准》《公园设计规范》《绿道规划设计导则》《城市、镇控制性详细规划编制审批办法》等为依据，完成规划区引导规划	完成规划说明与相关规划图纸，包括规划结构、功能分区、交通体系、景点及游线规划、景观格局、绿化植被、水系与岸线规划、景观风貌、设施布局、发展地块划分及指标控制（包括建筑占地、场地率、绿地率、开口设置、必备配套设施）等具体内容	24/36
4	分区详细规划	选定某特定分区，细化、深化上一阶段成果中的各项引导内容，并通过对区块的规划设计予以空间落实，提出相应的详细规划方案，包括空间结构与空间形态控制、分项规划设计（道路交通系统规划、游线组织规划、竖向规划、绿化种植规划、水系与驳岸规划、服务设施规划及夜景灯光规划设计等）、分区轴测图或透视图等	从性质定位、思路与策略、功能、要素构成、专项规划、技术支撑等诸方面统合考虑，提出详细规划方案，编制相应图纸，撰写规划说明书	60/90
5	成果汇报		图纸、陈述等多种表达能力	4

SCHEDULE
教学进度

01

1 现状调研分析

1）布置题目、明确任务、分组
2）开设现状调研分析的专题讲座
3）现场调研

讲座：1）课程总体安排
2）基地介绍
3）从设计思维到规划思维
4）基地调研与分析方法

02

1）基地现场调研
2）基地的理解与认识，确定基地分析的主要内容（区位、交通、规划需求、使用需求、植被、水体、场地设施、人文社会与经济等）

03

1）完成基地现状调研分析报告
2）阶段1成果交流汇报

全班交流

04

2 总体策划

1）开设总体策划专题讲座
2）分组讨论规划视角、专题研究关键词

讲座：总体策划方法方法

05

1）探讨规划思路、理念，提出规划愿景、目标
2）总体布局结构、功能区划、主要项目策划

06

1）完成并提交策划报告
2）阶段2成果交流汇报

全班交流

07

3 景观引导规划

1）开设引导规划的专题讲座
2）制定规划结构、划分空间单元

讲座：规划控制与引导

08

1）开设景观风貌及视觉控制专题讲座
2）讨论引导内容框架和引导因子，确定引导控制指标

讲座：景观风貌与视觉控制

09

1）绘制引导规划控制图则
2）完成引导规划
3）阶段3成果交流汇报

全班交流

10

4 分区详细规划

1）开设详细规划的专题讲座
2）空间结构与空间形态控制

讲座：详细规划内容与技术流程

11

1）空间结构布局
2）空间形态控制

讲座：城市滨水空间规划设计

12

分项规划设计（道路交通系统规划、游线组织规划、竖向规划、绿化种植规划、水系与驳岸规划）

13

分项规划设计（道路交通系统规划、游线组织规划、竖向规划、绿化种植规划、水系与驳岸规划）

14

1）中期交流
2）整体功能与空间形态调整

全班交流

15

分项规划设计（服务设施规划、夜景灯光规划设计、土地利用规划、技术指标控制、投资估算等）

16

详细规划成果制作、规划文本编制

17

5 成果与总结

1）完成分区详细规划设计成果并提交
2）阶段4成果汇报交流与总结

全班交流

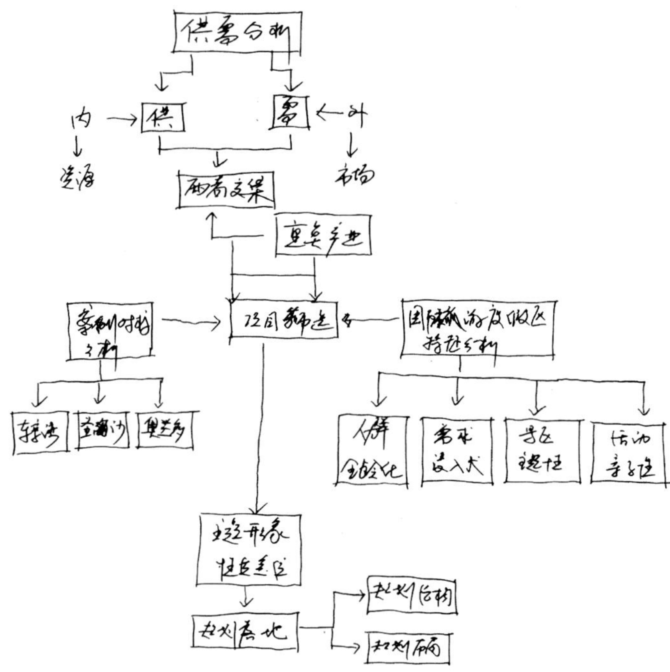

图 5-34　总体策划与概念规划阶段的逻辑思维框架图

在教学中注重对学生逻辑思维的培养，通过思维导图分析规划结果的产生过程，帮助学生理解总体规划概念的导出流程和技术路线

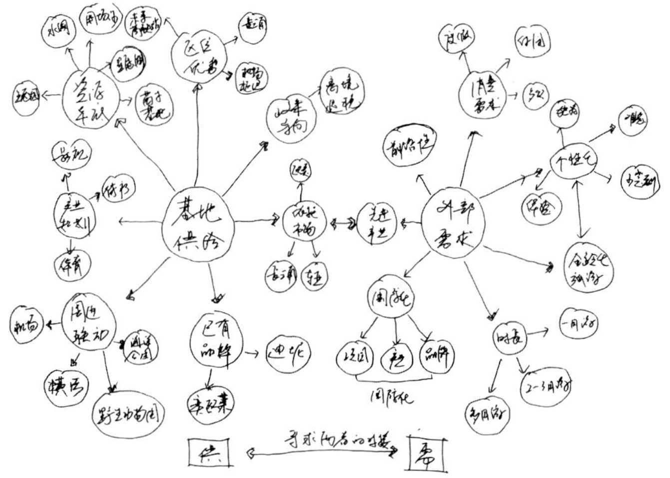

图 5-35　总体策划与概念规划的逻辑分析图

通过关键词解析，一方面分解基地在区位、资源、产业、政策、依托市场、未来方向等方面的内部供给情况，在教学中称为规划对象的“家底与禀赋”，以此确定基地自身的目标价值和定位；另一方面分析外部在国际化、前沿性、个性化、时长性、消费导向等各方面的旅游度假需求，探索可称为“买方”的市场预期和需求，从而寻求基地供给与外部需求两者之间的交集以及相互的对接关系，以此对规划对象进行准确定位，进而形成合理的目标定位、规划策略及可对应的规划布局

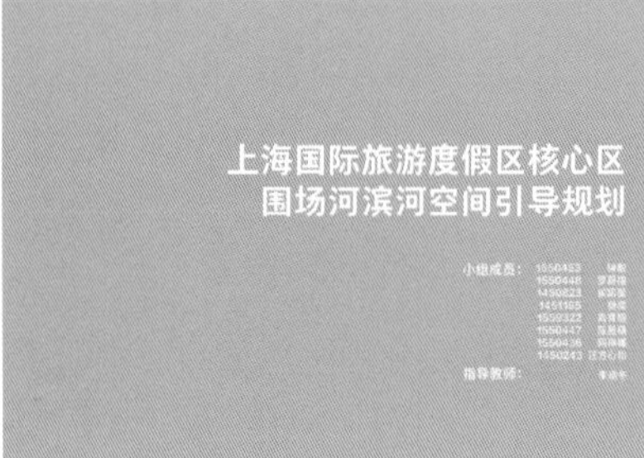

1.1 规划目标

1.2 主题形象

1.3 规划范围

1.4 规划原则与策略

1.4.1 规划原则

1.4.2 规划策略

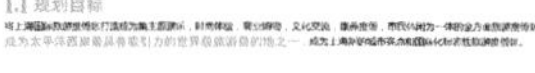

2 多日组合游产品规划

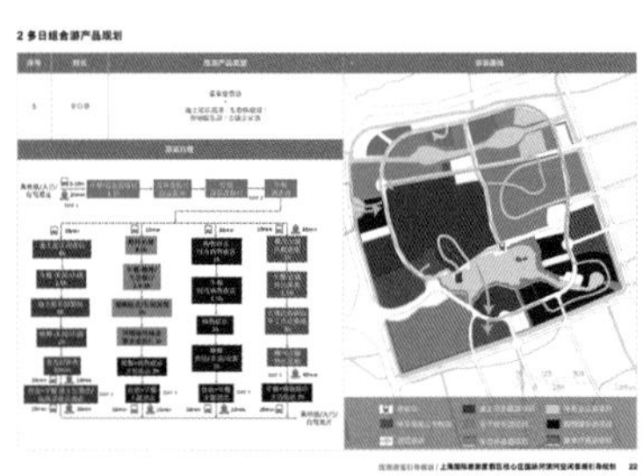

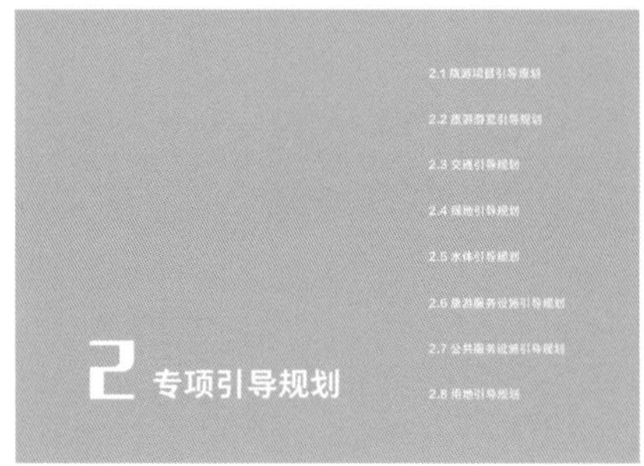

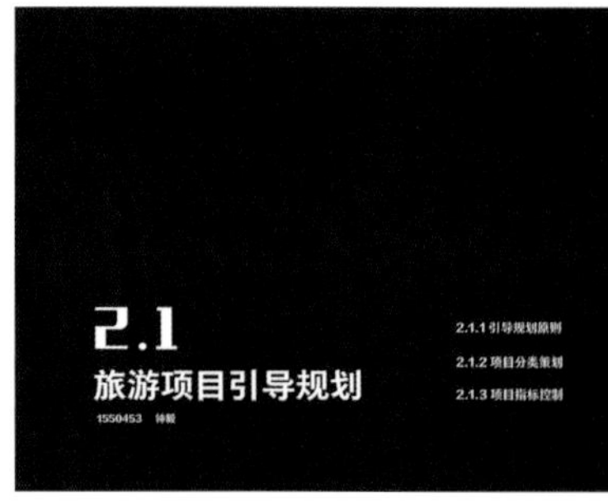

2.1.1 引导规划原则

1 旅游度假全面化

2 旅游项目组团化

2.1.2 项目分类策划

1 项目空间分布策划

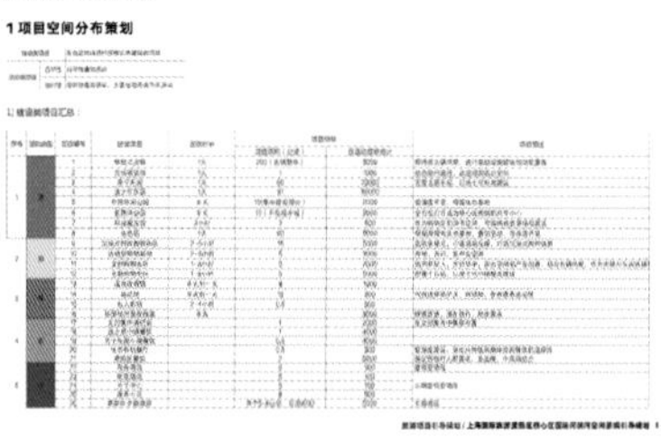

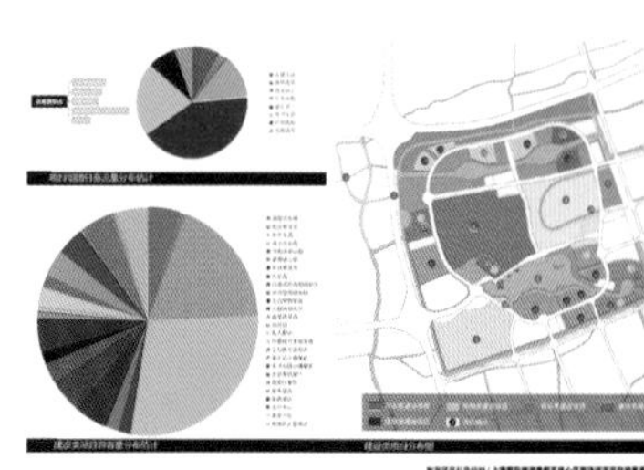

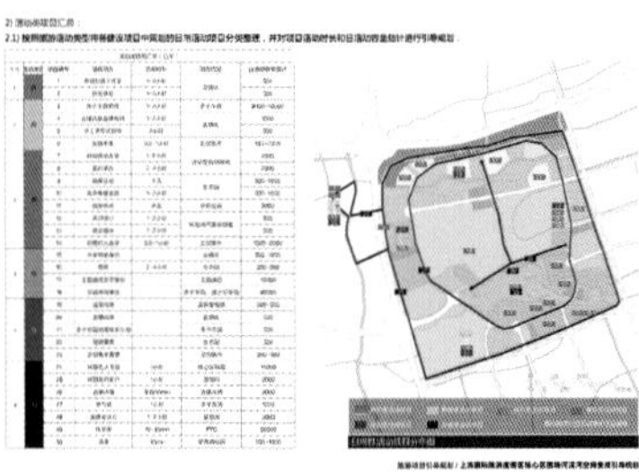

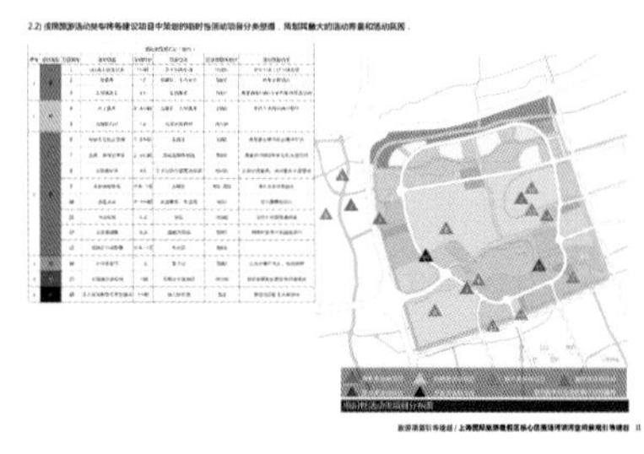

2 项目时间分布引导规划

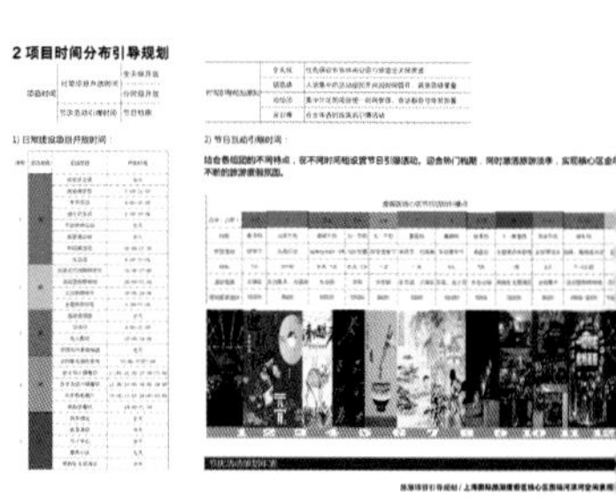

2.1.3 项目指标控制

2.2.1 引导规划原则

1 旅游产品

2 游览行程

3 游览路线

2.2.2 旅游产品设计

(a)

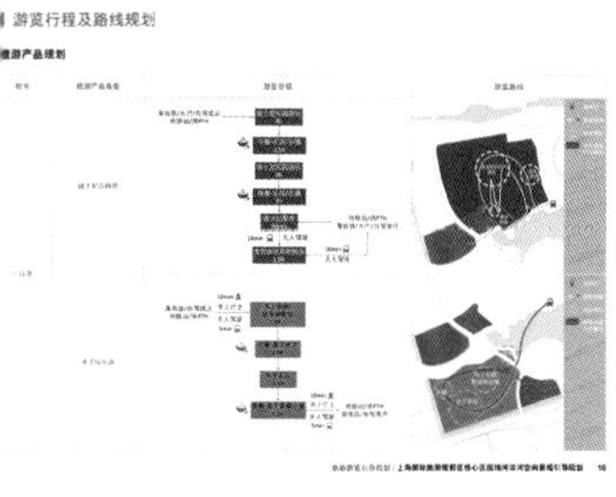

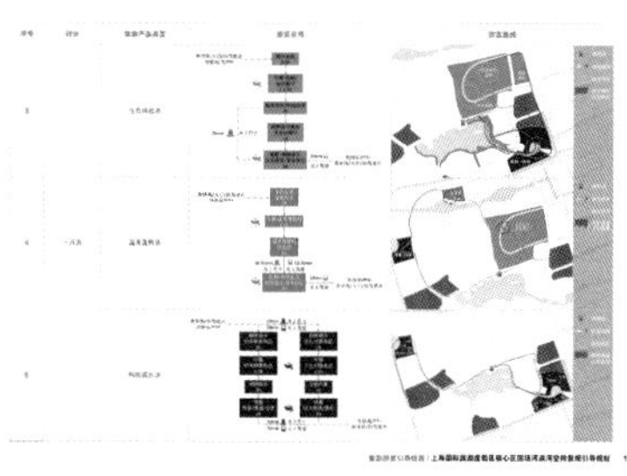

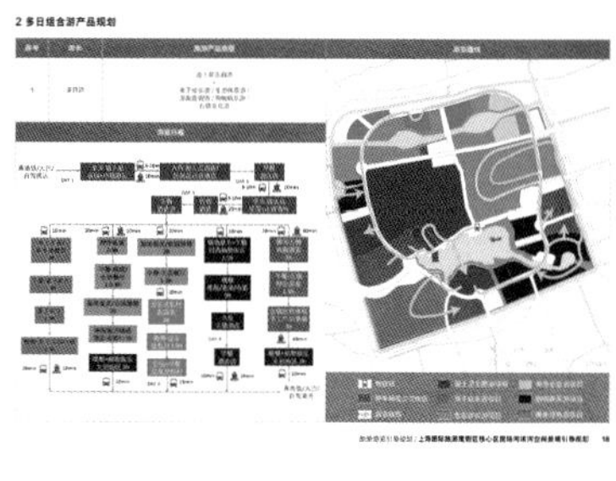

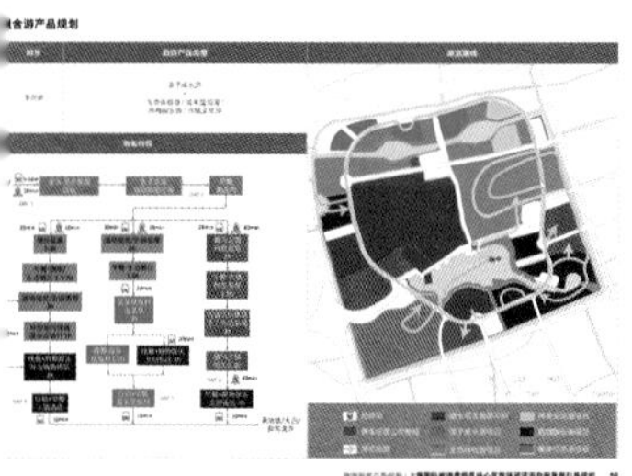

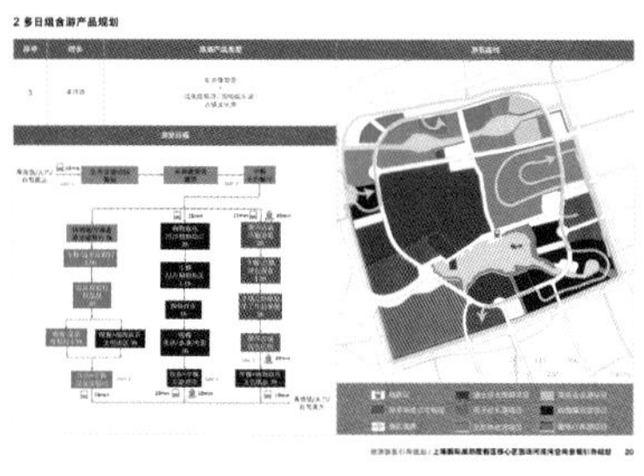

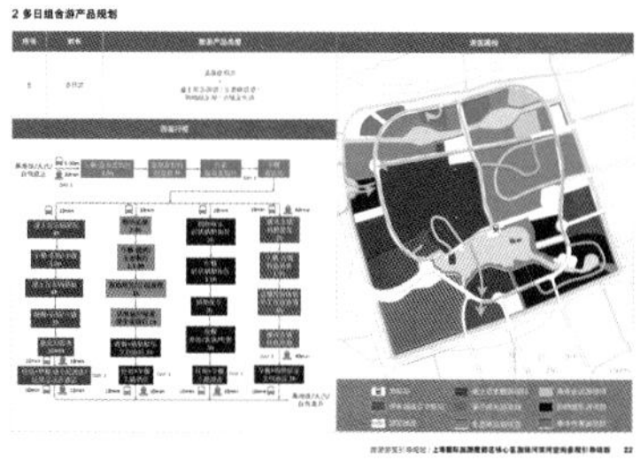

2.3.1 对外交通引导规划

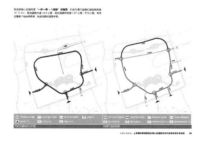

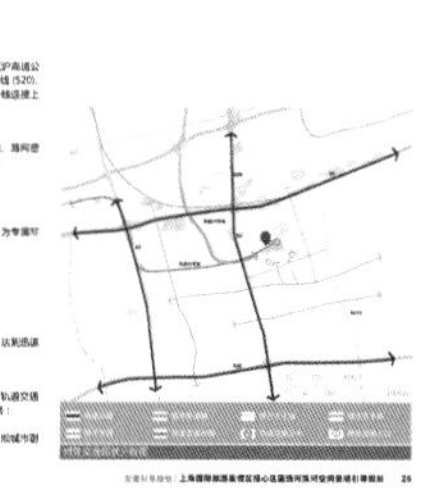

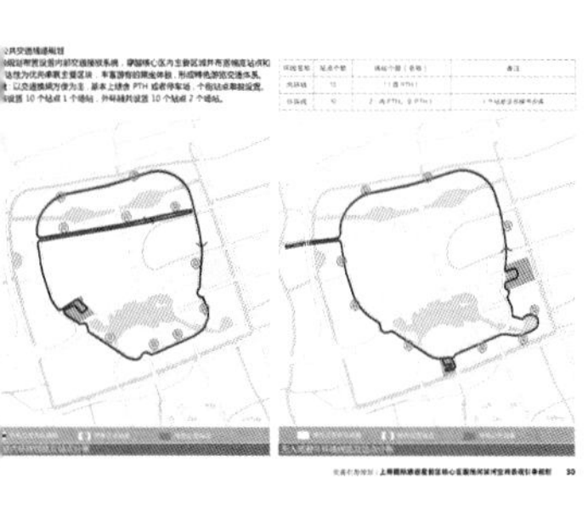

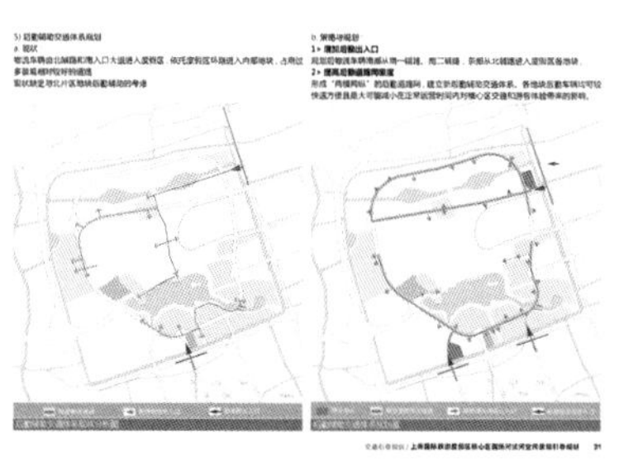

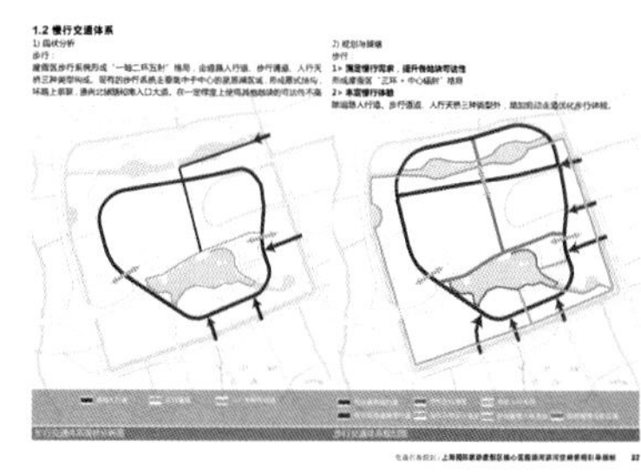

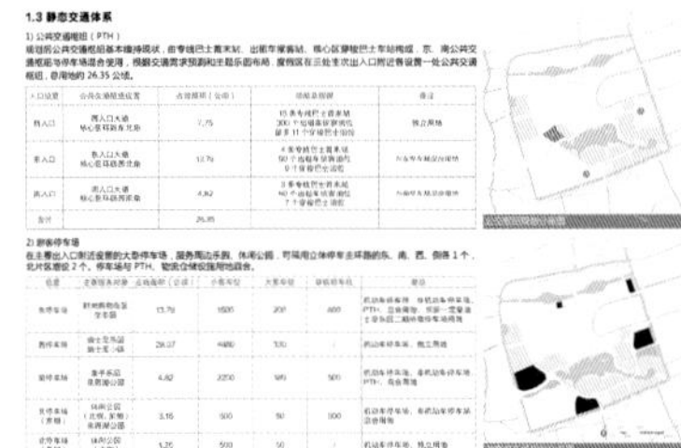

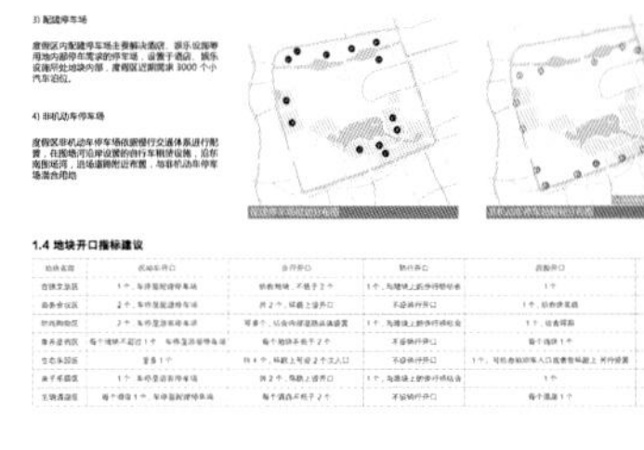

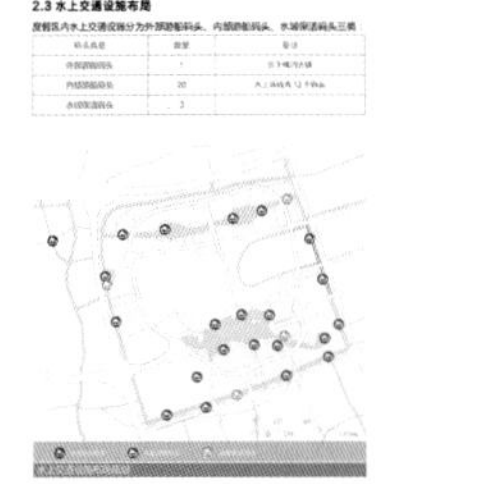

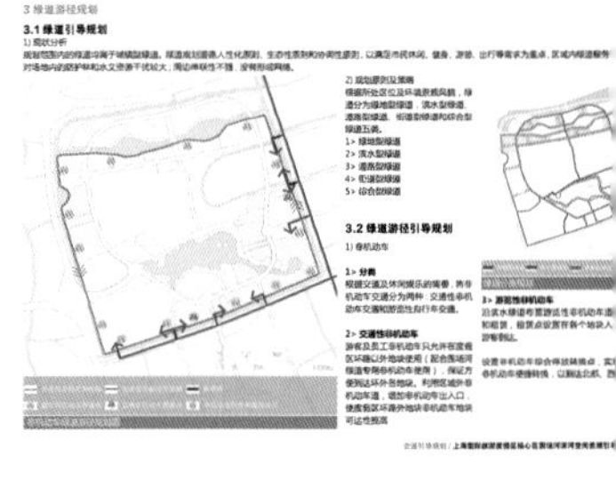

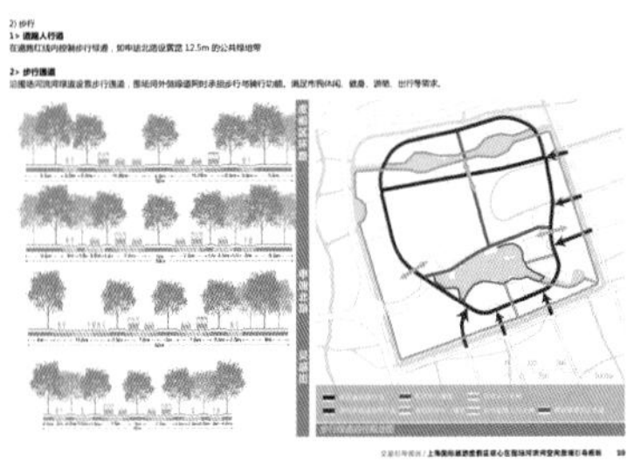

2.4.1 总体引导原则与策略
2.4.2 生态结构构建引导
2.4.3 绿化系统引导规划
2.4.4 绿化指标控制引导
2.4.5 配套设施引导规划
2.4
绿化引导规划

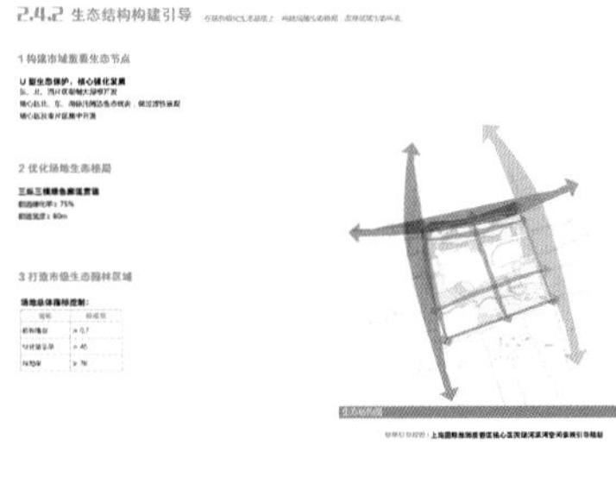

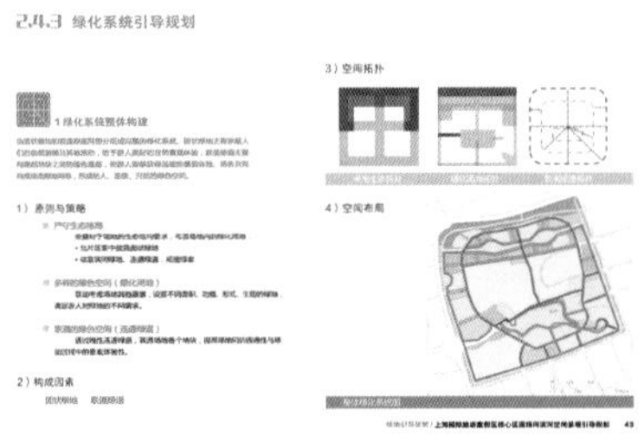

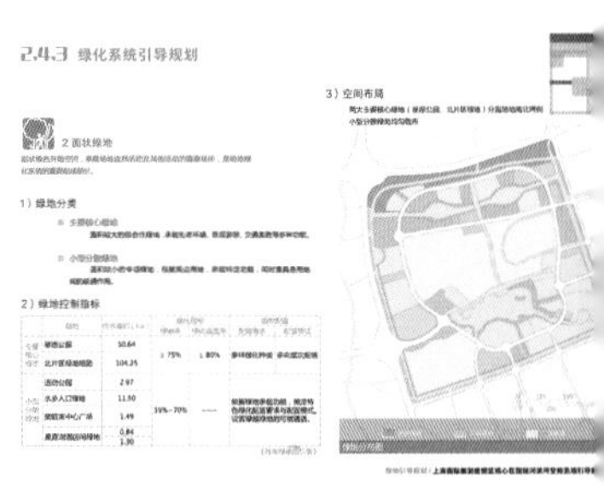

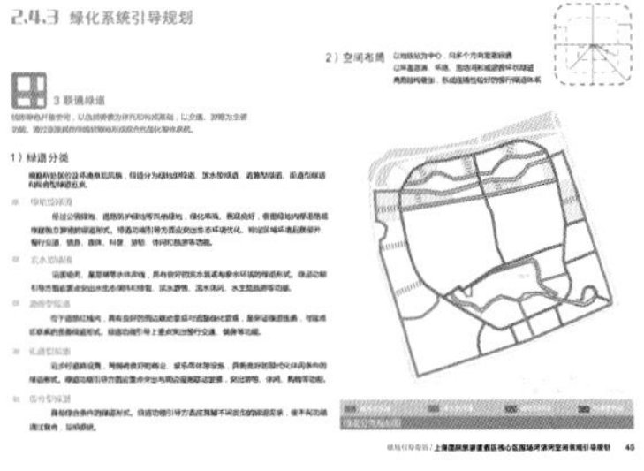

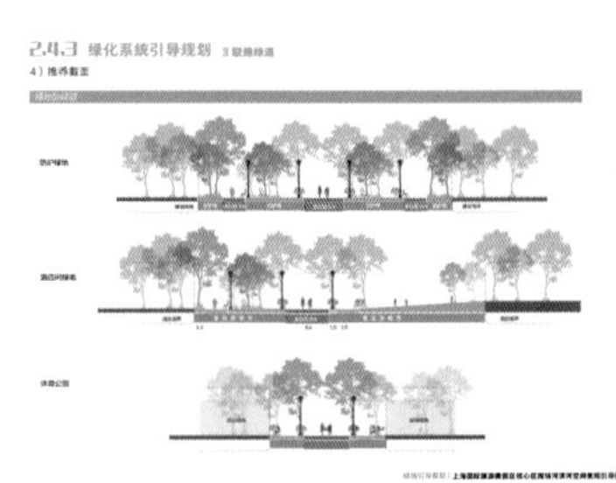

(b)

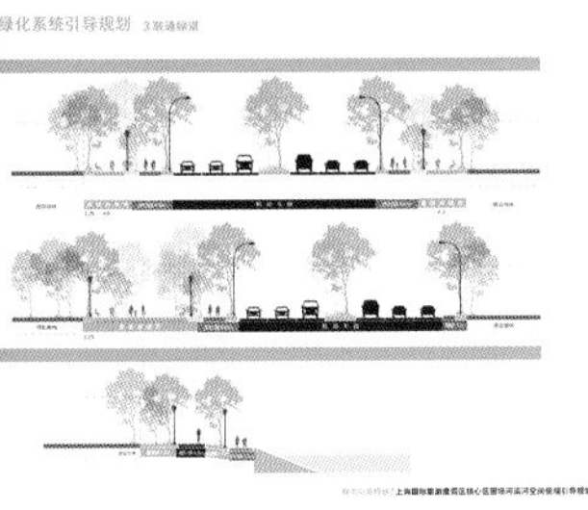

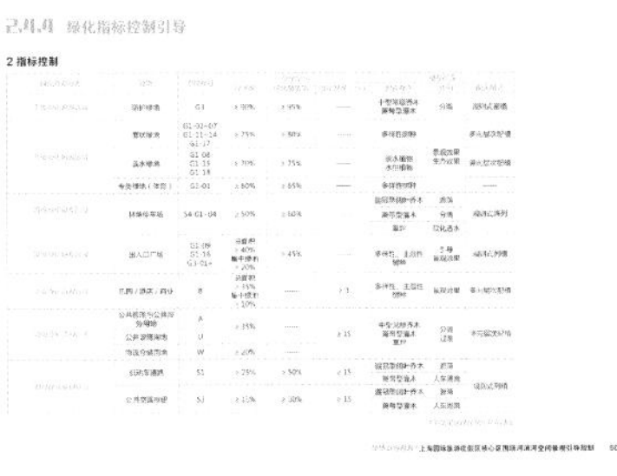

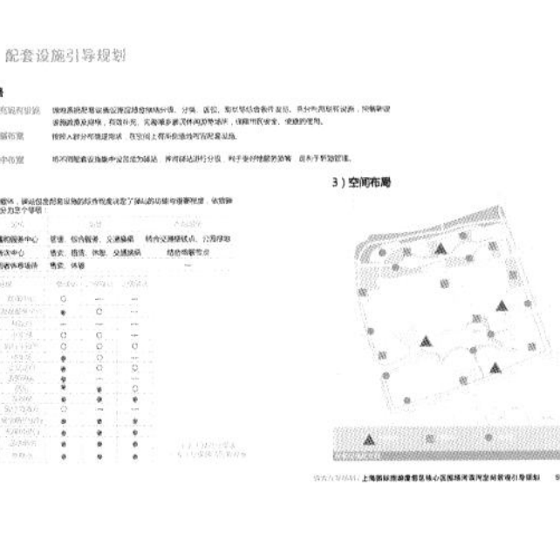

2.5
水系引导规划
1559322
2.5.1 水系现况
2.5.2 规划目标
2.5.3 水源与水口控制
2.5.4 水质控制
2.5.5 水系规划
2.5.6 岸线规划

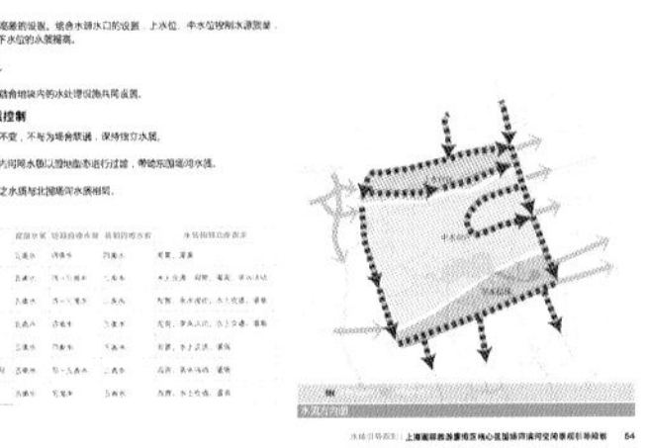

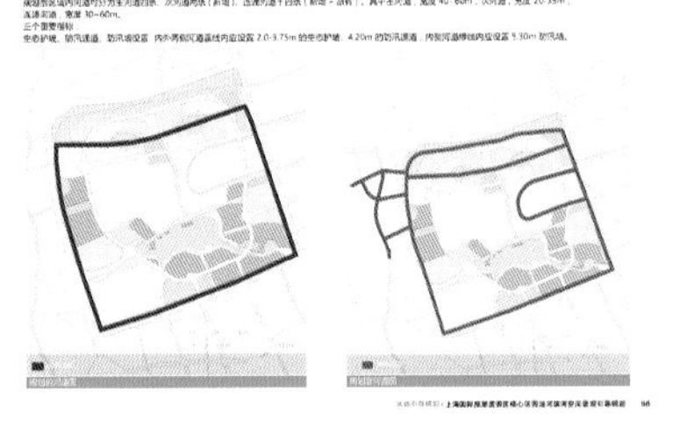

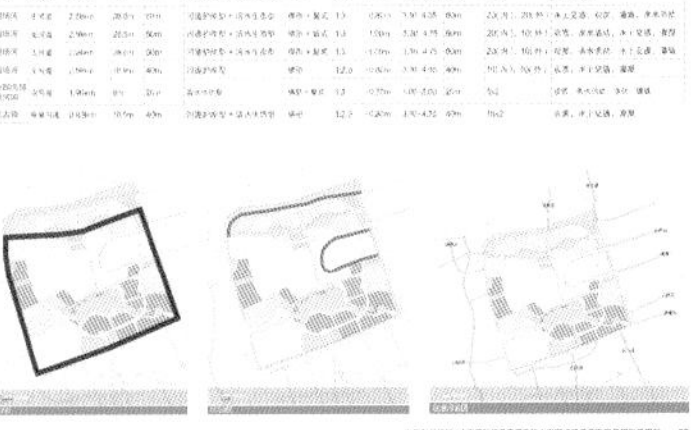

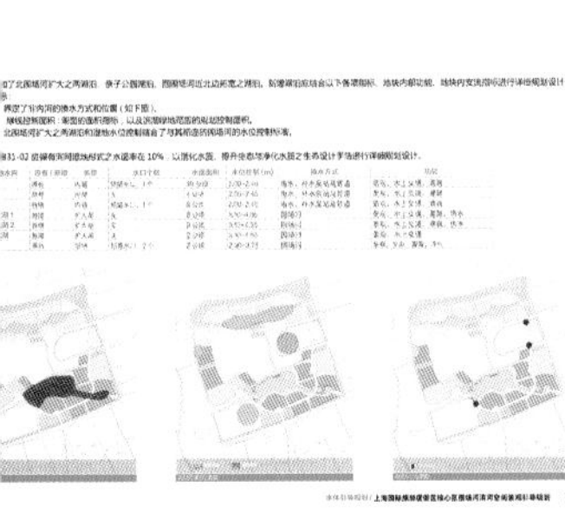

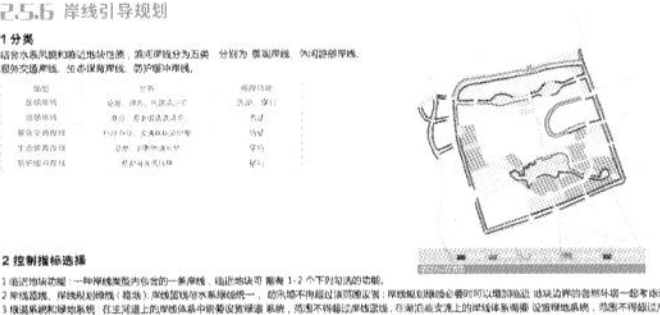

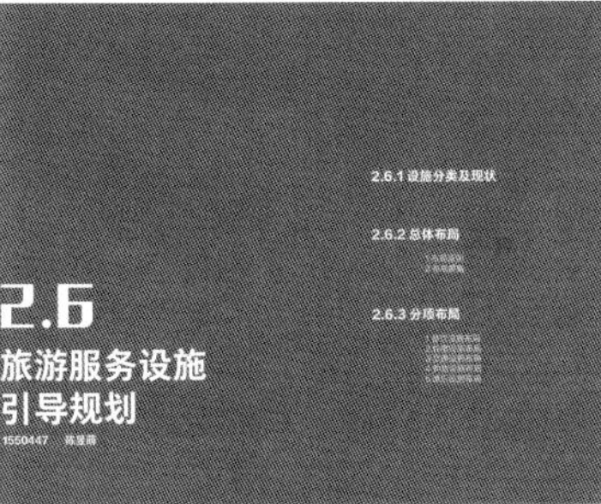
2.6
旅游服务设施
引导规划
1550447
2.6.1 设施分类及现状
2.6.2 总体布局
2.6.3 分项布局

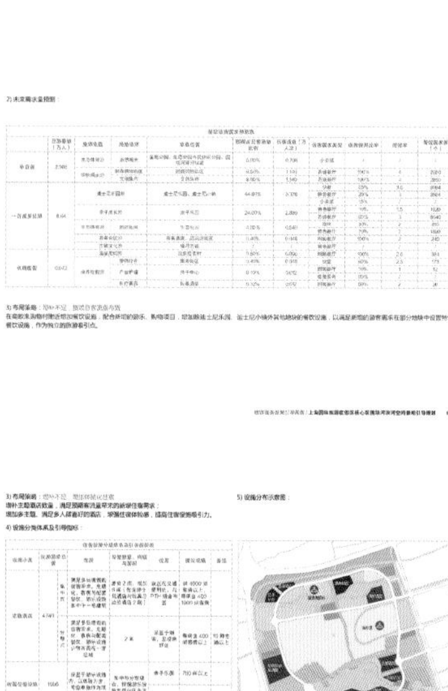

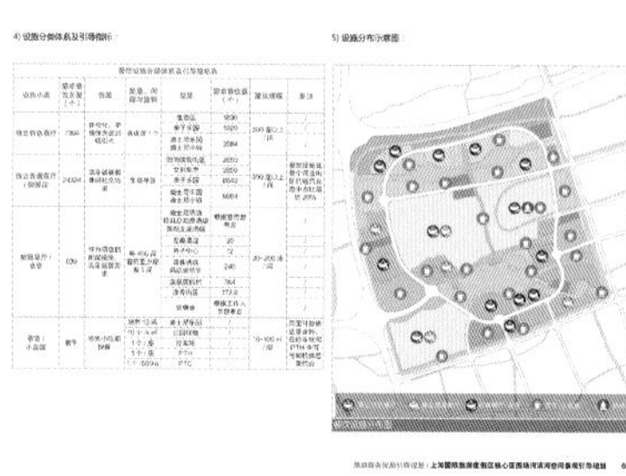

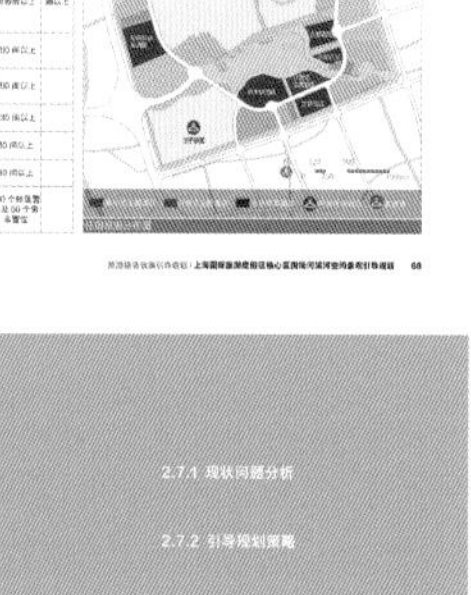

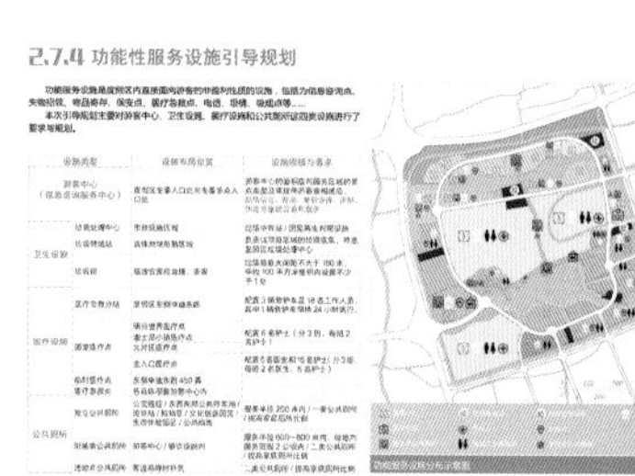

2.7 公共服务设施引导规划

2.7.1 现状问题分析
2.7.2 引导规划策略
2.7.3 管理设施引导规划
2.7.4 功能性服务设施引导规划
2.7.5 运营设施引导规划

2.7.1 现状问题分析

2.7.2 引导规划策略

2.7.3 管理设施引导规划

2.7.4 功能性服务设施引导规划

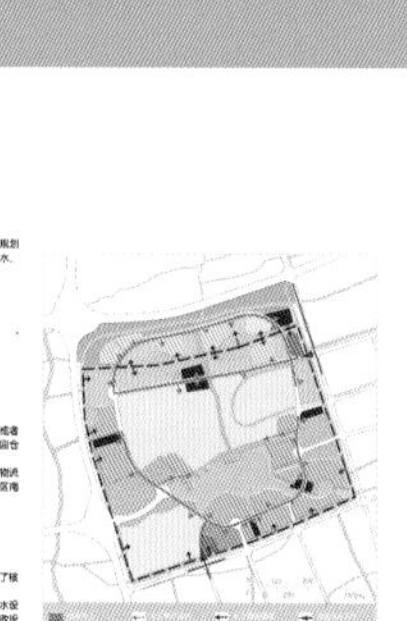

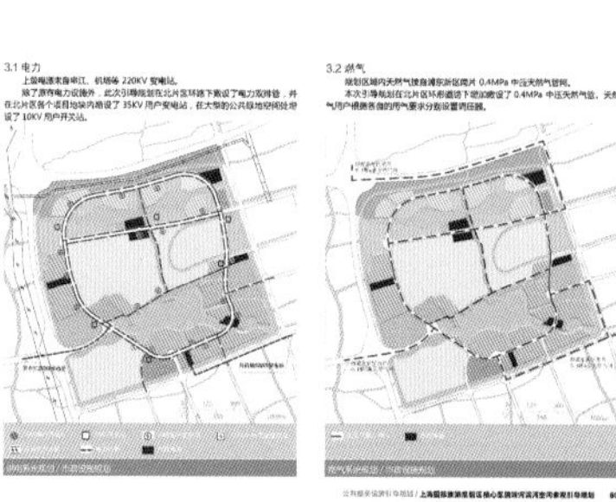

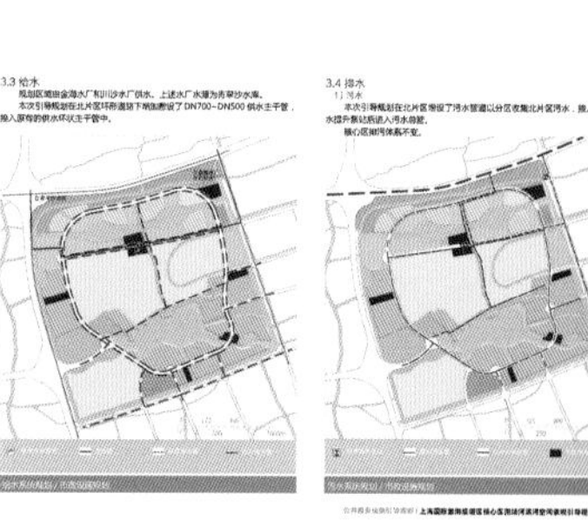

2.7.5 运营设施引导规划

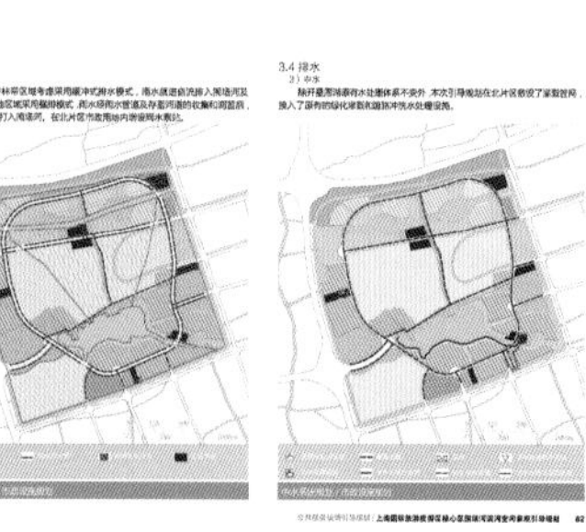

2.8 用地引导规划

1.1 用地现状图
1.2 规划目标
1.3 用地结构调整
1.4 用地引导规划
1.5 用地指标控制

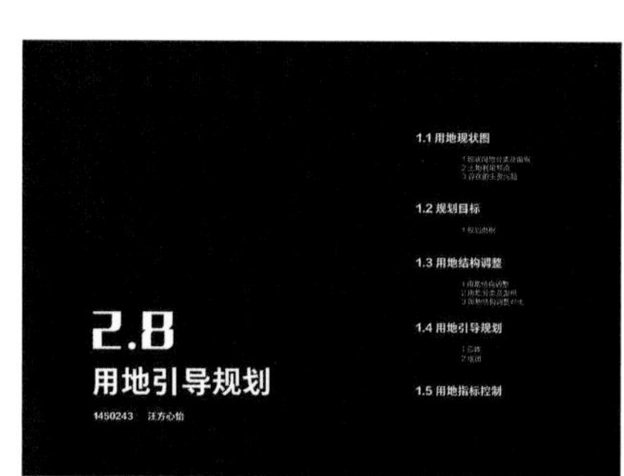

2.8.1 现状

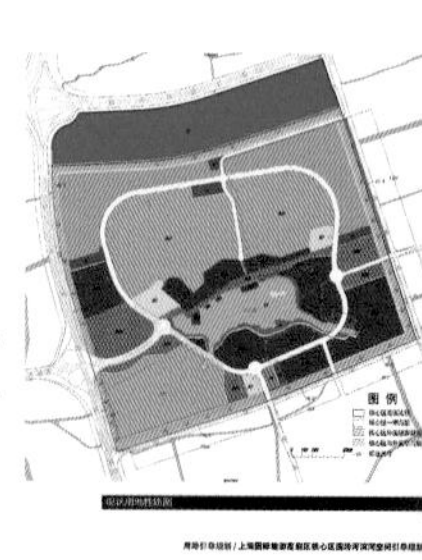

(c)

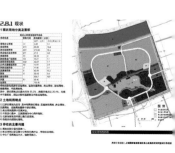

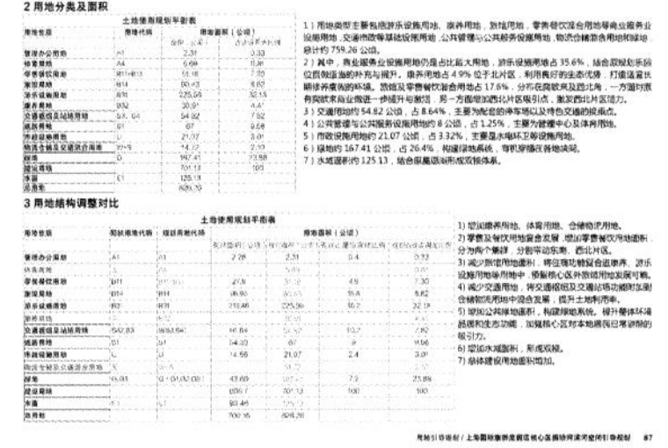

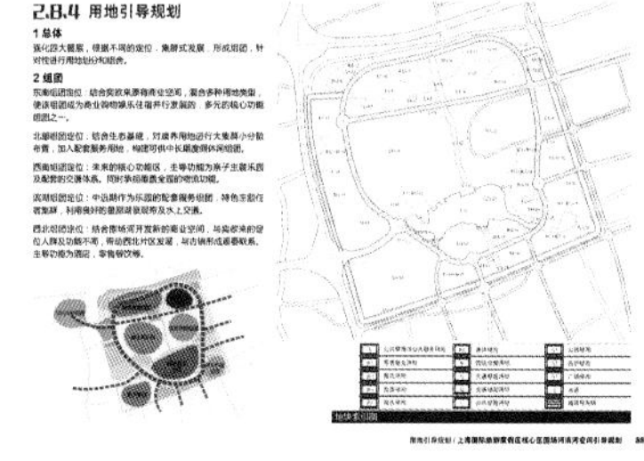

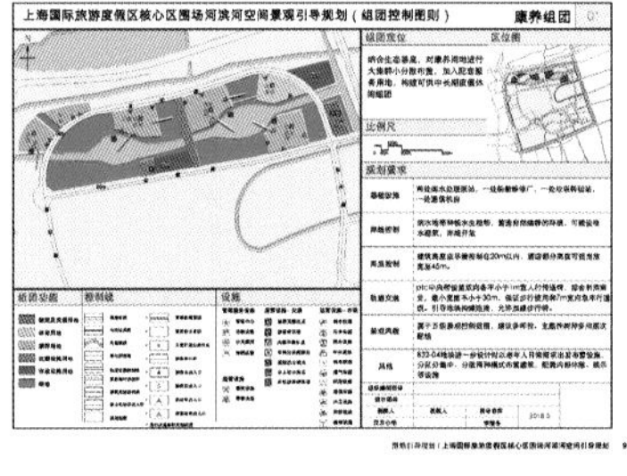

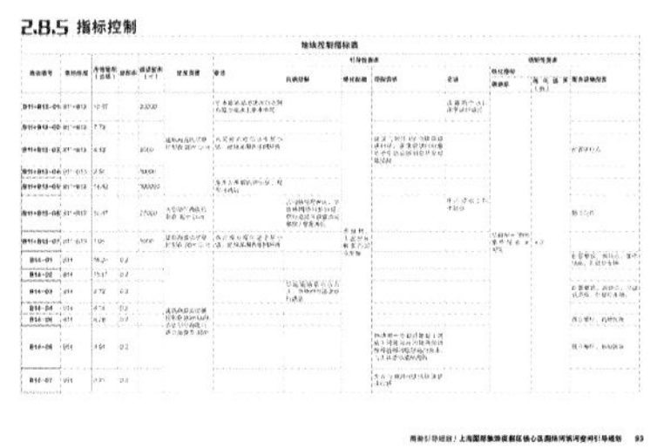

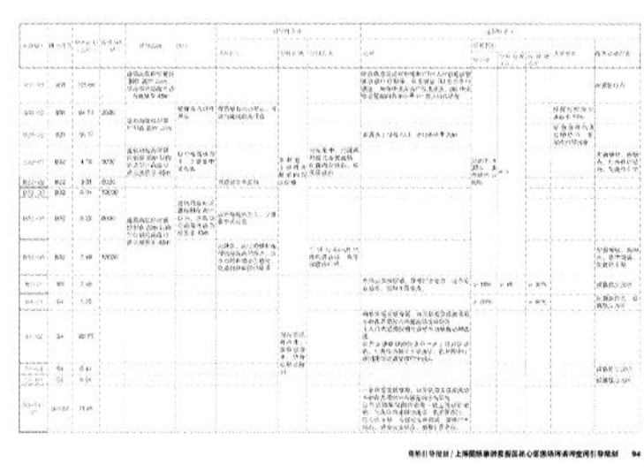

图 5-36　风景园林详细规划——引导规划

引导规划是介于“控制性详细规划”和“城市设计”之间的规划形式，通过该规划既可对规划对象进行诸如用地性质、指标设置、设施配给等规划控制，也可通过详细地块的布局设计与形态研究反证控制规划的合理性。教学中主要结合“上海国际旅游区核心区围场河滨水空间”课题的基地特点，根据总体策划和概念规划确定的目标和性质，从旅游项目、旅游产品和游览系统、交通、绿地生态、水体、风貌、旅游服务设施、公共服务设施、用地等层面进行分项规划控制与引导，通过后续分地块的详细规划反向论证和调整引导规划，从而形成最终的引导规划成果

设计者：钟毅、罗蔚榕、侯昭薇、杨奕、周育璇、陈昱萌、阿琳娜、王方心怡

指导教师：李瑞冬、王敏、汪洁琼、陈筝、杨晨、许晓青等

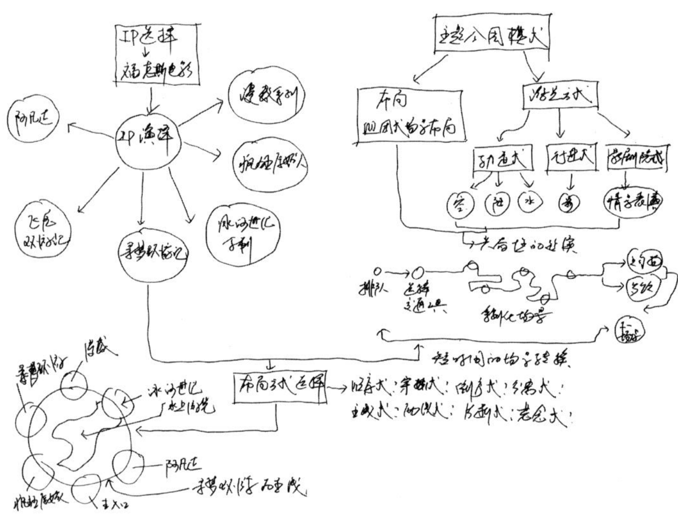

图 5-37　地块详细规划的逻辑分析

在地块详细规划设计教学中，强调逻辑优先，注重对学生发现与分析问题、解决问题能力的培养。当学生在选择主题公园这一性质的地块进行规划时，教师引导学生从主题公园的规划设计方法入手，抓住对主题公园具有决定意义的“IP”这一关键要素，分析从 IP 选择到 IP 演绎再到场景选择的过程，同时从布局模式和游览方式两个层面去解析主题公园的核心模式特征，去分析由 IP 演绎得来的场景与主题公园布局模式的契合关系，形成诸如顺序式、穿插式、倒序式、分离式、主线式、两线式、片段式、悬念式等布局模式和游览方式，进而再在空间上进行落地布局

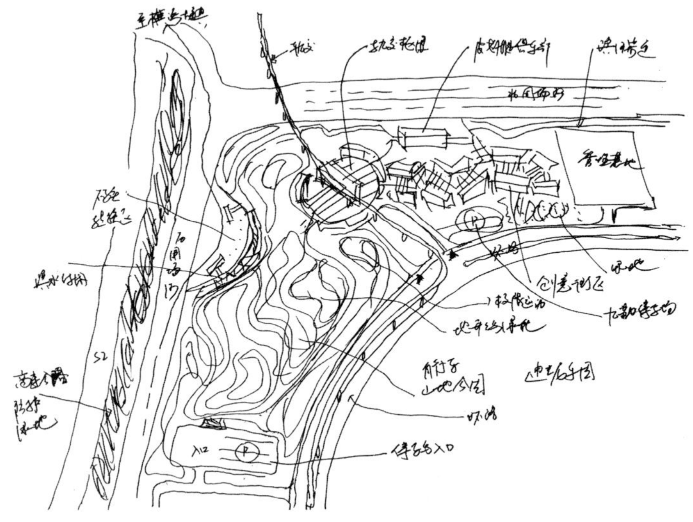

图 5-38　地块详细规划的布局形态分析图

学生在地块详细规划布局形态设计过程中，教师以图解方式进行指导，通过对周边地块功能、外围交通、周界景观资源特征等层面的分析，首先确定地块的功能关系、抵离模式、容量与设施、结构关系等关键因素，其次分析与选择诸如环线式、中心辐射式、格网式、组团式、分段式等总体布局模式，通过对交通体系、服务设施、竖向地形、绿化、夜景、水系与岸线、用地与指标等层面进行专项规划，最后确定总体布局的形态

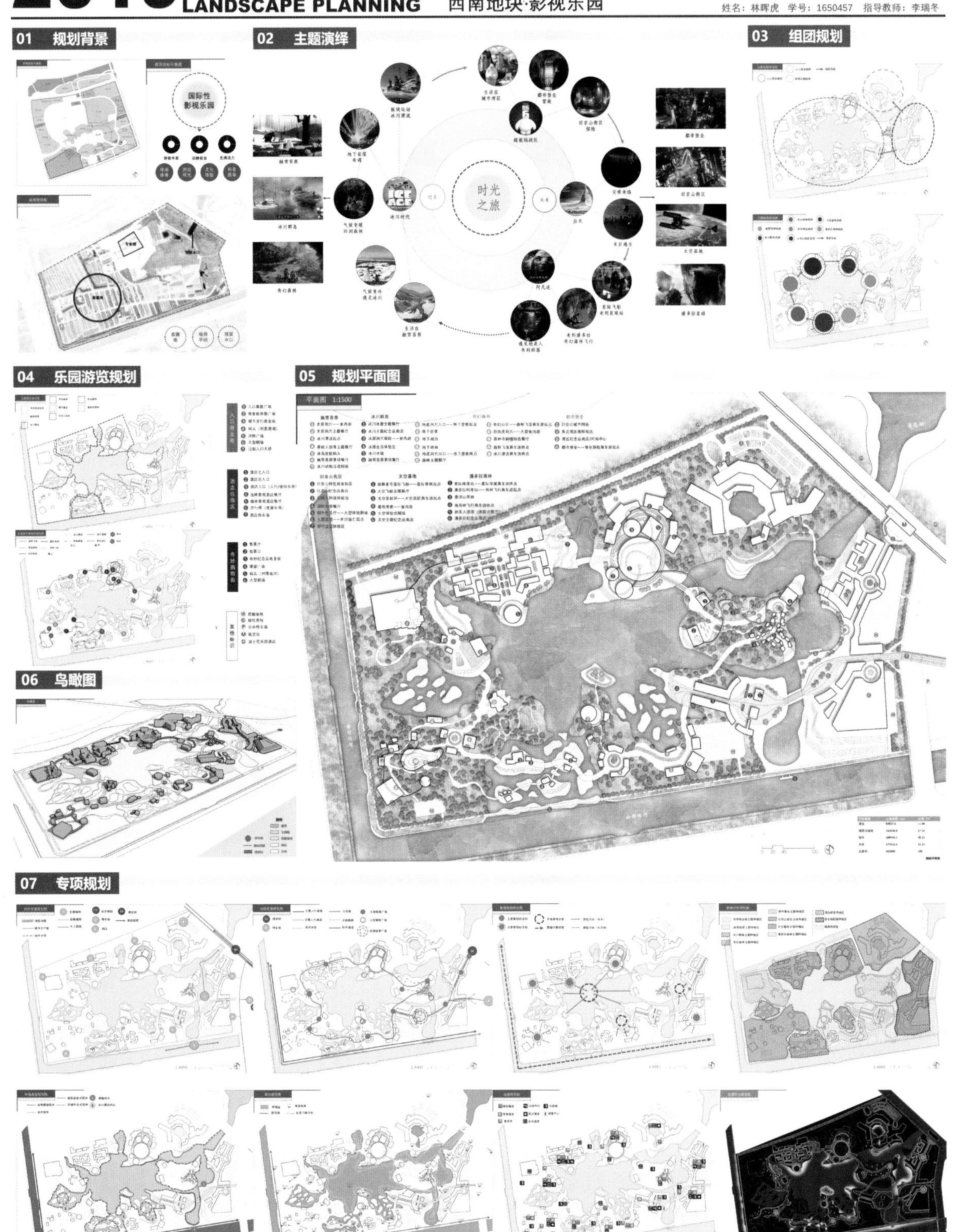

图 5-39 地块详细规划——影视乐园

用地性质：酒店用地（B14）+ 游乐用地（B31）
设计者：林晖虎
指导教师：李瑞冬

01

陈敏思 1350457 指导老师：李瑞冬 时间：2017.6.23

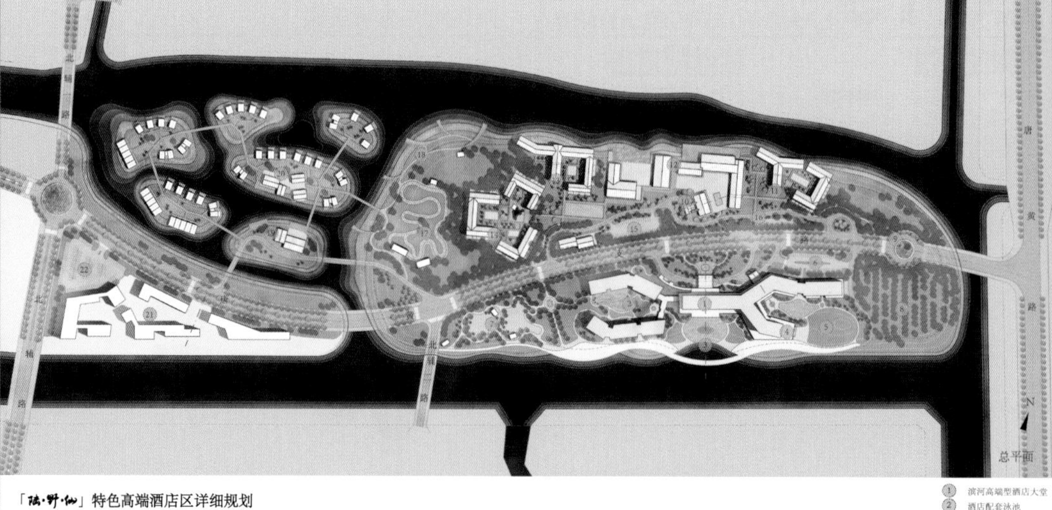

「陆·野·仙」特色高端酒店区详细规划

项目背景

为提升上海国际旅游度假区旅游住宿品质，按照《上海国际旅游度假区引导规划文本》要求，将该区域打造成能形成自身旅游特色并服务于整个核心区人群的高端型酒店区，做好功能分区规划、酒店类型规划及布局规划、酒店及周边景观规划。

规划范围

项目位于上海国际旅游度假区核心区的北侧，东起唐黄路，西至北二路，北邻湿地河湾，南邻北河（原北围场河），属于规划后湿地酒店区的东区，规划面积为37.6公顷。

引导规划中项目所在位置

项目所在范围

引导规划中项目区域用地情况

现状概述

通过对绿化、水体、交通的现状分析，以及结合《上海国际旅游度假区引导规划》核心区功能分区等的指导，对项目进行了SWOT分析总结。

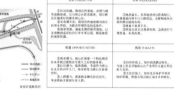

优势 STRENGTHS	劣势 WEAKNESSES
①区位优越。规划后的基地，直接与城市道路连通，且与核心区联系紧密，项目酒店区能更好的服务核心区。②水资源丰富。规划后的地块都有较长的邻水界面，为酒店环境营造创造条件。③观景资源。基地北侧的保育湿地，以及南侧建成后的自行车专项公园，都是极佳的观景资源。	①地块扁长。东部地块两边距离较长，距离基地内部车行公路较近，会影响地块内部的酒店流线布局。②植被丰富度不足。③河道水质未达观景标准，急需进行生境营造、水质改善。
机遇 OPPORTUNITIES	**挑战 THREATS**
①需求潜力。核心区需要一个特色酒店区来承载过渡期甚至更久之后的游客量。②区位潜力。临唐黄路，考虑作为核心区北区的对外大门，将来转变为核心区前场空间。③人群潜力。唐黄路北侧有居民居住，考虑吸纳非旅游住宿人群。	①经济价值上，如何创造酒店特色，与迪士尼及其他核心区产业项目互惠互利且相互竞争。②文化价值上，如何充分保护并利用现状资源，营造有别且能江南水乡的特色。

1. 滨河高端型酒店大堂
2. 酒店配套泳池
3. 滨河喷泉广场
4. 婚礼宴会厅
5. 草坪婚礼场地
6. 酒店配套地面停车场
7. 公共绿地
8. 苗木基地
9. 北入口环岛
10. 丛间客栈式酒店大堂
11. 丛间客栈式酒店水林院
12. 酒店公共区
13. 丛间客栈式酒店邻水院
14. 丛间客栈式酒店林中院
15. 客站配套生态停车场 1
16. 客站配套生态停车场 2
17. 体验式卡丁车赛道
18. 湿地花园
19. 湿地度假型酒店大堂
20. 湿地度假型酒店公共区
21. 艺术创意街
22. 公共停车场

上海国际旅游度假区
北区特色生态酒店区详细规划

02

陈敏思 1350457 指导老师：李瑞冬 时间：2017.6.23

「陆·野·仙」特色高端酒店区详细规划

定位与策略

三种类型的超五星复合业态型酒店："陆"，滨河高端型酒店；"野"，丛间客栈式酒店；"仙"，湿地度假型酒店，以创造不同的酒店体验。

在强调生态生境营造、酒店环境品质塑造的同时，利用多元的活动体验，创造餐饮、疗养、商务、娱乐、科技、艺术创意等结合的复合业态型酒店，并结合周边居住区、自行车公园和湿地公园营造社区互动，吸纳更多人群。

策略

（1）营造生境机理：结合场地原有的大生境自然条件，在处理好人活动与自然的关系的基础上，创造多样的小生境，形成一个整体的生态机理。

（2）创造多类酒店：从环境氛围、人群偏好、空间体验、活动体验上区分出三种酒店类型——滨河高端型酒店、丛间客栈式酒店、湿地度假型酒店。

（3）渗入旅游业态：强调旅游住宿人群的挽留和酒店特色建造。在度假酒店的基础上渗入其他业态，创造酒店自身的吸引点，穿插在酒店核心居住区和酒店辐射缓冲区中的餐饮、疗养、商务、娱乐、科技、艺术创意等等业态的布置。

（4）融入社区互动：强调非酒店人群的参与度。在酒店辐射缓冲区和酒店外区设置能与非酒店住客互动的活动，吸引更多样的人群。

（5）发挥经济价值：该区与其他区块身为迪士尼后期乐园建造前的过渡规划背景不同，此地规划应更重视考虑与迪士尼之间更加长久地互惠互利的关系，探索为整个上海国际旅游度假区及周边旅游提供的可能性。

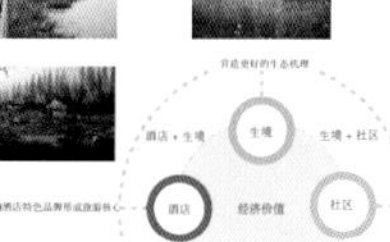

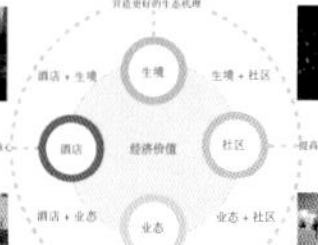

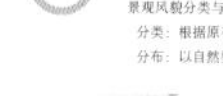

餐饮 / 疗养 / 商务 / 娱乐 / 科技 / 艺术创意

绿植营造

景观风貌分类与分布

分类：根据原有的生境机理，结合生态需求和地块特征，将绿植风貌分为以下两级，一级3类，二级7类。

分布：以自然型风貌为主，自然型风貌包裹人工型风貌或是人工型风貌点缀在自然型风貌之间。

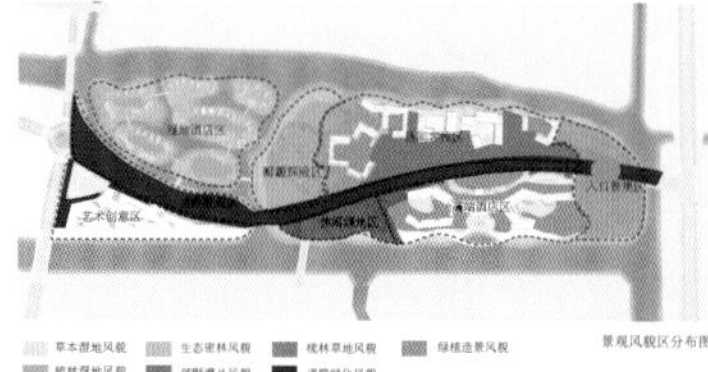

景观风貌分布图

规划垂直结构

规划结构

平面结构

平面结构为"一带一环多组团"的形式。

（1）"一带"：唐黄支路，作为串联组团的主要道路。

（2）"一环"：慢行系统环路，串联组团内部的开放活动空间，并形成景观环路。

（3）"多组团"：根据生境风貌和产业类型分为五大组团，入口景观组团、高端现代组团、丛间野趣组团、湿地风貌组团、艺术创意组团。

垂直结构

从自然生境到人工景观的过渡结构（地形→水体→自然绿植→建筑→人工绿化），表皮人工建筑景观生长在自然生境之上。

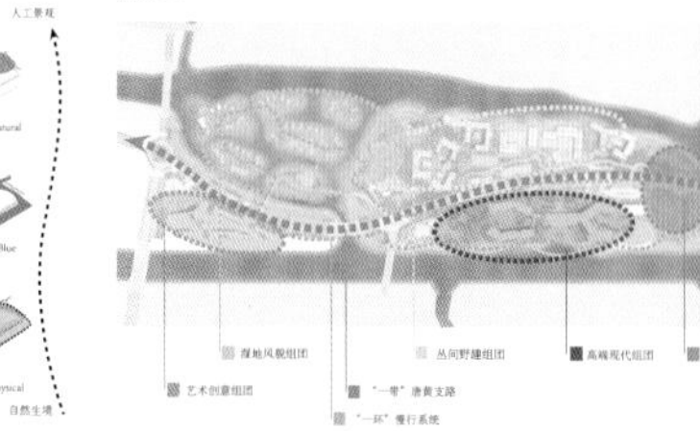

规划平面结构

竖向规划

竖向规划

陆地范围以维持现状为主，场地道路标高为3.6m，除湿地区外防洪标高均为5.3m，防汛通道4.2m。滨河高端酒店，入口处做地形布置，地形抬高至入口大堂2层，进入大堂后再下1层进入滨水广场，利用坡度自然抬高至5.3m防汛位置。客栈酒店，面水方向均利用建筑抬高方式，其余利用自然地形设置5.3m防汛墙。湿地酒店，建筑内部利用抬高方式，外部利用地形，不设置防汛墙，只保证最高水位无法淹至木栈道及建筑内部。

水域范围。（与水系规划结合）

湿地酒店区，引入河道。规划后湿地酒店区向内开挖水深3.0m-4.0m，引入河道，营造人工湿地，并通过水域地形变化控制水流向，与湿地结合达到水质净化效果。新增湖面。通过竖向规划在水流汇集处增加湖面，湖面河底比河道深1.00m，达到沉淀池效果，利于水质净化。

其他湿地区，通过填方增大河道的边坡比，增加湿地植物生长范围。规划后边坡比有"4：1"至"10：1"。

水系规划

功能分区

根据地块类型和内部活动体验类型，将场地分为八大功能区：入口景观区、高端酒店区、丛间客栈区、湿地酒店区、野趣探险区、休闲绿地区、艺术创意区、道路景观区。

八大功能分区

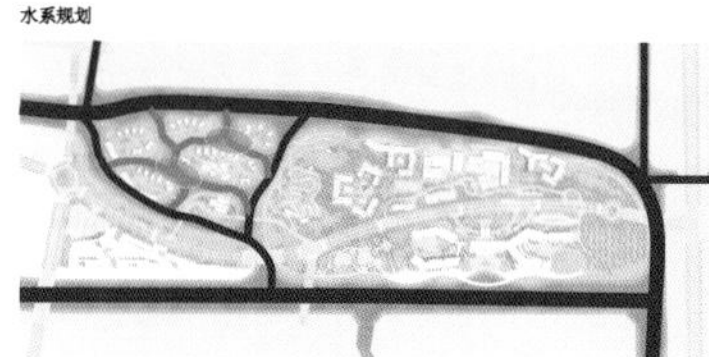

水系规划图

（a）

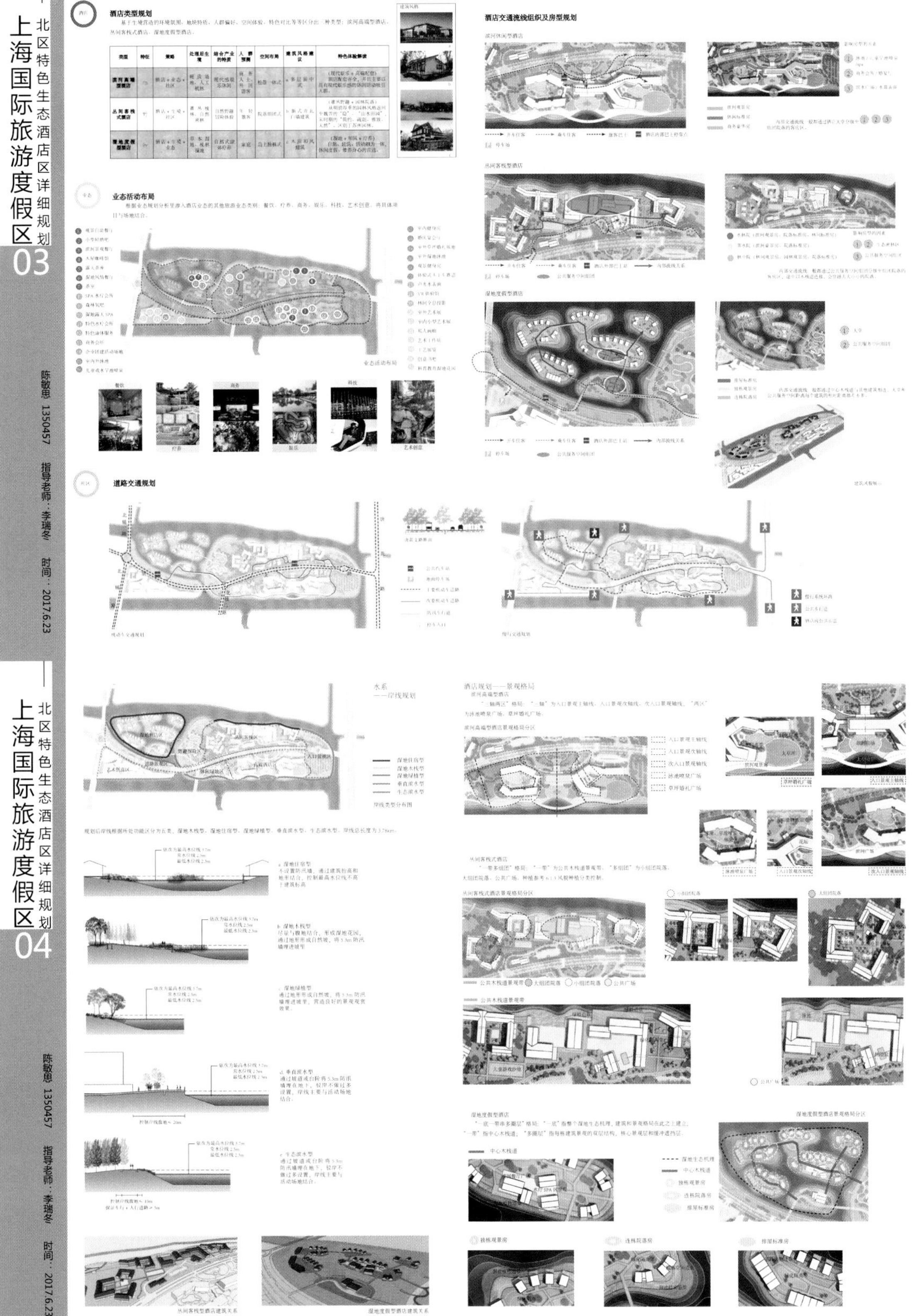

（b）

图 5-40　地块详细规划——生态酒店

用地性质：酒店用地（B14）
设计者：陈敏思
指导教师：李瑞冬

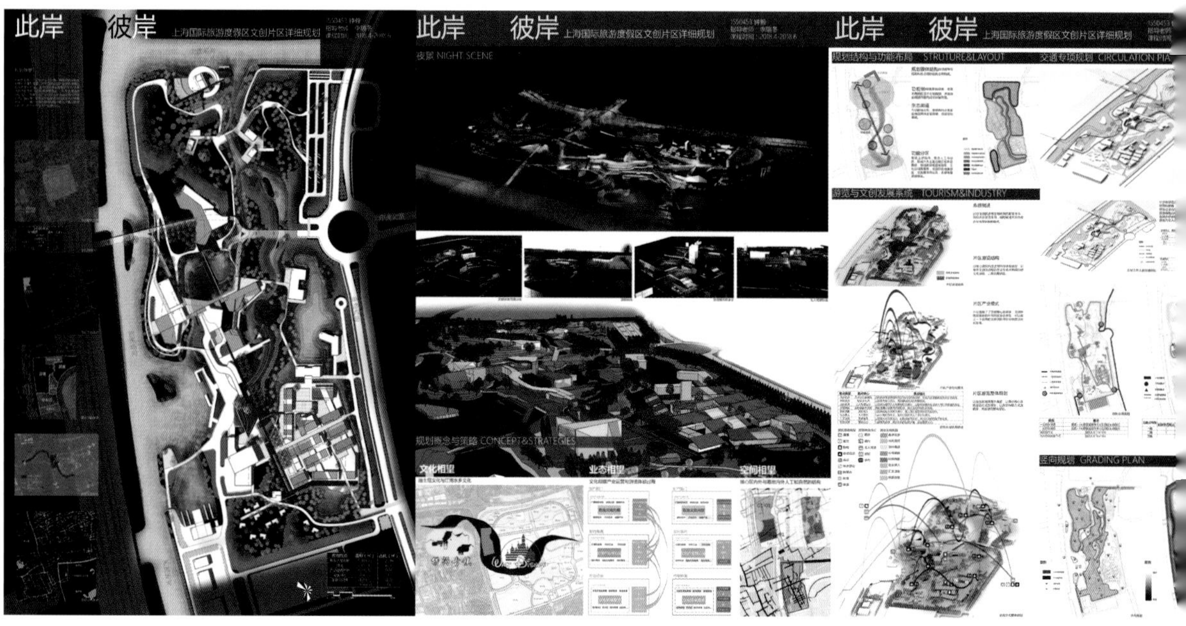
此岸 彼岸 上海国际旅游度假区文创片区详细规划
此岸 彼岸 上海国际旅游度假区文创片区详细规划
夜景 NIGHT SCENE
规划概念与策略 CONCEPT&STRATEGIES
文化相里
业态相里
空间相里
此岸 彼岸 上海国际旅游度假区文创片区详细规划
规划结构与功能布局 STRUTURE&LAYOUT
交通专项规划 CIRCULATION PLA
游览与文创发展系统 TOURISM&INDUSTRY
竖向规划 GRADING PLAN

上海国际旅游度假区核心区东北片区组团详细规划

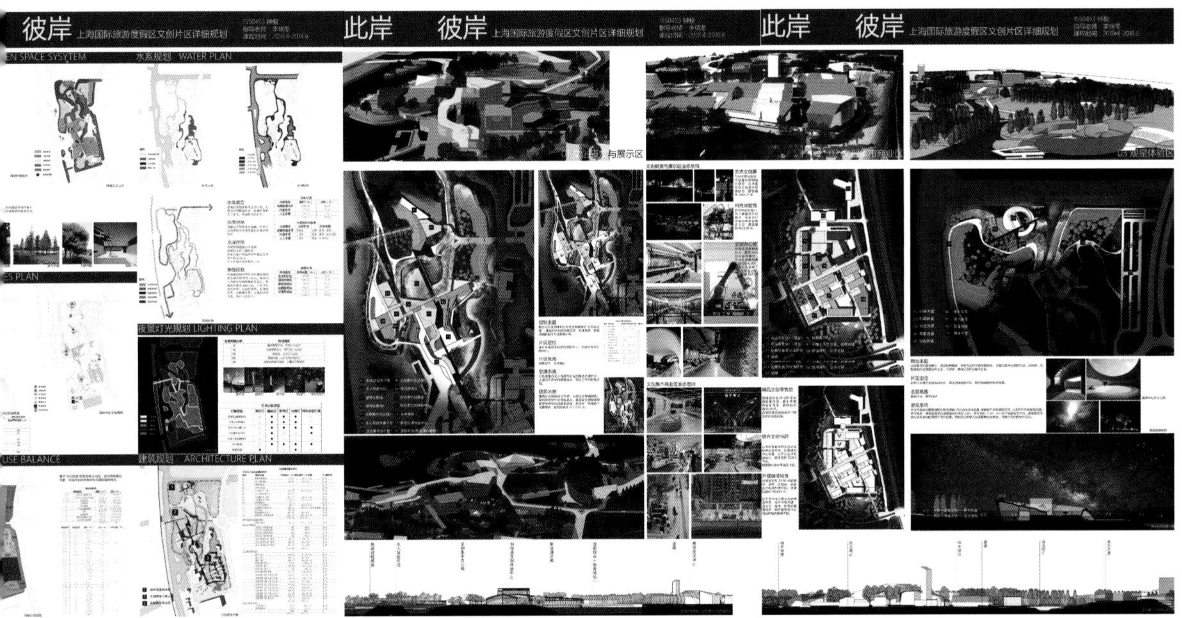

图 5-41 地块详细规划——文创公园

用地性质：商业（B11）+ 绿地（G1）
设计者：钟毅
指导教师：李瑞冬

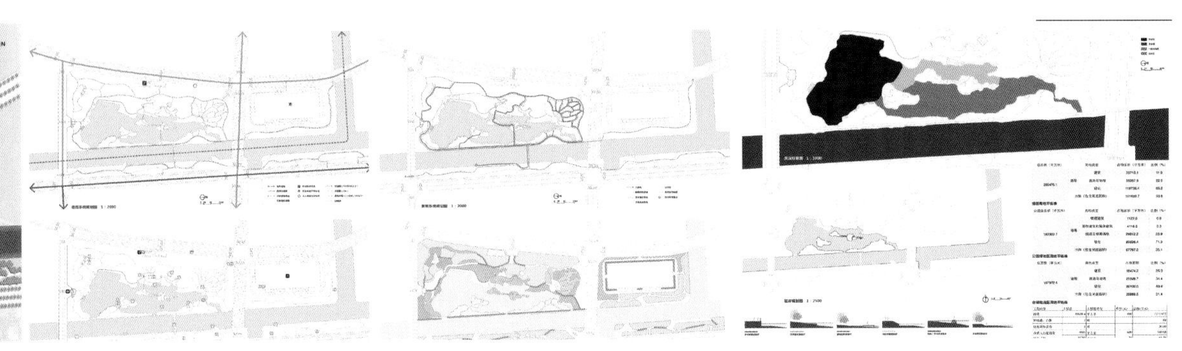

图 5-42 地块详细规划——郊野公园 + 物流中心

用地性质：绿地（G1）+ 物流仓储及交通场站混合用地（W+S4）
设计者：侯昭薇
指导教师：李瑞冬

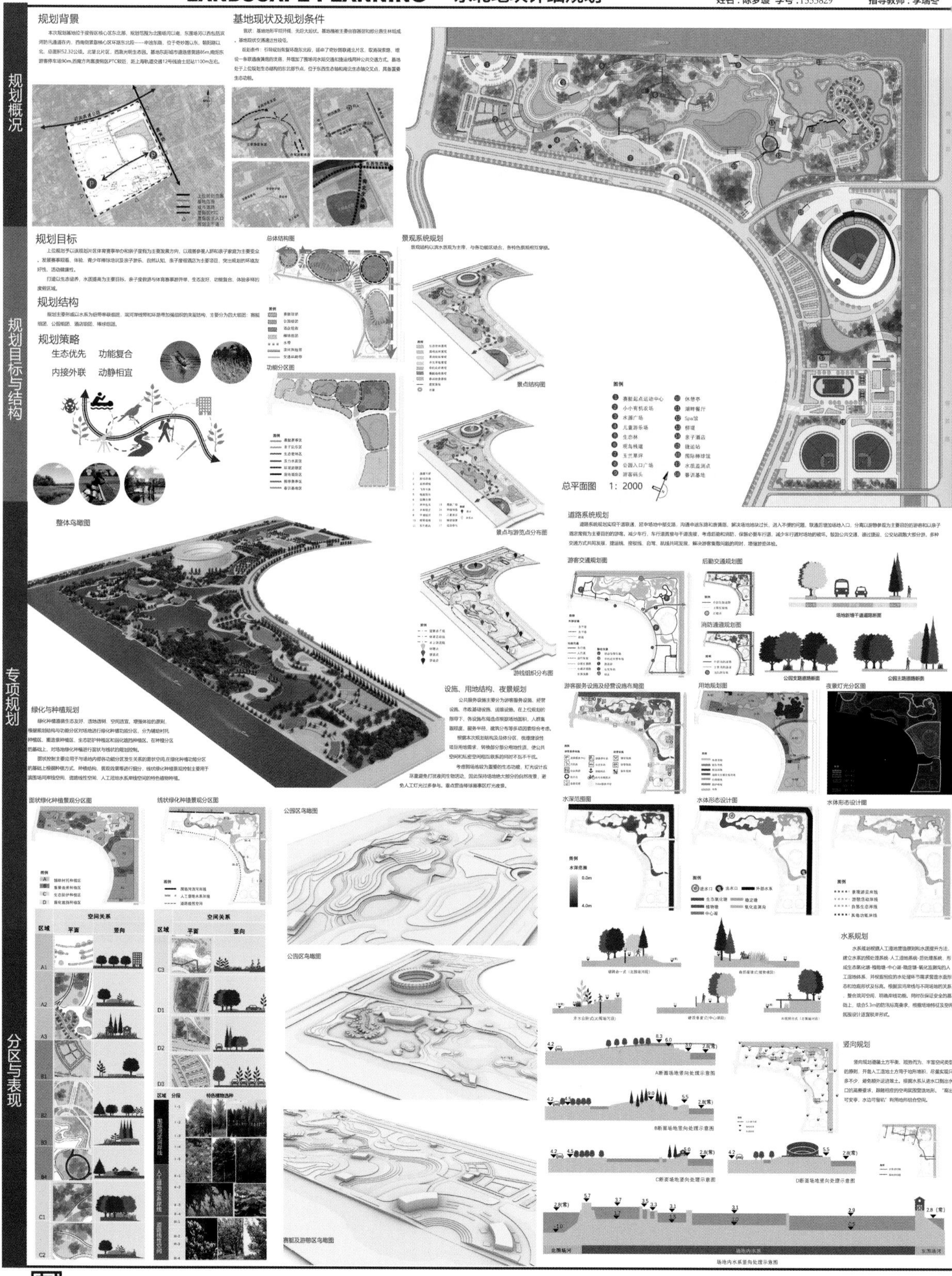

图 5-43 地块详细规划——体育公园

用地性质：体育用地（A4）+ 绿地及酒店混合用地（G1+B14）

设计者：陈梦璇

指导教师：李瑞冬

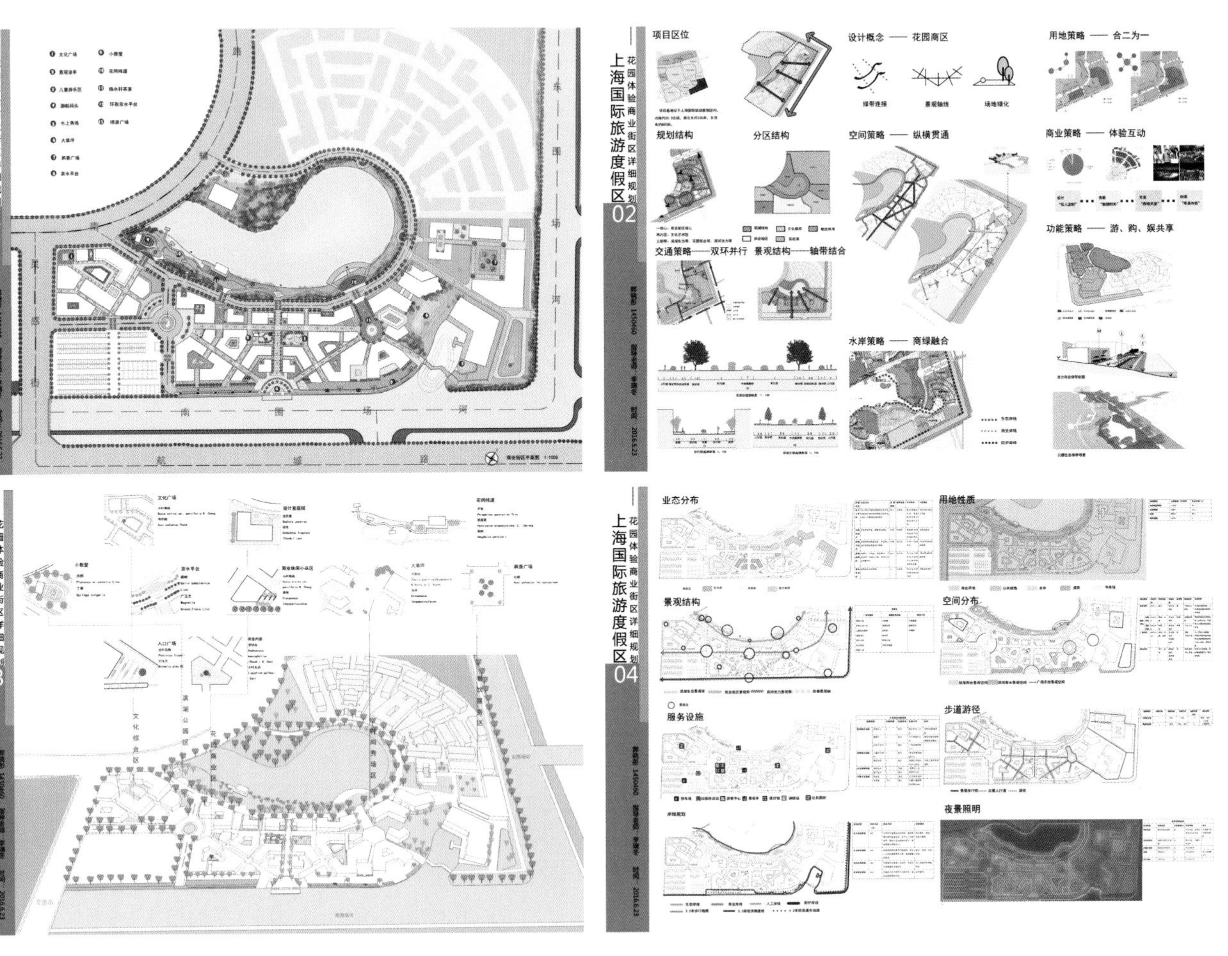

图 5-44　地块详细规划——商业街区

用地性质：商业用地（B11）+ 交通场站用地（S4）+ 绿地（G1）
设计者：郭晓彤
指导教师：李瑞冬

2019景观详细规划

LANDSCAPE PLANNING 西北地块详细规划

姓名：谢妍 学号：1650450 指导教师：李瑞冬

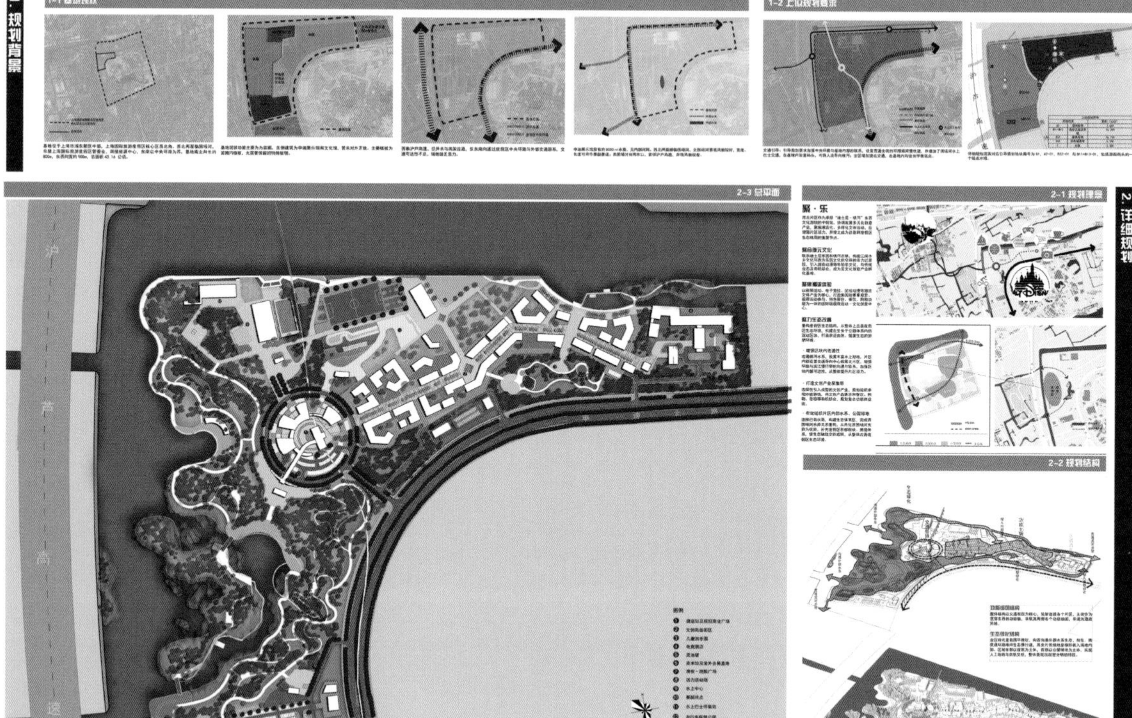

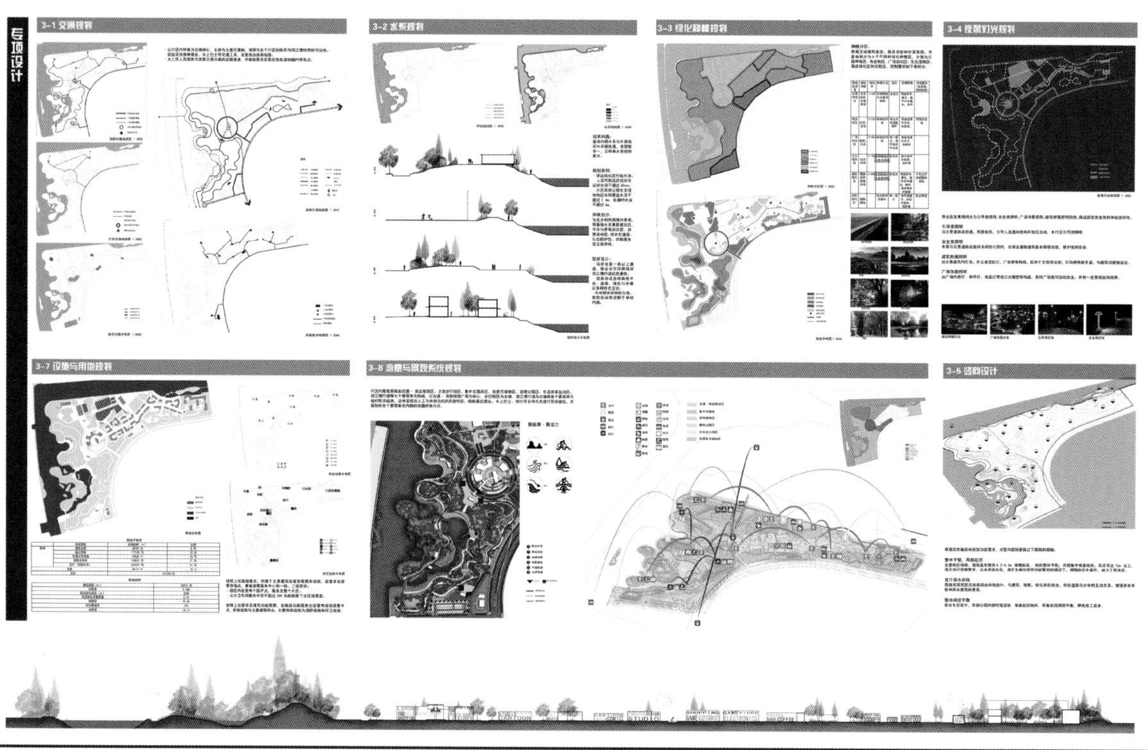

图 5-45 地块详细规划——康体文创区

同济大学风景园林本科课程设计 景观详细规划
年级：3年级下学期 学制：4年
时间：9周（2019年4月21日——6月14日）周二、周五（8:00-12:00）

用地性质：商业用地（B11）+ 酒店用地（B14）+ 康体用地（B32）+ 绿地（G1）

设计者：谢妍

指导教师：李瑞冬

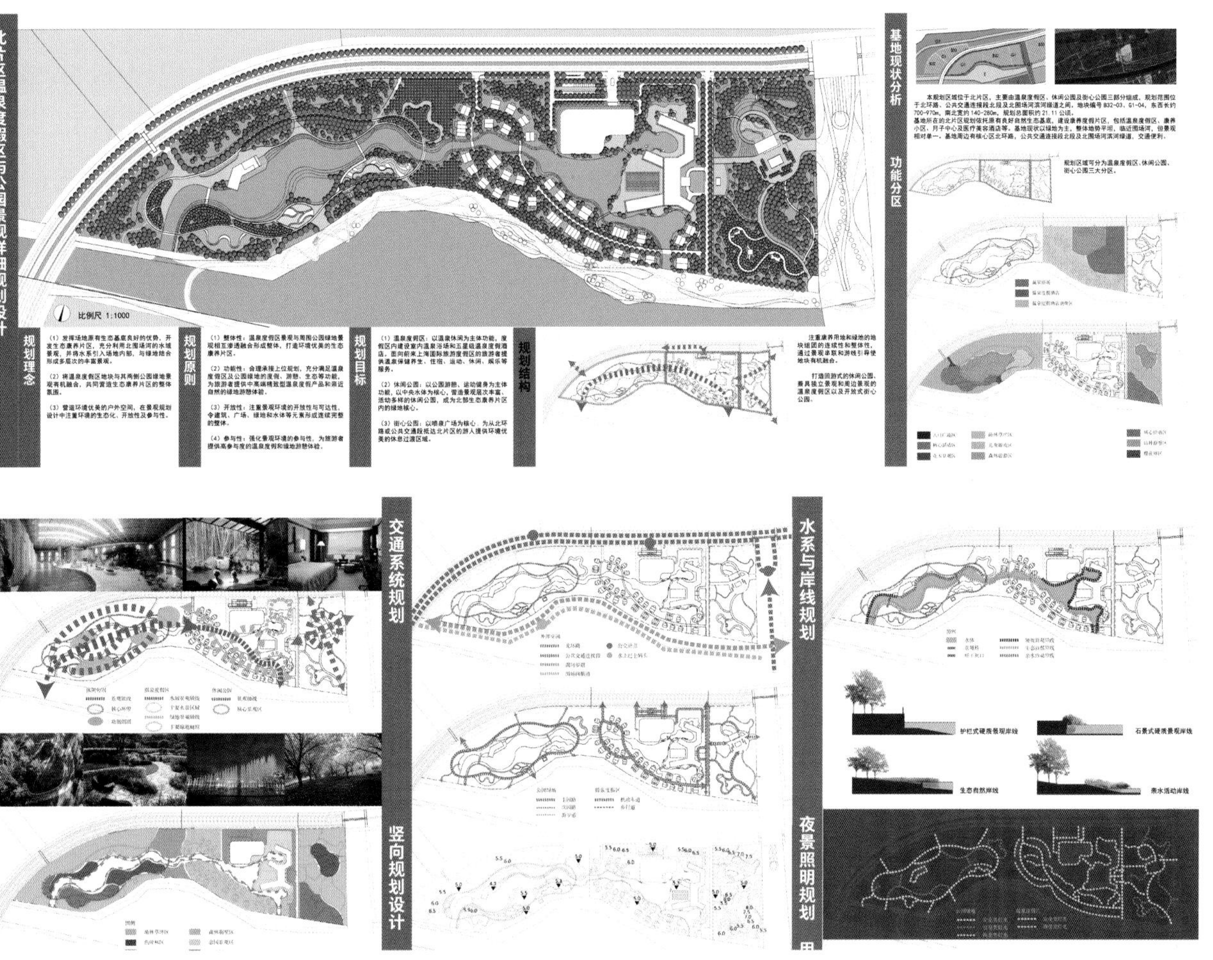

图 5-46　地块详细规划——酒店 + 公园

用地性质：酒店用地（B14）+ 绿地（G1）
设计者：罗蔚榕
指导教师：李瑞冬

7）风景园林总体规划

课程教学目标如下：

（1）了解“风景园林总体规划”理论体系及其学科特点，掌握风景园林总体规划的基本内容和专业知识，总体规划图纸的制作规范、程序及其技术手段。

（2）重点培养学生对资源生态保护与地方发展矛盾的认知能力与理解能力，以及对导致此矛盾产生的诸如法规、政策、体制等根源的深层次认知能力。

（3）主要可分解为对学生如下能力的培养：保护与发展矛盾的认知能力、综合调查能力、总体规划技术流程的理解能力、总体规划规范的理解与运用能力、总体规划项目管理能力及总体规划口头汇报能力等。

（4）以本课程为平台，在纵向上通过技术流程同上位规划进行贯通，向下与详细规划、建筑设计类相关规划设计进行连接。在横向上通过技术内容与生态保护、交通、市政（给排水、供电、通讯、环卫等）、社区发展等专项进行交叉渗透。

（5）以风景园林总体规划项目为纽带，强调同相关理论课、详细规划与设计类课程的协同教学，通过三类课程的相互贯通，实现对学生规划设计全过程能力的培养。

（6）在教学过程中以人格养成为核心，培养学生的专业素质、从业修养及职业道德（表 5-8）。

表 5–8 教学计划表

序号	教学时段	教学要求	训练内容	学时（课内 / 课外）
1	总论	了解风景园林总体规划的概念 熟悉风景园林总体规划的内容与结构 掌握风景园林总体规划的技术流程		4
2	现状分析评价	了解现状分析评价内容和技术流程，熟悉现状要素分析评价方法，掌握现状分析评价与总体规划的关系	区位分析 社会经济现状分析 旅游现状与趋势分析 生态系统分析 景源评价 SWOT 分析	12/18
3	专题研究	了解国内外同类规划动态，熟悉国内外同类规划技术规范，掌握风景园林总体规划同类问题的分析评价方法和制图技巧	资源评价方法、市场分析方法、景观敏感度评价方法、生态系统分析方法等专题研究	24/36
4	总体布局	了解总体布局基本内容，熟悉总体布局技术流程，掌握规划性质、目标、战略的表述方法，总体布局关键技术与制图方法	规划指导思想 发展战略与对策 规划性质与目标 功能分区与规划结构 保育体系 道路交通体系 服务体系 流量与容量	40/60
5	专项规划	了解专项规划体系，熟悉专项规划基本内容，掌握专项规划关键技术和制图方法	生态保育规划 游憩系统规划 服务设施规划 道路交通规划 典型景观规划 社区发展规划 基础设施规划 土地利用规划 近期建设规划 规划实施对策	32/54
6	成果制作	了解风景园林总体规划成果构成和形式要求，熟悉总体规划成果编制技术流程，掌握总体规划文本与说明书编写方法和技术要点	案例研究，文本与说明书规范编制、基础资料编写，图纸规范化制作，展板制作等	20/30
7	成果汇报		图纸、陈述等多种表达能力	4

SCHEDULE
教学进度

01

1 调研分析

1）布置题目、明确任务、分组
2）确定调研任务与计划
3）确定专题研究内容
4）开展总体规划讲座

讲座：总体规划类型与方法

02

1）基地现场调研
2）现状资料汇编

03

2 专题研究

1）专题研究
2）资源评价、市场分析、景观敏感度评价、生态系统分析等方法

讲座：专题研究策略与方法

04

1）现状分析评价
2）专题研究

05

1）完成现状分析评价与专题报告
2）阶段1成果交流汇报

全班交流

06

3 总体布局

1）规划指导思想确立
2）发展战略与对策研究
3）规划性质与目标确定
4）主题与形象策划

讲座：分区方法研究

07

1）总体规划布局
2）功能分区与规划结构
3）个人总体规划布局方案

08

1）保育体系
2）道路交通体系
3）流量与容量

讲座：游客量与环境容量测算方法

09

1）服务设施体系
2）组内个人方案整合

10

1）完成小组总体布局方案
2）阶段3交流汇报

全班交流

11

4 专项规划

1）专项规划任务分解
2）专项规划编制

12

专项规划编制（生态保育、风景游赏、服务设施、典型景观、社区发展、产业引导、基础设施、分期发展等）

讲座：专项规划内容及编制方法

13

专项规划编制（生态保育、风景游赏、服务设施、典型景观、社区发展、产业引导、基础设施、分期发展等）

14

1）专项规划交流整合
2）总体规划调整

15

5 成果制作

说明书编制、文本撰写、图纸制作、展板制作等

讲座：法定规划文本的编制方法

16

规划成果制作

17

6 交流与总结

1）完成总体规划成果并提交
2）汇报交流与总结

全班交流

（1）以群体调查研究教学法为主导的总体规划教学实践

课题选择

以“马鞍山市江心洲总体概念规划”为教学实践课题。江心洲位于国家园林城市安徽省马鞍山市西南面，将长江马鞍山段分为东西两江，东部从南至北分别与马鞍山市区的当涂县、城市滨江区、马鞍山钢铁生产基地、采石矶国家风景名胜区隔江相望，西部通过外江与和县接壤。规划面积 57.78km^2，其中陆地面积有 55.43km^2，滩涂面积 3.35km^2。

总体概念规划目标为：在保持原有生态格局的基础上，完善居民社会体系，优化沿江景观，协调与周边地区的发展，分析并确定江心洲的未来发展定位。

教学操作程序

第 1 阶段：疑难情境设定

大型基础设施建设对长江洲岛的发展具有决定性的影响，也是概念规划方案提出的关键性前提条件。对于江心洲来说，跨江大桥和港口两个大型建设项目是决定其未来发展的核心变量。因此，在课题中将两者对江心洲的发展影响作为规划的疑难情境，引导学生通过分析、研究、比选和验证不同情境下的解决方案，从而形成可供比选的多解规划。

第 2 阶段：学生对情境的反应

在疑难情境确立后，学生表现出积极的学习兴趣，并主动分组进行探索性研究和创新性思考。

第 3 阶段：变量分析与任务组织

组织学生以专题研究的形式进行变量分析，即分析跨江大桥和港口两个重大建设项目变量的相互关系以及对江心洲总体规划布局的影响。根据分析，变量 A（跨江大桥）存在 2 个桥位选择方案，而对于变量 B（港口），其建设需要和市区进行有效的交通联系，也存在 2 种可能，即通过跨江大桥与市区联系或另建大桥与市区联系。2 个变量的不同组合均会对江心洲的总体发展格局产生结果迥异的重大影响，如图 5–47。

根据因变量 A（跨江大桥）和因变量 B（港口）的相互关系，可组合出 8 种疑难情境，于是便形成了 8 个任务小组。当将因变量（具体条件）转换为项目参数时，疑难情境则可采用如下数学公式求得：

$$Z=(a+b)X+cY$$

式中，Z 代表总体概念规划疑难情境，a，b，c 为项目参数，X，Y 分别代表因变量 A（跨江大桥）和因变量 B（港口）。

表 5–9 “马鞍山市江心洲总体概念规划”课题教学分组依据与条件划分表

分组编号	因变量（具体条件）	项目参数		
		a（桥位参数）	b（大桥交通联系参数）	c（港口参数）
1	桥位 1、无下口、无港口	1	0	0
2	桥位 1、设下口、无港口	1	1	0
3	桥位 1、无下口、设港口	1	0	1
4	桥位 1、设下口、设港口	1	1	1
5	桥位 2、无下口、无港口	1	0	0
6	桥位 2、设下口、无港口	1	1	0
7	桥位 2、无下口、设港口	1	0	1
8	桥位 2、设下口、设港口	1	1	1

第 4 阶段：独立与群体研究

8 个小组按照学生自己的组织分工进行调查研究，研习在该疑难情景下江心州的未来定位、功能导向、空间布局、重大基础设施安排等重大问题，进而形成 8 个不同的多解规划方案。

第 5 阶段：陈述与评析

在多解规划方案制定后，以课堂会议形式，小组陈述各自的规划方案，指导教师和邀请的多学科专家，分别从产业、经济、社会、生态、风貌等方面进行点评打分，形成分项评价结果。

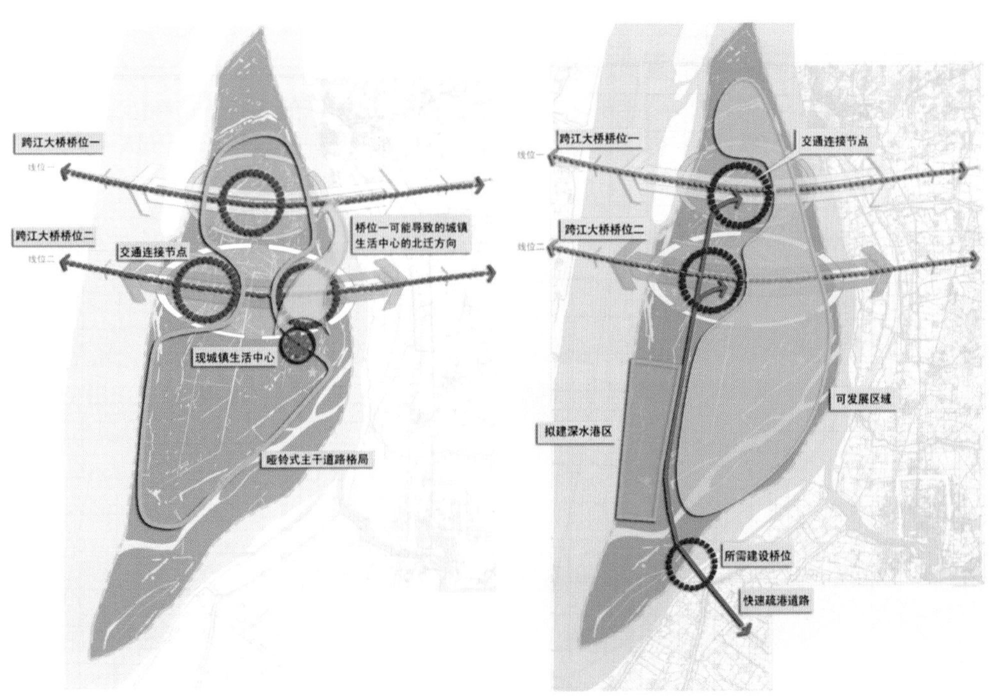

图 5–47　桥位选址与港口建设两个变量对江心洲总体布局的影响分析图

第 6 阶段：分析报告制作

根据评析结果，小组在教师指导下对各自的规划方案进行 SWOT 分析，评选最优选择，并汇总形成分析报告，为地方政府提供决策依据。

通过以群体调查研究教学方法为主导的教学程序设计，营造了情景化教学的氛围，锻炼了学生发现问题、解决问题、探究学习的能力，系统地培养了学生的逻辑思维能力，同时也提高了指导教师的教学水平和能力（图 5-48—图 5-51）。

图 5-48　总体规划教学过程

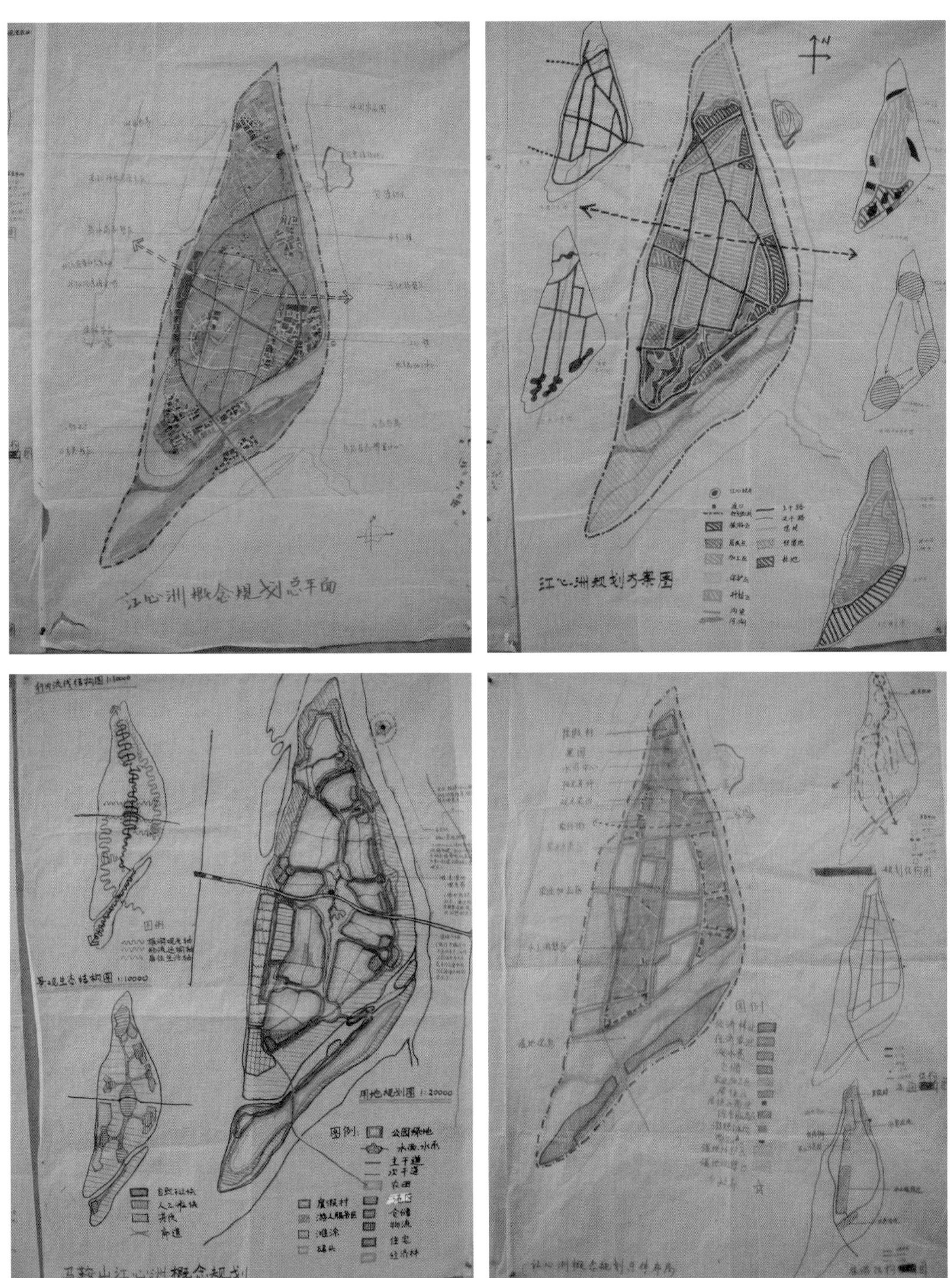

图 5-49　不同变量影响下的多解规划

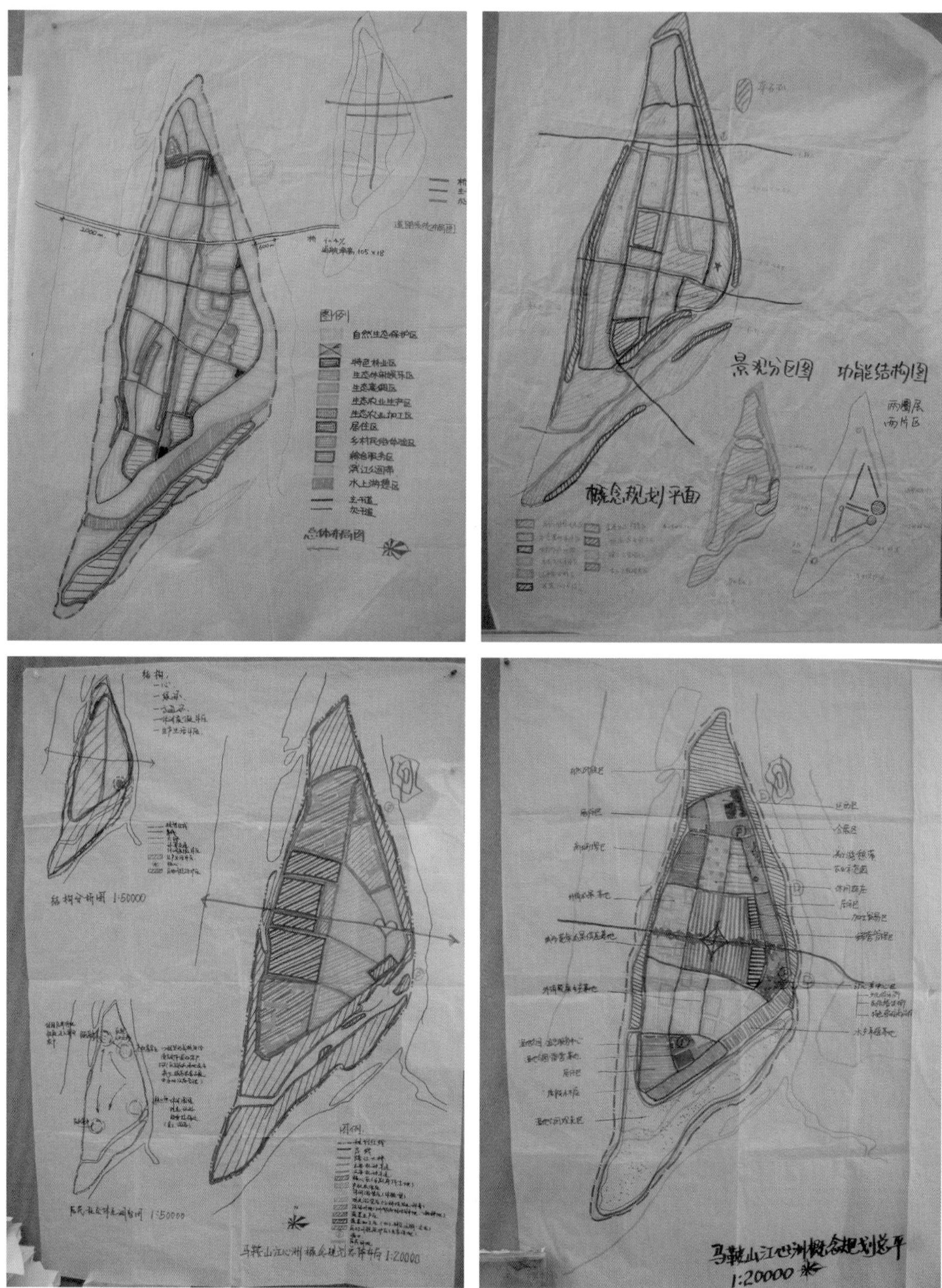

图 5-50　不同变量影响下的多解规划

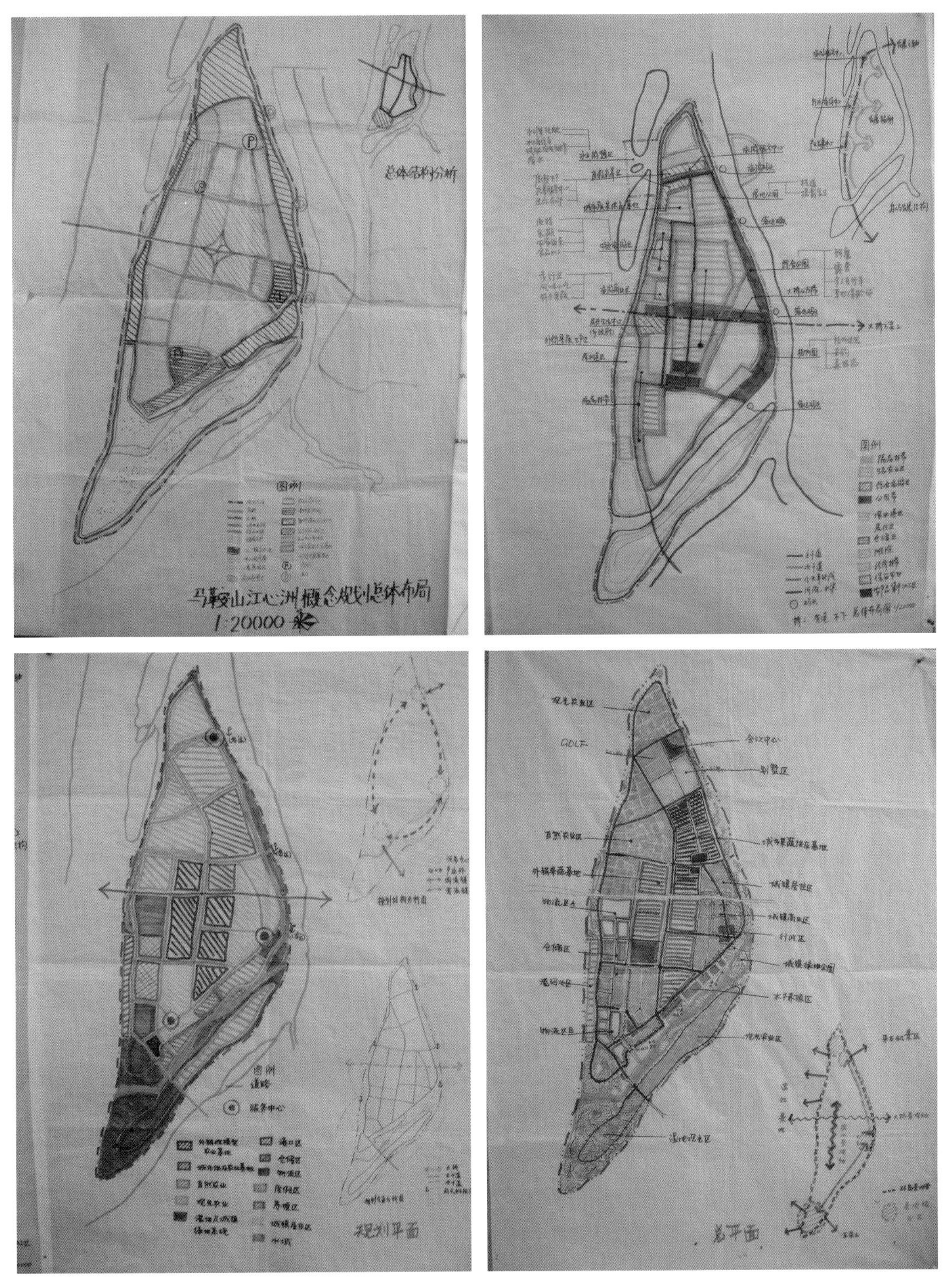

图 5-51　不同变量影响下的多解规划

（2）基于多维视角的总体规划教学实践

课题选择

以“江西马头山风景区域”为总体规划教学实践课题。该区域地处资溪县东部，毗邻贵溪、光泽县，位于武夷山脉西麓，夹于国家级风景区武夷山与龙虎山之间。规划范围包括马头山镇的彭坊、永胜、杨坊、湖石、榨树、霞阳、柏泉、梁家、斗垣、马头山、港东、山岭、昌坪 13 个行政村和原马头山林场，总面积 318.5km^2。该基地既有自然保护区性质，也有风景名胜区性质，在教学训练中以《风景名胜区规划规范》为主要依据，积极探索多规合一，尝试功能、保护、游憩、生态等多种分区方式在地块属性上进行分解的可能性。。

教学操作程序

教学以基于不同专题研究的视角切入进行多方案的比较与综合（图 5-52—图 5-62）。

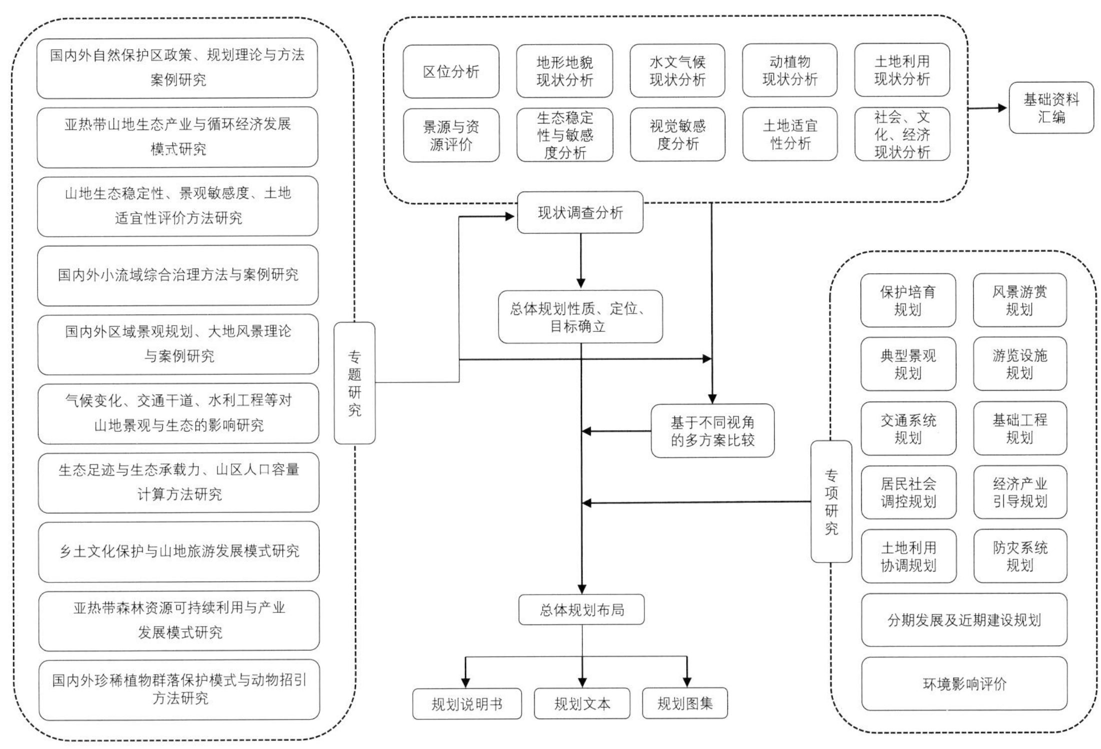

图 5-52　基于多维视角的总体规划教学路线图

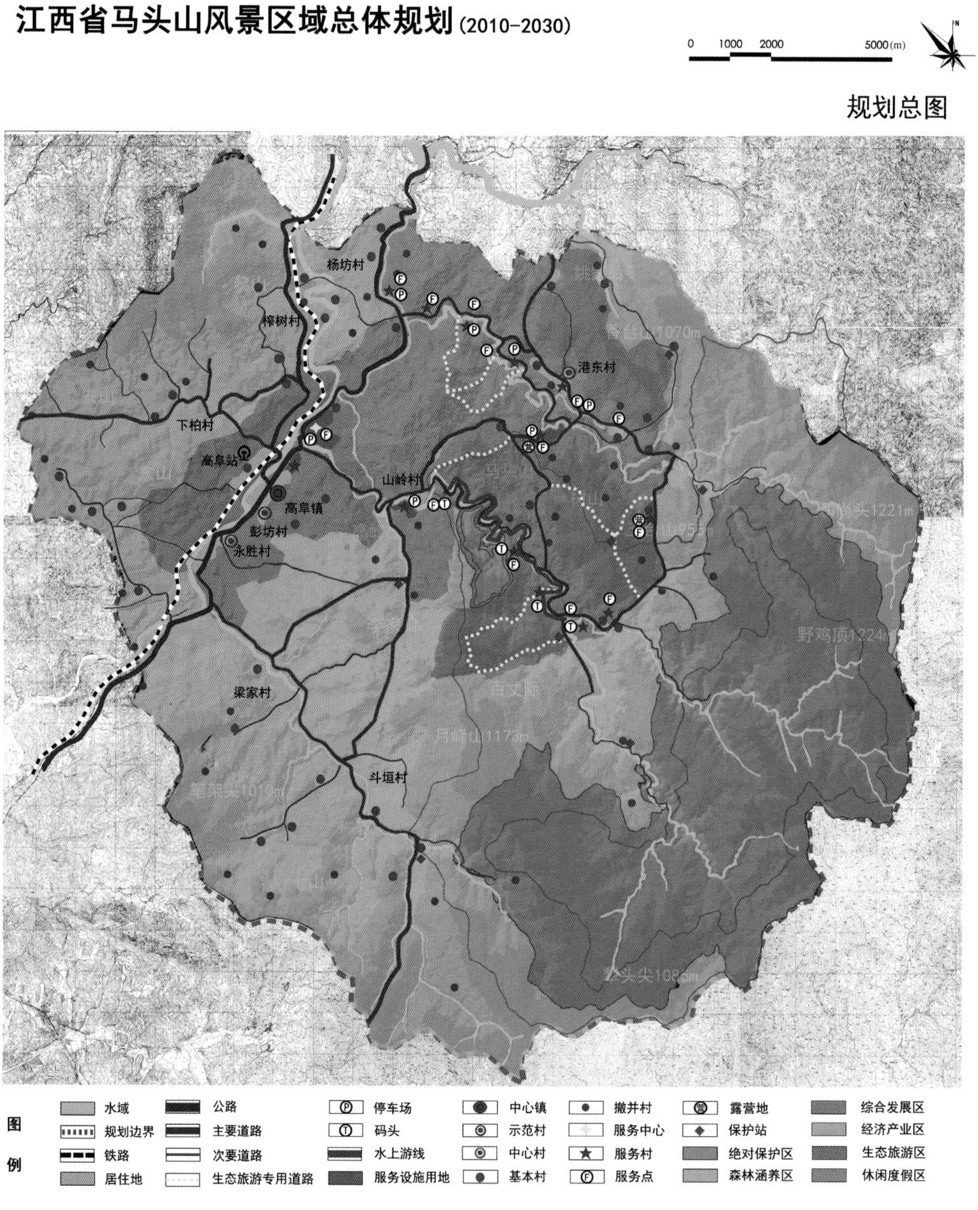

江西省马头山风景区域总体规划(2010-2030)
0 1000 2000 5000(m)
N
规划总图
杨坊村
樟树村
港东村
下柏村
高阜站
高阜镇
彭坊村
永胜村
山岭村
野鸡顶1224m
梁家村
斗垣村
图例
水域
规划边界
铁路
居住地
公路
主要道路
次要道路
生态旅游专用道路
停车场
码头
水上游线
服务设施用地
中心镇
示范村
中心村
基本村
撤并村
服务中心
服务村
服务点
露营地
保护站
绝对保护区
森林涵养区
综合发展区
经济产业区
生态旅游区
休闲度假区

图 5-53　基于生态敏感性、景观敏感度与游憩适宜性基础，及区域景观与大地景观理论的规划

设计者：李璇
指导教师：李瑞冬、吴承照

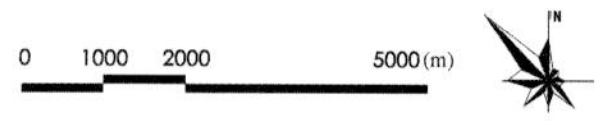

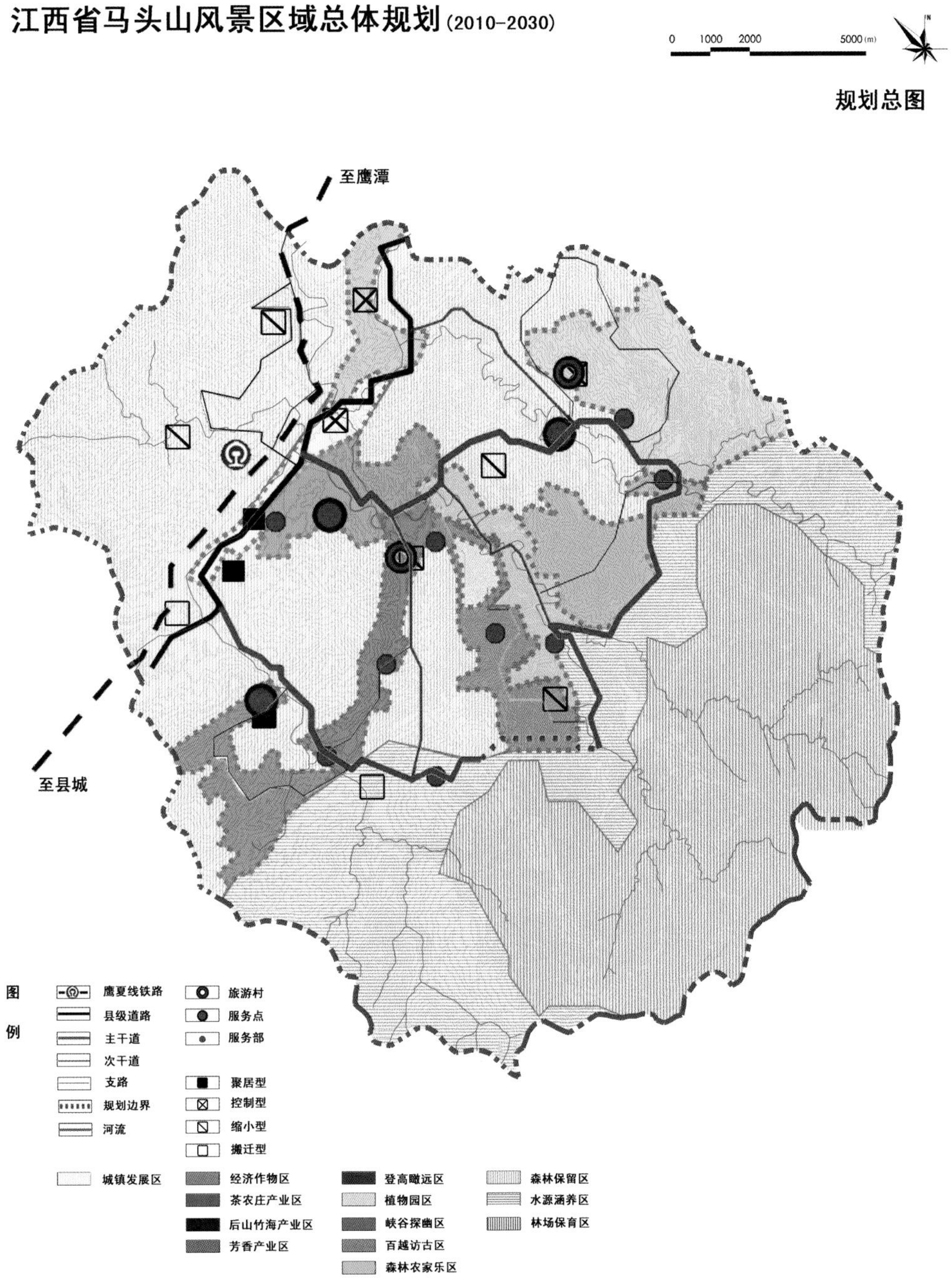

江西省马头山风景区域总体规划(2010-2030)

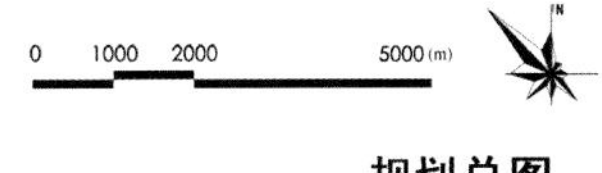

规划总图

至鹰潭

至县城

图例

鹰夏线铁路
县级道路
主干道
次干道
支路
规划边界
河流

旅游村
服务点
服务部

聚居型
控制型
缩小型
搬迁型

城镇发展区
经济作物区
茶农庄产业区
后山竹海产业区
芳香产业区
登高瞰远区
植物园区
峡谷探幽区
百越访古区
森林农家乐区
森林保留区
水源涵养区
林场保育区

图 5-54　基于保护区分区模式及游憩活动序列的规划

设计者：归云斐
指导教师：李瑞冬、吴承照

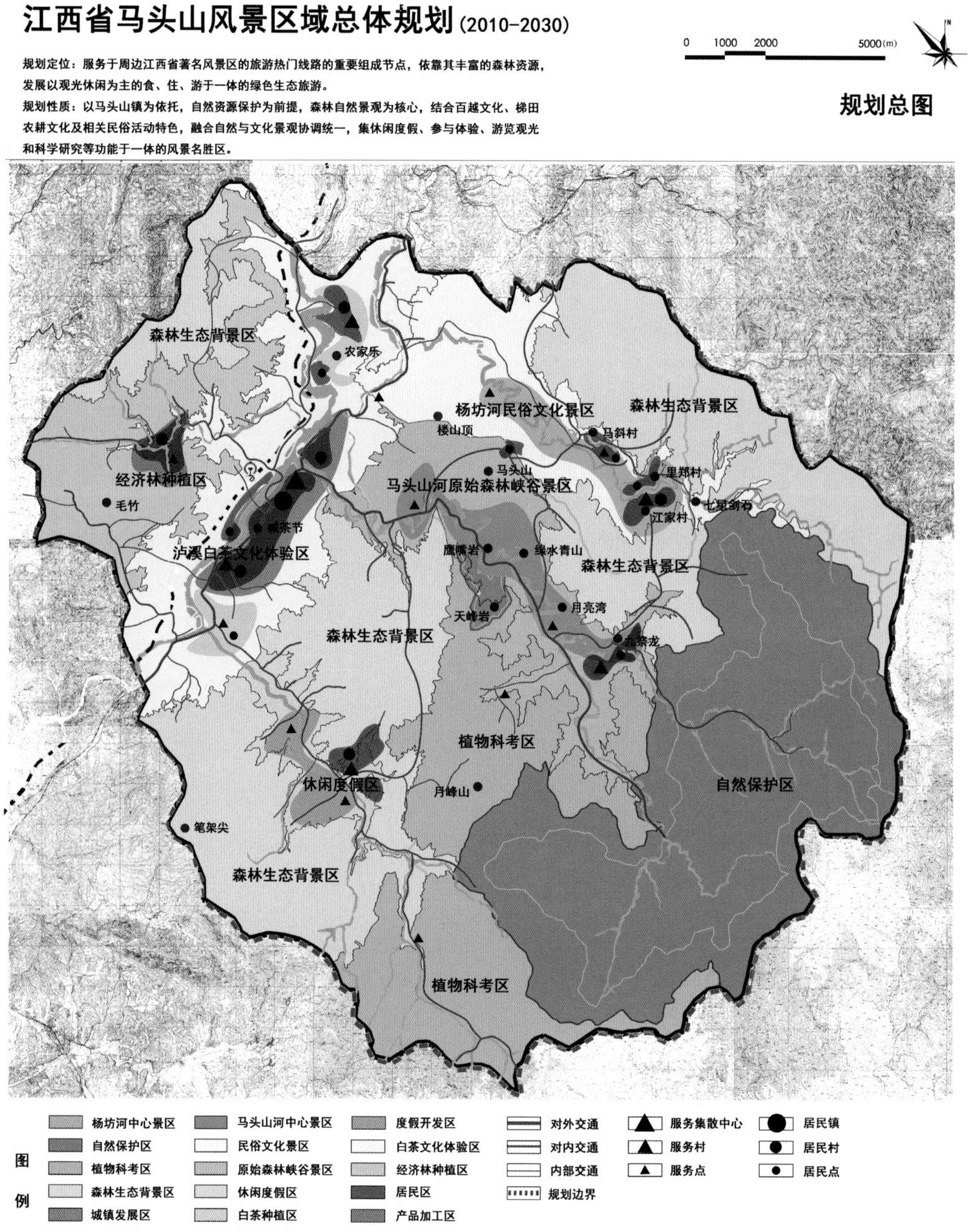

江西省马头山风景区域总体规划(2010-2030)
规划定位：服务于周边江西省著名风景区的旅游热门线路的重要组成节点，依靠其丰富的森林资源，发展以观光休闲为主的食、住、游于一体的绿色生态旅游。
规划性质：以马头山镇为依托，自然资源保护为前提，森林自然景观为核心，结合百越文化、梯田农耕文化及相关民俗活动特色，融合自然与文化景观协调统一，集休闲度假、参与体验、游览观光和科学研究等功能于一体的风景名胜区。
0 1000 2000 5000(m)
N
规划总图
森林生态背景区
农家乐
杨坊河民俗文化景区
森林生态背景区
楼山顶
马斜村
马头山
里郑村
经济林种植区
马头山河原始森林峡谷景区
江家村
七星剑石
毛竹
藏茶节
泸溪白茶文化体验区
鹰嘴岩
绿水青山
森林生态背景区
月亮湾
天峰岩
森林生态背景区
九条龙
植物科考区
休闲度假区
月峰山
自然保护区
笔架尖
森林生态背景区
植物科考区
图例
杨坊河中心景区
马头山河中心景区
度假开发区
对外交通
服务集散中心
居民镇
自然保护区
民俗文化景区
白茶文化体验区
对内交通
服务村
居民村
植物科考区
原始森林峡谷景区
经济林种植区
内部交通
服务点
居民点
森林生态背景区
休闲度假区
居民区
规划边界
城镇发展区
白茶种植区
产品加工区

图 5-55 基于自然区保护政策与服务体系布局的规划

设计者：石慧
指导教师：李瑞冬、吴承照

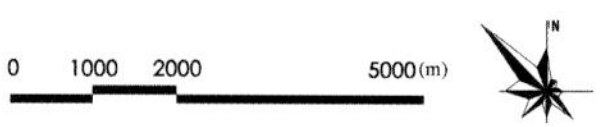

江西省马头山风景区域总体规划(2010-2030)

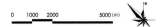

0 1000 2000 5000(m)

规划总图

兴山寺
杨坊
港东
(马斜)
永福当年桥
马斜村
湖石
塘边
马头山采育林场
彭坊
彭坊村喊茶节
永胜
(王家)
柏泉
山岭
江家村
五台山土地庙
七星侧石
马头山采
育林场
图例
县道
主干道
次干道
自然保护区
发展核心区
服务中心
游步道
控制居民点
搬迁居民点
森林涵养区
综合发展区
特色产业区
缩小居民点
扩大居民点
风景林地区
水系
二级服务点
三级服务点
专业兰苑
竹炭产业集中点
白茶专业合作社/营销点

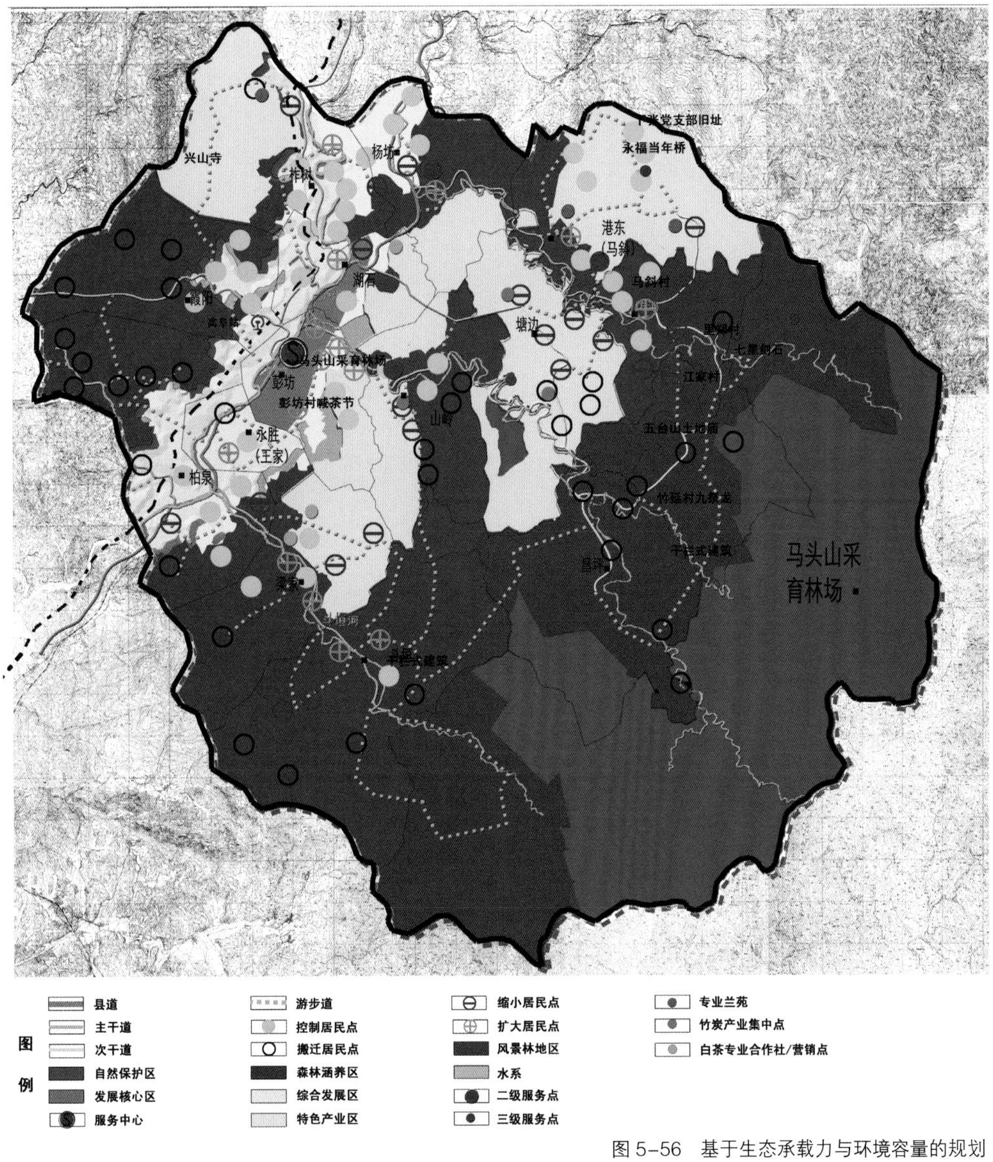

图 5-56　基于生态承载力与环境容量的规划

设计者：张萌
指导教师：李瑞冬、吴承照

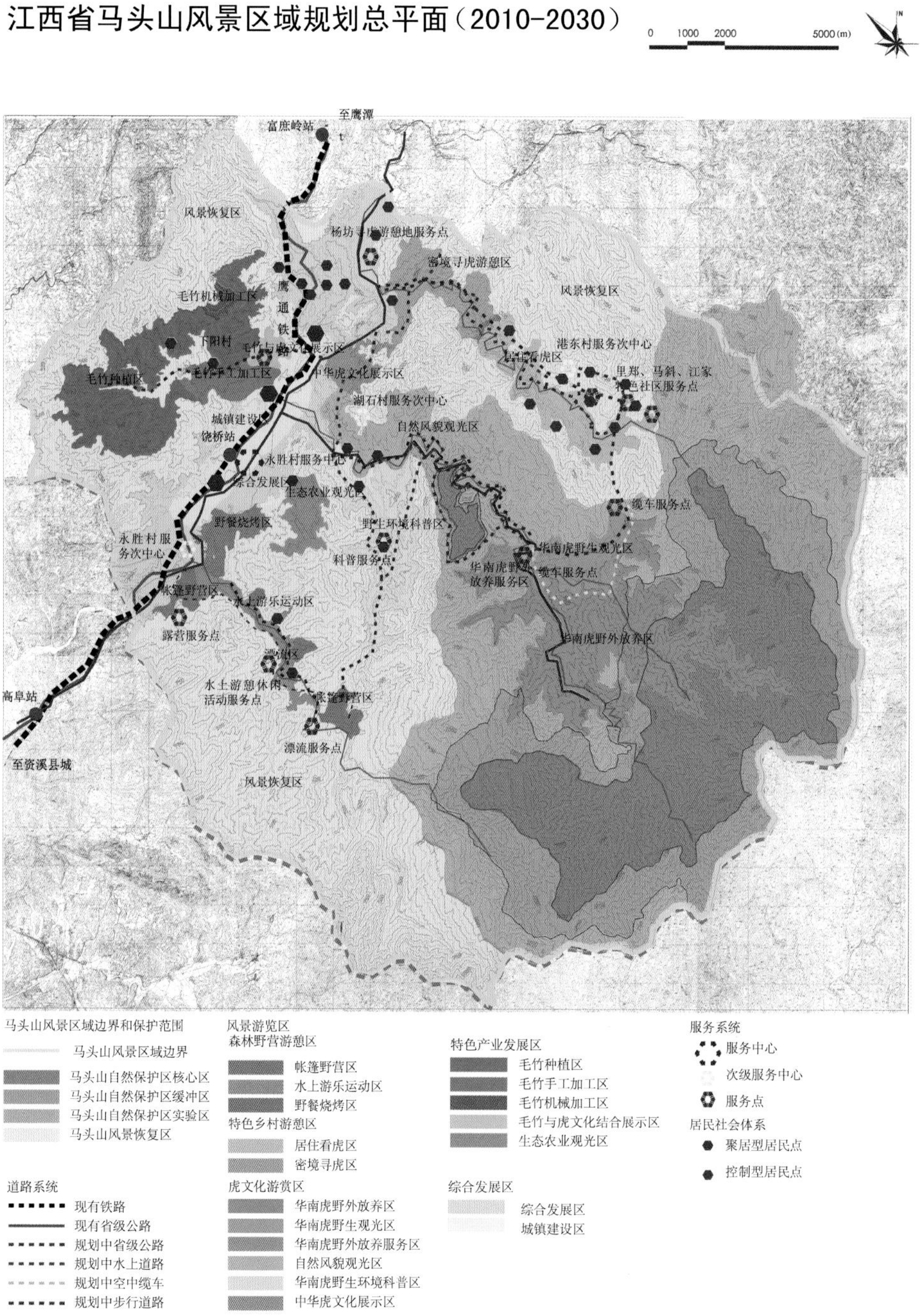

江西省马头山风景区域规划总平面（2010-2030）
0 1000 2000 5000(m)
N
至鹰潭
富庶岭站
风景恢复区
毛竹机械加工区
下阳村
毛竹种植区
城镇建设区
饶桥站
综合发展区
生态农业观光区
野餐烧烤区
永胜村服务次中心
帐篷野营区
水上游乐运动区
露营服务点
漂流区
水上游憩休闲活动服务点
帐篷野营区
漂流服务点
高阜站
至资溪县城
风景恢复区
鹰
通
铁
中华虎文化展示区
湖石村服务次中心
自然风貌观光区
野生环境科普区
科普服务点
华南虎野生观光区
华南虎野外放养服务区
缆车服务点
华南虎野外放养区
缆车服务点
密境寻虎游憩区
风景恢复区
港东村服务次中心
里郑、马斜、江家
马头山风景区域边界和保护范围
马头山风景区域边界
马头山自然保护区核心区
马头山自然保护区缓冲区
马头山自然保护区实验区
马头山风景恢复区
风景游览区
森林野营游憩区
帐篷野营区
水上游乐运动区
野餐烧烤区
特色乡村游憩区
居住看虎区
密境寻虎区
特色产业发展区
毛竹种植区
毛竹手工加工区
毛竹机械加工区
毛竹与虎文化结合展示区
生态农业观光区
服务系统
服务中心
次级服务中心
服务点
居民社会体系
聚居型居民点
控制型居民点
道路系统
现有铁路
现有省级公路
规划中省级公路
规划中水上道路
规划中空中缆车
规划中步行道路
虎文化游赏区
华南虎野外放养区
华南虎野生观光区
华南虎野外放养服务区
自然风貌观光区
华南虎野生环境科普区
中华虎文化展示区
综合发展区
综合发展区
城镇建设区

图 5-57　基于动物招引方法与华南虎“野化”实验的规划

设计者：张晗
指导教师：李瑞冬、吴承照

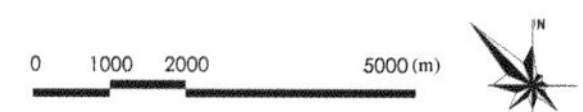

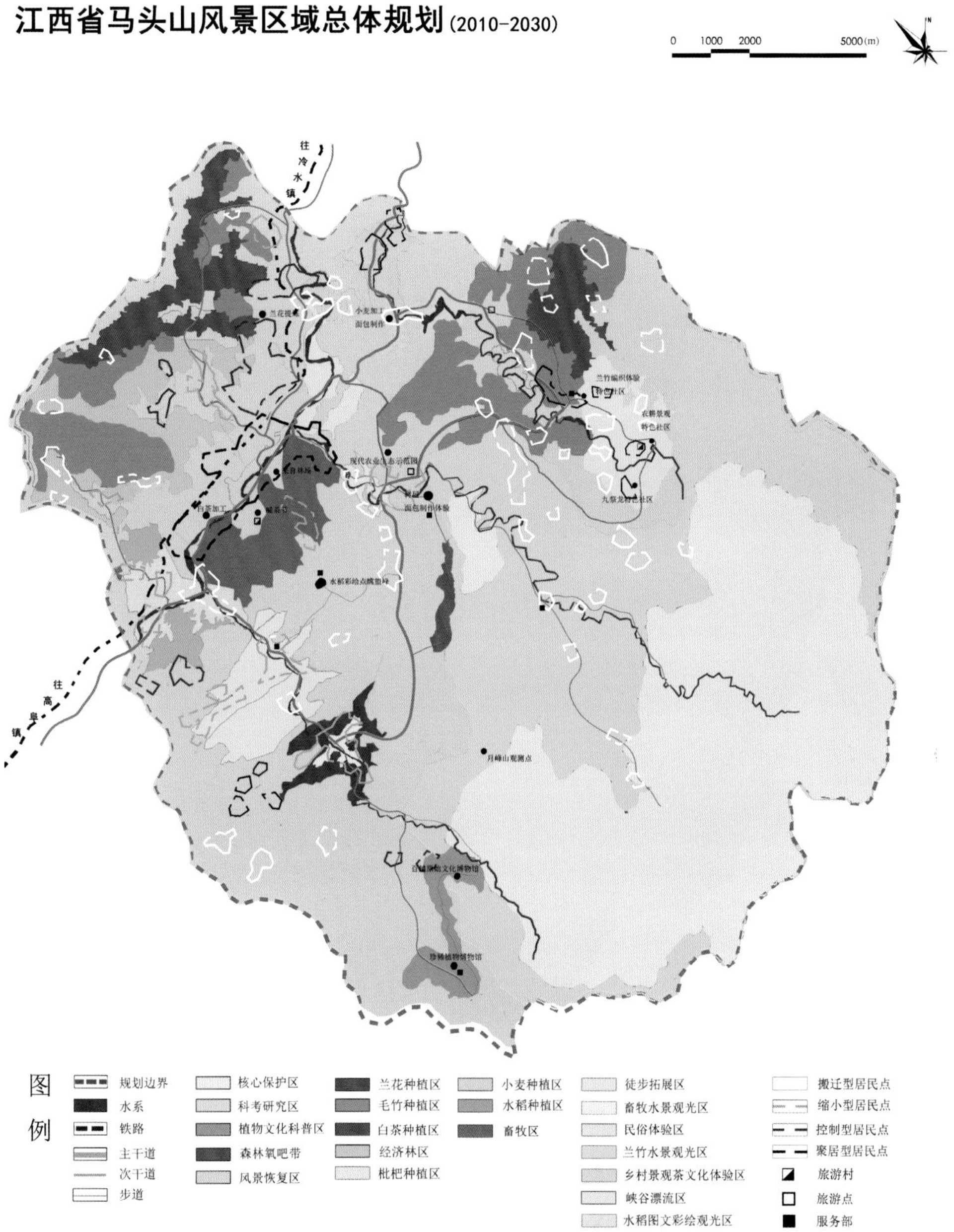

江西省马头山风景区域总体规划(2010-2030)
0 1000 2000 5000(m)
N
往冷水镇
往高阜镇
兰花提
小麦加工
面包制作
兰竹编织体验
特色社区
农耕景观
特色社区
现代农业生态示范园
面包制作体验
九黎龙特色社区
白茶加工
水稻彩绘点
月峰山观测点
文化博物馆
珍稀植物博物馆
图例
规划边界
水系
铁路
主干道
次干道
步道
核心保护区
科考研究区
植物文化科普区
森林氧吧带
风景恢复区
兰花种植区
毛竹种植区
白茶种植区
经济林区
枇杷种植区
小麦种植区
水稻种植区
畜牧区
徒步拓展区
畜牧水景观光区
民俗体验区
兰竹水景观光区
乡村景观茶文化体验区
峡谷漂流区
水稻图文彩绘观光区
搬迁型居民点
缩小型居民点
控制型居民点
聚居型居民点
旅游村
旅游点
服务部

图 5-58　基于珍稀植物群落保护与经济植物发展的规划

设计者：陶婧
指导教师：李瑞冬、吴承照

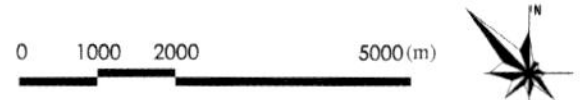

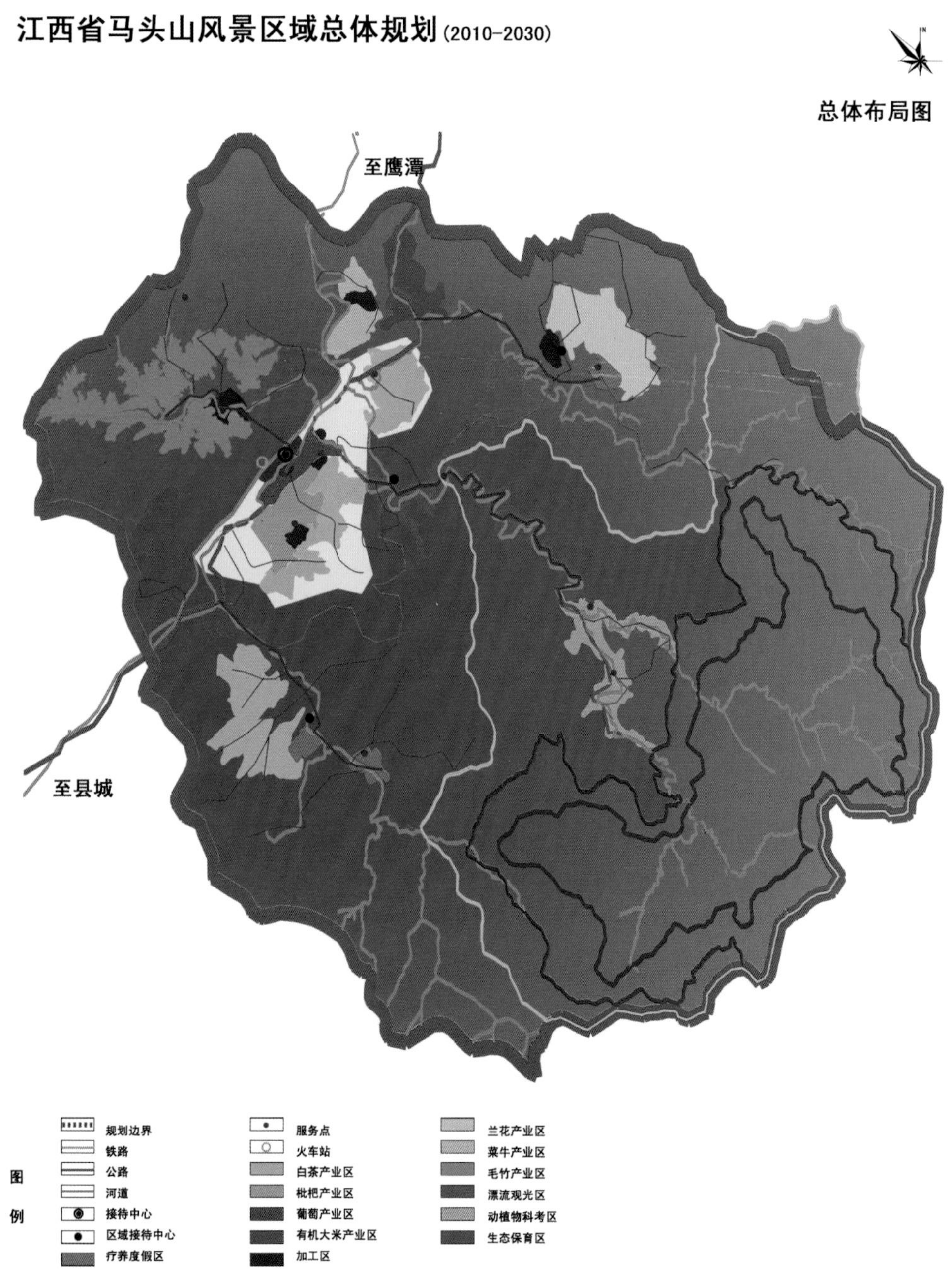

图 5-59　基于山地生态产业与循环经济发展的规划

设计者：薛冰

指导教师：李瑞冬、吴承照

江西省马头山风景区域总体规划(2010-2030)

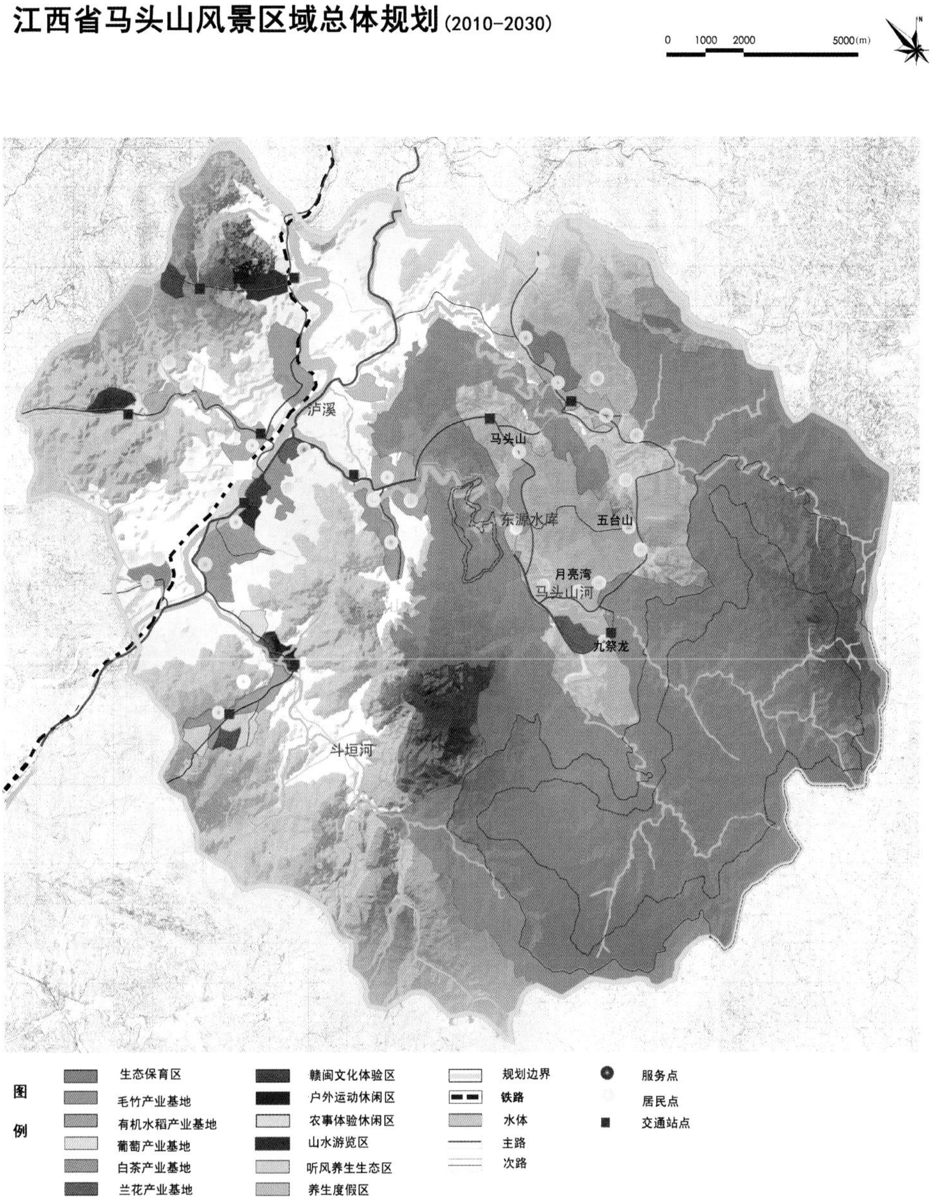

图 5-60 基于乡土文化保护与山地旅游发展的规划

设计者：张薇
指导教师：李瑞冬、吴承照

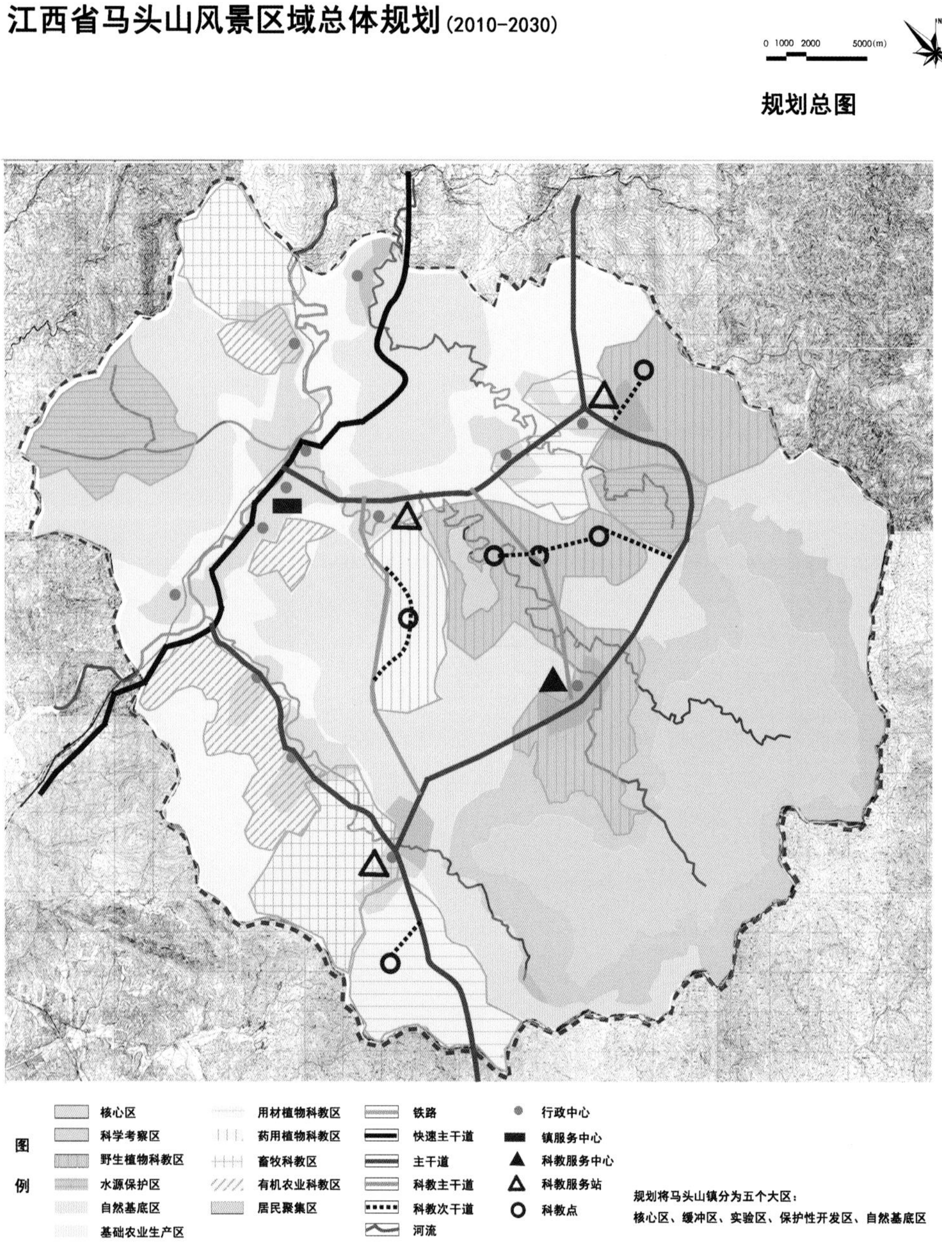

江西省马头山风景区域总体规划(2010-2030)

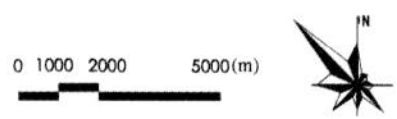

规划总图

图例

核心区	用材植物科教区	铁路	行政中心
科学考察区	药用植物科教区	快速主干道	镇服务中心
野生植物科教区	畜牧科教区	主干道	科教服务中心
水源保护区	有机农业科教区	科教主干道	科教服务站
自然基底区	居民聚集区	科教次干道	科教点
基础农业生产区		河流	

规划将马头山镇分为五个大区：
核心区、缓冲区、实验区、保护性开发区、自然基底区

图 5-61 基于小流域综合治理与重大设施建设的规划

设计者：邓婷
指导教师：李瑞冬、吴承照

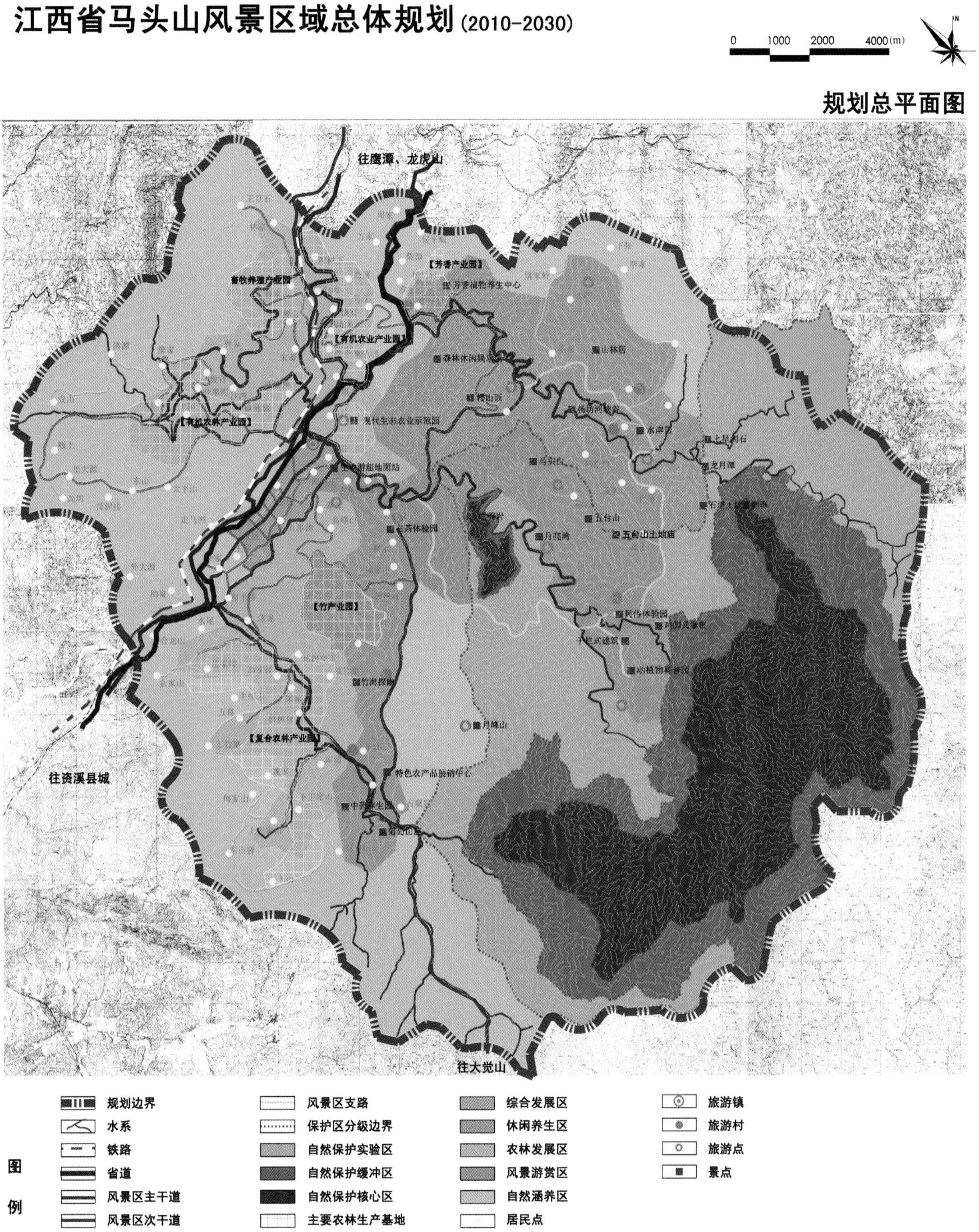

江西省马头山风景区域总体规划(2010-2030)
0 1000 2000 4000(m)
N
规划总平面图
往鹰潭、龙虎山
往资溪县城
往大觉山
【芳香产业园】
【有机农业产业园】
【有机农林产业园】
【竹产业园】
【复合农林产业园】
山林居
马头山
五台山
月亮湾
民俗体验园
月峰山
特色农产品展销中心
图例
规划边界
水系
铁路
省道
风景区主干道
风景区次干道
风景区支路
保护区分级边界
自然保护实验区
自然保护缓冲区
自然保护核心区
主要农林生产基地
综合发展区
休闲养生区
农林发展区
风景游赏区
自然涵养区
居民点
旅游镇
旅游村
旅游点
景点

图 5-62　整合完成的马头山风景区域总体规划总平面图

设计者：李璇、归云斐、石慧、张萌、张晗、陶婧、薛冰、张薇、邓婷
指导教师：李瑞冬、吴承照

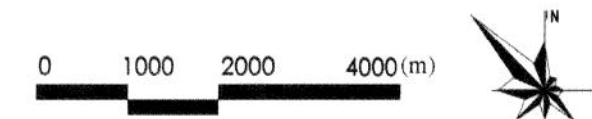

8）毕业设计

毕业设计作为培养学生创新精神和实践能力的一次较为系统的训练，课程目标如下：

（1）培养学生调查研究、查阅中外文献、收集、分析资料以及对规划设计数据处理的综合能力。

（2）培养学生理论分析、制定规划设计方案的综合能力。

（3）培养学生策划、规划、设计、绘图、交流与表达的综合能力。

（4）培养学生综合分析、归纳演绎、编制设计说明书及撰写科技论文的综合能力。

（5）培养学生对外语、计算机及现代信息技术应用的综合能力。

（6）培养学生自主学习、独立思考、团队合作的综合能力。

（7）培养学生树立正确的专业价值观念和职业道德。

在毕业设计过程中，学生需自觉做到因地制宜，理论联系实际，充分反映建设用地环境的物质、社会、经济、文化和空间艺术内涵，使规划设计的成果既切合实际，又具有相当的前瞻性和超前导向作用（图 5–10）。

表 5–10　　　　　　教学计划表

序号	教学时段	教学要求	训练内容	学时（周）
1	任务解读、现场调研与分析评价	明确任务，了解关于毕业设计的所有要求、了解项目背景 基础知识准备：相关资料研读、现场调研、分析及评价	任务分解、目标制定、计划安排、现场调研与分析	2
2	研究报告	完成与课题相关的英文翻译 完成开题报告	外文翻译与专题报告研究方法	2
3	专题研究	了解国内外同类项目规划设计动态，熟悉国内外同类规划技术规范，分析核心专题任务，完成专题研究	专题研究技术路线与方法	2
4	规划设计	结合课题综合运用所学知识进行规划设计，确立目标、策略、总体布局、专项与详细设计等	规划设计综合训练	7
5	成果制作	正图绘制、规划设计说明写作、规划文本写作、毕业设计报告撰写	图纸制作与文本撰写	2
6	毕业答辩	展板、多媒体演示制作及毕业答辩	设计表达	1

SCHEDULE
教学进度

01
1 动员与调研
1）毕业设计动员
2）题目介绍与分组
3）题目背景分析与任务分解
毕业设计动员大会

02
1）基地现场调研
2）现状分析评价

03
2 开题报告与专题研究
1）外文文献翻译
2）开题报告撰写

04
1）外文文献翻译
2）开题报告撰写

05
3 规划设计
课题规划设计编制

06
课题规划设计编制

07
课题规划设计编制

08
4 中期检查
1）阶段1、2成果完成
2）中期检查
中期检查

09
5 专项规划/详细设计
1）课题总体规划设计
2）开展专项规划设计/详细规划设计

10
1）课题总体规划设计
2）开展专项规划设计/详细规划设计

11
课题规划设计

12
课题规划设计

13
课题规划设计

14
6 成果制作
1）规划设计图文集
2）毕业设计（论文）
3）成果展板

15
7 成果评阅
1）完成毕业设计成果
2）成果送审评阅
评阅组评审

16
8 毕业答辩
1）毕业设计展览评阅
2）毕业答辩
专家组展板评阅
毕业答辩

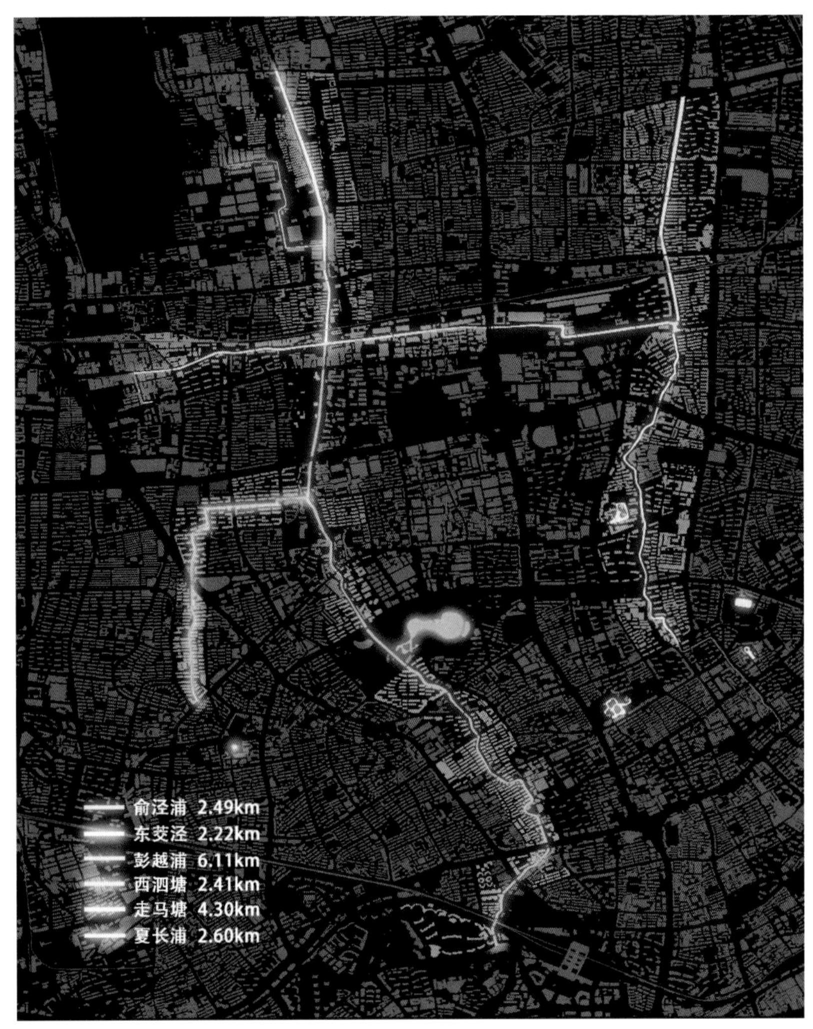

课题1：上海静安区中小河道滨河景观规划设计

（1）课题背景

上海的河道，人们一般将纵者称为“浦”，横者称为“塘”，塘浦相互贯通，形成了上海的水网体系。在现代都市建设前的上海，河道承担着通航、生活、灌溉、防汛等功能，与人们的生活息息相关，滨水空间是城市生活中最为活跃的界面。

而在上海由传统水乡走向大都市的过程中，随着陆上交通的快速发展，陆运取代了水运的主导地位，街道的城市地位得以强化，滨水空间与城市日常生活的关联性则不断下降。为了满足城市空间扩展的需求，中小型河浜被填没以扩展城市建设用地，导致滨河空间不断缩减。在一系列填浜筑路的行动中，部分具有区域通潮功能的河浜被填没，使得河道的生态功能大幅退化。同时，随着人口增长，排污量增加，河道逐渐成为排放生活污水和堆放垃圾的场所，滨河空间的环境质量逐步减低。在城市空间的不断扩展过程中，河道资源及滨河界面的恰当使用并没有得到相应的重视，城市生活与河道的关系渐行渐远，城市的滨河界面由活跃转向消极，逐步沦为城市生活的“后场”空间。

静安区位于上海市中心，由原静安区和闸北区合并而成。静安区共有包括西泗塘、俞泾浦、走马塘、东高泾、彭越浦、徐家宅河、先锋河、江场河、蚂蚁浜、夏长浦、中扬湖河 11 条中小河道。这 11 条河道基本不承担通航功能，由于防汛需求，河道两侧的垂直防汛墙形成近水而不亲水的格局。在部分河段，滨河界面被工厂、居住区等封闭地块所占据，对外的通达性极弱。2017 年，为了综合整治城市河道生态环境，全面推行河长制，在新一轮的规划中，采取了河道综合治理、违章建筑拆除、规划绿地落实、公共用地改造等一系列对河道及其滨水空间进行贯通的手段，释放了大量的滨水空间。

毕业设计选择该课题，希望学生通过实地调研、资料收集、文献检索、相关案例分析等前期研究，充分运用本科所学的理论知识和实践技能，对滨河带状空间进行梳理，综合城市发展因素，提高水体及其周边环境品质，改善滨河空间消极的现状，变“后场”为“前场”，打造城市滨水绿道空间。

（2）课题规模

11 条河道总长约 23.83km，河道两岸滨河区域的用地宽度为 3~16m 不等，总面积约 154 000m^2。

（3）课题任务

课题分专题研究、引导规划与详细设计 3 个层次的工作。专题研究包括滨河景观网络结构布局、分类分级系统、游径系统、绿化系统、连接线与驿站系统及支撑设施系统 6 个专题。引导规划是在资源要素分析评价、上位及同级相关规划分析、以及专题研究基础上，经集体综合协调、讨论，确定静安区中小河道的定位、规划原则和目标、功能与总体布局，以滨河空间的平面与剖面为主要表达载体对课题研究范围的滨河空间的网络结构布局（与城市开放空间的连接）、分类分级、游径、绿化、连接线与驿站、支撑体系设施等层面进行引导规划编制，并提出滨河景观空间的分期建设规划、实施机制与保障措施。

详细设计是在总体规划和引导规划指导下，分别选择彭越浦、西泗塘、走马塘等不同河道河段进行总体规划布局，并对选定的样板段进行详细设计，包括总体布局平面、样板段总平面、竖向设计、空间断面、绿化布局设计、游径及场地铺装、夜景灯光设计、设施与小品布局、经济技术指标及投资估算等相关详细设计的图纸及说明文件（图 5-63、图 5-64）。

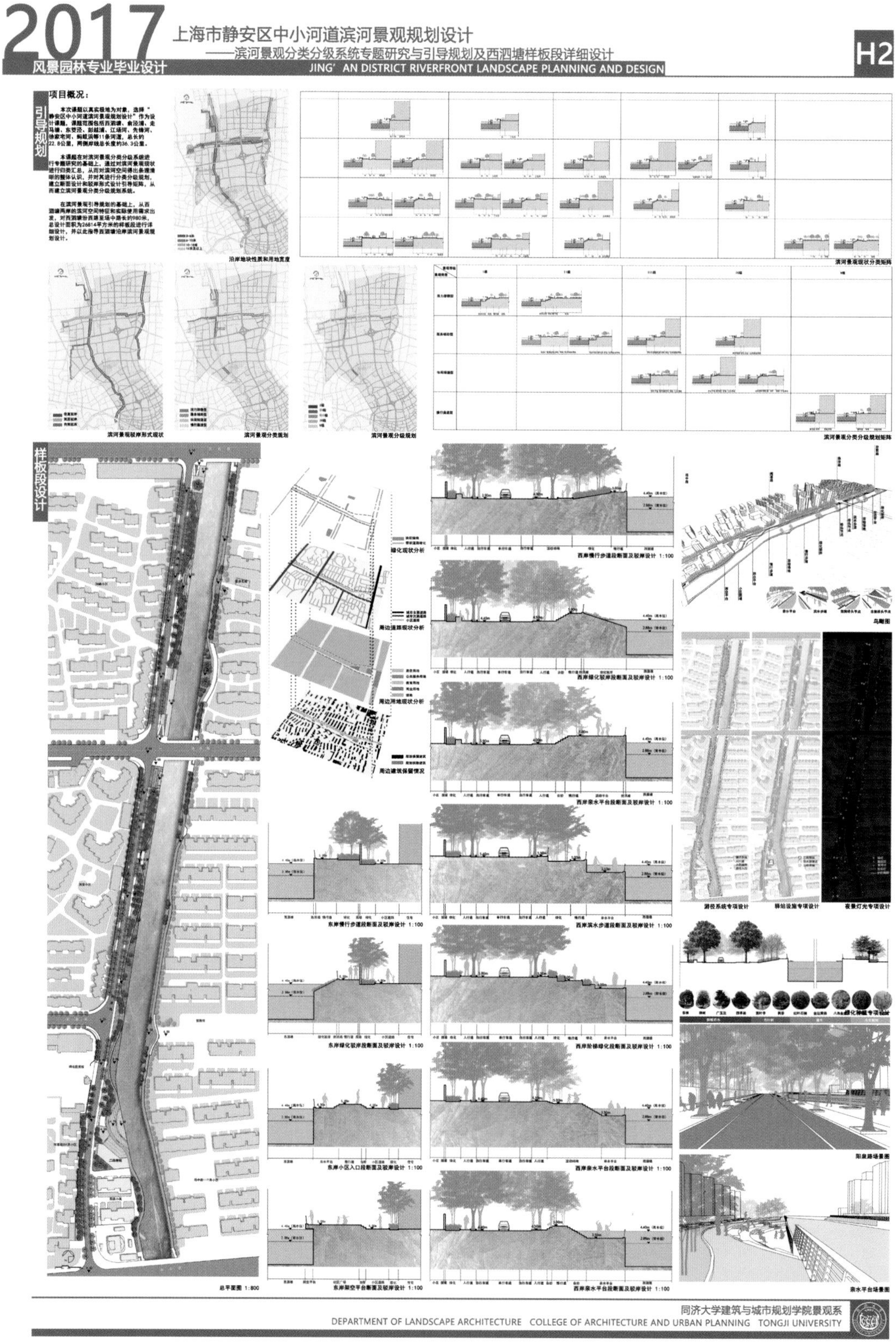

2017 上海市静安区中小河道滨河景观规划设计

——滨河景观分类分级系统专题研究与引导规划及西泗塘样板段详细设计

风景园林专业毕业设计

JING' AN DISTRICT RIVERFRONT LANDSCAPE PLANNING AND DESIGN

H2

引导规划

项目概况：

本次课题以真实场地为对象，选择“静安区中小河道滨河景观规划设计”作为设计课题，课题范围包括西泗塘、俞泾浦、走马塘、东茭泾、彭越浦、江场河、先锋河、徐家宅河、蚂蚁浜等11条河道，总长约22.8公里，两侧岸线总长度约36.3公里。

本课题在对滨河景观分类分级系统进行专题研究的基础上，通过对滨河景观现状进行归类汇总，从而对滨河空间得出条理清晰的整体认识，并对其进行分类分级规划，建立断面设计和驳岸形式设计引导矩阵，从而建立滨河景观分类分级规划系统。

在滨河景观引导规划的基础上，从西泗塘两岸的滨河空间特征和实际使用需求出发，对西泗塘汾西路至场中路长约980米，总设计面积为26814平方米的样板段进行详细设计，并以此指导西泗塘沿岸滨河景观规划设计。

沿岸地块性质和用地宽度

滨河景观现状分类矩阵

滨河景观驳岸形式现状

滨河景观分类规划

滨河景观分级规划

滨河景观分类分级规划矩阵

样板段设计

绿化现状分析

周边道路现状分析

周边用地现状分析

周边建筑保留情况

西岸慢行步道段断面及驳岸设计 1:100

西岸绿化驳岸段断面及驳岸设计 1:100

西岸亲水平台段断面及驳岸设计 1:100

鸟瞰图

游憩系统专项设计

驿站设施专项设计

夜景灯光专项设计

东岸慢行步道段断面及驳岸设计 1:100

西岸滨水步道段断面及驳岸设计 1:100

东岸绿化驳岸段断面及驳岸设计 1:100

西岸阶梯绿化段断面及驳岸设计 1:100

东岸小区入口段断面及驳岸设计 1:100

西岸亲水平台段断面及驳岸设计 1:100

东岸架空平台段断面及驳岸设计 1:100

西岸亲水平台段断面及驳岸设计 1:100

阳泉路场景图

亲水平台场景图

总平面图 1:800

同济大学建筑与城市规划学院景观系

DEPARTMENT OF LANDSCAPE ARCHITECTURE COLLEGE OF ARCHITECTURE AND URBAN PLANNING TONGJI UNIVERSITY

图 5-63 静安区中小河道滨河景观规划设计——滨河景观分类分级系统规划及西泗塘样板段详细设计

设计者：陈俐

指导教师：李瑞冬

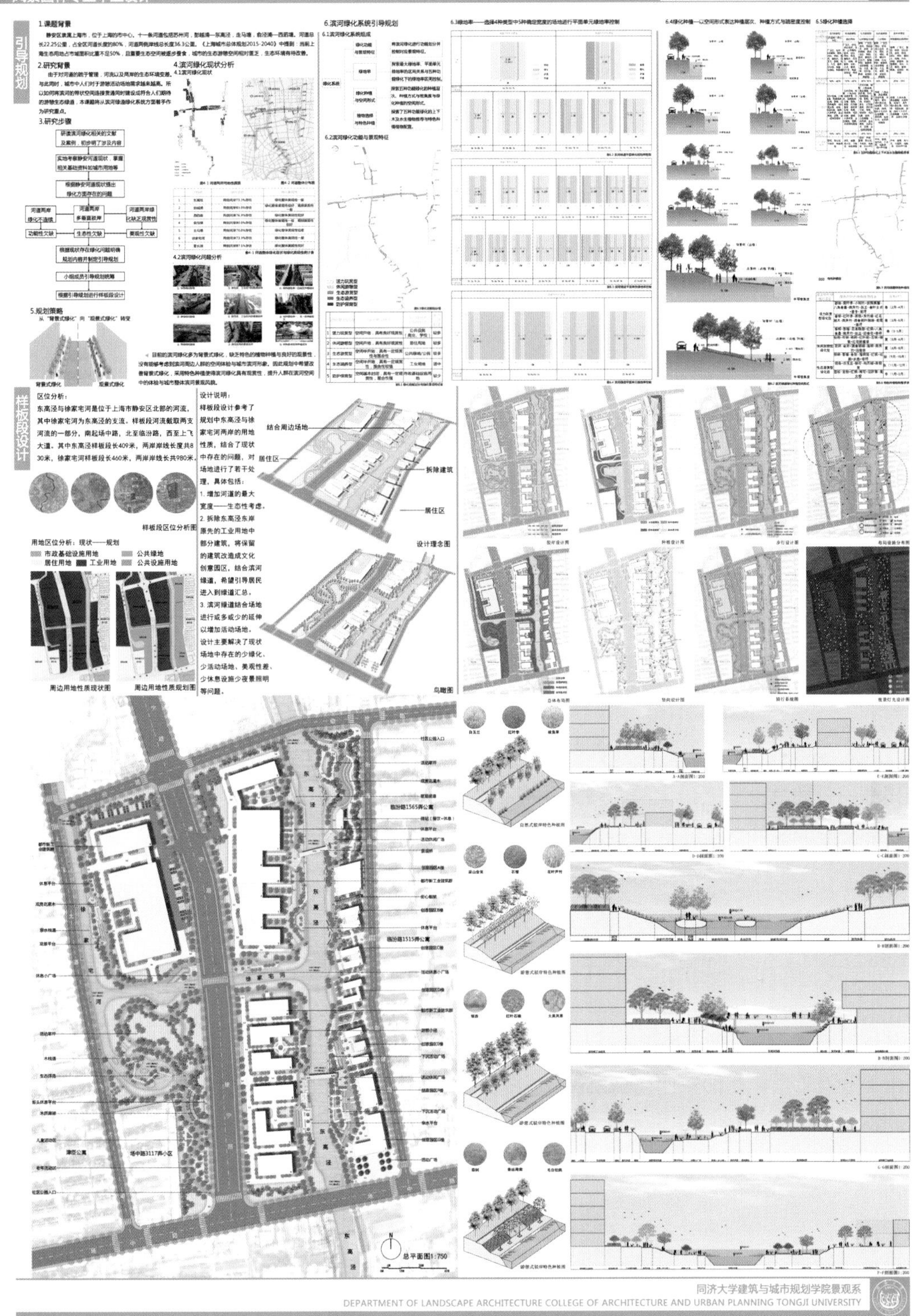

图 5-64　静安区中小河道滨河景观规划设计——景观绿化系统规划及东高泾、徐家宅河样板段详细设计

设计者：刘晟韬
指导教师：李瑞冬

课题 2：“光明田缘”生态田园综合体规划设计

（1）课题背景

上海市崇明区，位于长江入海口，由崇明、长兴、横沙三岛组成，其中崇明岛是世界上最大的河口冲积岛，陆域总面积 1 267km^2。崇明区以上海近五分之一的陆域面积，承载着上海约四分之一的森林、三分之一的基本农田、两大核心水源地，成为 21 世纪上海可持续发展的重要战略空间。

“光明田缘”生态田园综合体规划设计是一项实际社会服务项目，位于上海市崇明区的崇明岛西北部，隶属上海光明集团长江农场，总面积 21.08km^2，其中核心区 7.14km^2。

国营农场是我国政治经济发展的特殊产物，为新中国的农业发展做出了不可磨灭的贡献。随着改革开放的逐渐深入，国营农场纷纷探索转型途径以寻找新的经济增长点。为此，光明集团联系上海农垦的实际，提出打造以环境优美、产业先进、生活优越为特色的“殷实农场”概念，并以之作为集团的战略目标。“光明田缘”作为其先期示范项目，规划紧扣《上海市崇明区总体规划暨土地利用总体规划（2016—2040）》的引导，以“生态 +”为思路，发展生态 + 景观农业、生态 + 旅游度假业、生态 + 小微业态的新型产业，打造生态田园综合体，以此改善农场产业结构、打造美丽乡村、建设殷实农场、带动场部发展以及提升职工生活质量，为其他农场的转型升级发展提供先导性、示范性和可资借鉴的样板模式。

（2）课题任务

课题分专题研究、总体概念规划与核心区详细规划 3 个层次的工作。专题研究包括农旅发展模式、产业发展、生态环境综合治理、田园社区建设、文化发展建设、基础支撑体系 6 个层面。总体概念规划是在现状分析和专题研究的基础上，确定“光明田缘”生态田园综合体的规划定位、目标与原则、发展战略与策略、功能与总体布局；并从产业发展、生态环境建设、文化策划、旅游发展、田园社区建设等层面对其进行策划与概念规划布局。核心区详细规划主要是从规模与容量、产业与用地、生态环境建设、农旅产业发展、农场文化建设、田园社区布局、基础体系支撑等方面对核心区进行详细规划设计，并对其主要功能区进行空间引导设计。

（3）规划原则与思路

采用生态为基底、农业为支撑、文化为内核、旅游为先导、社区为落点、区域联动为目标的规划原则与思路，将生产、生活、生态的“三生”关系进行逻辑统筹，一、二、三产综合发展，形成社区与田园有机穿插的空间格局（图 5–65—图 5–69）。

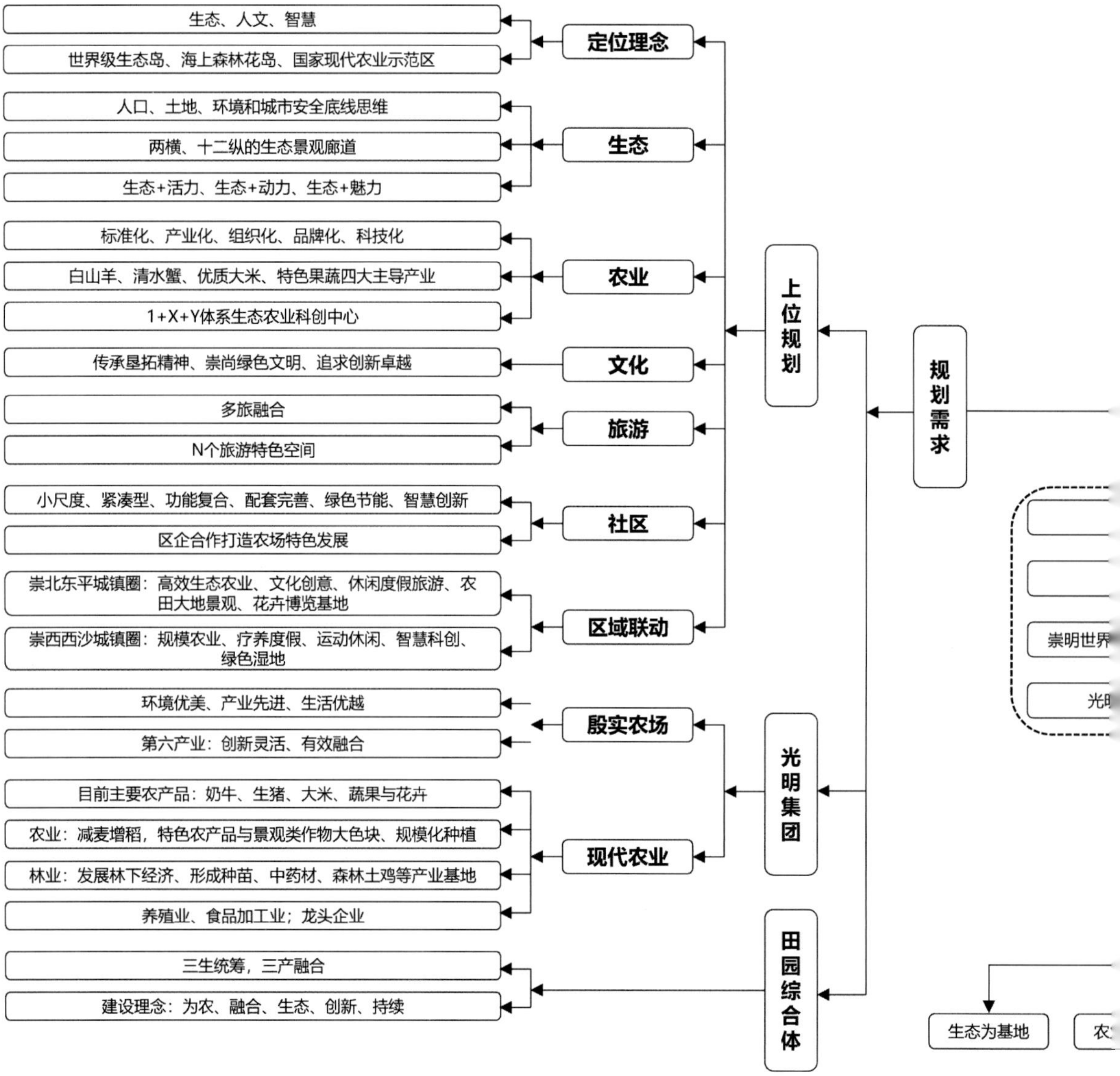
规划需求
上位规划
定位理念
生态、人文、智慧
世界级生态岛、海上森林花岛、国家现代农业示范区
生态
人口、土地、环境和城市安全底线思维
两横、十二纵的生态景观廊道
生态+活力、生态+动力、生态+魅力
农业
标准化、产业化、组织化、品牌化、科技化
白山羊、清水蟹、优质大米、特色果蔬四大主导产业
1+X+Y体系生态农业科创中心
文化
传承垦拓精神、崇尚绿色文明、追求创新卓越
旅游
多旅融合
N个旅游特色空间
社区
小尺度、紧凑型、功能复合、配套完善、绿色节能、智慧创新
区企合作打造农场特色发展
区域联动
崇北东平城镇圈：高效生态农业、文化创意、休闲度假旅游、农田大地景观、花卉博览基地
崇西西沙城镇圈：规模农业、疗养度假、运动休闲、智慧科创、绿色湿地
光明集团
殷实农场
环境优美、产业先进、生活优越
第六产业：创新灵活、有效融合
现代农业
目前主要农产品：奶牛、生猪、大米、蔬果与花卉
农业：减麦增稻，特色农产品与景观类作物大色块、规模化种植
林业：发展林下经济、形成种苗、中药材、森林土鸡等产业基地
养殖业、食品加工业；龙头企业
田园综合体
三生统筹，三产融合
建设理念：为农、融合、生态、创新、持续
生态为基地

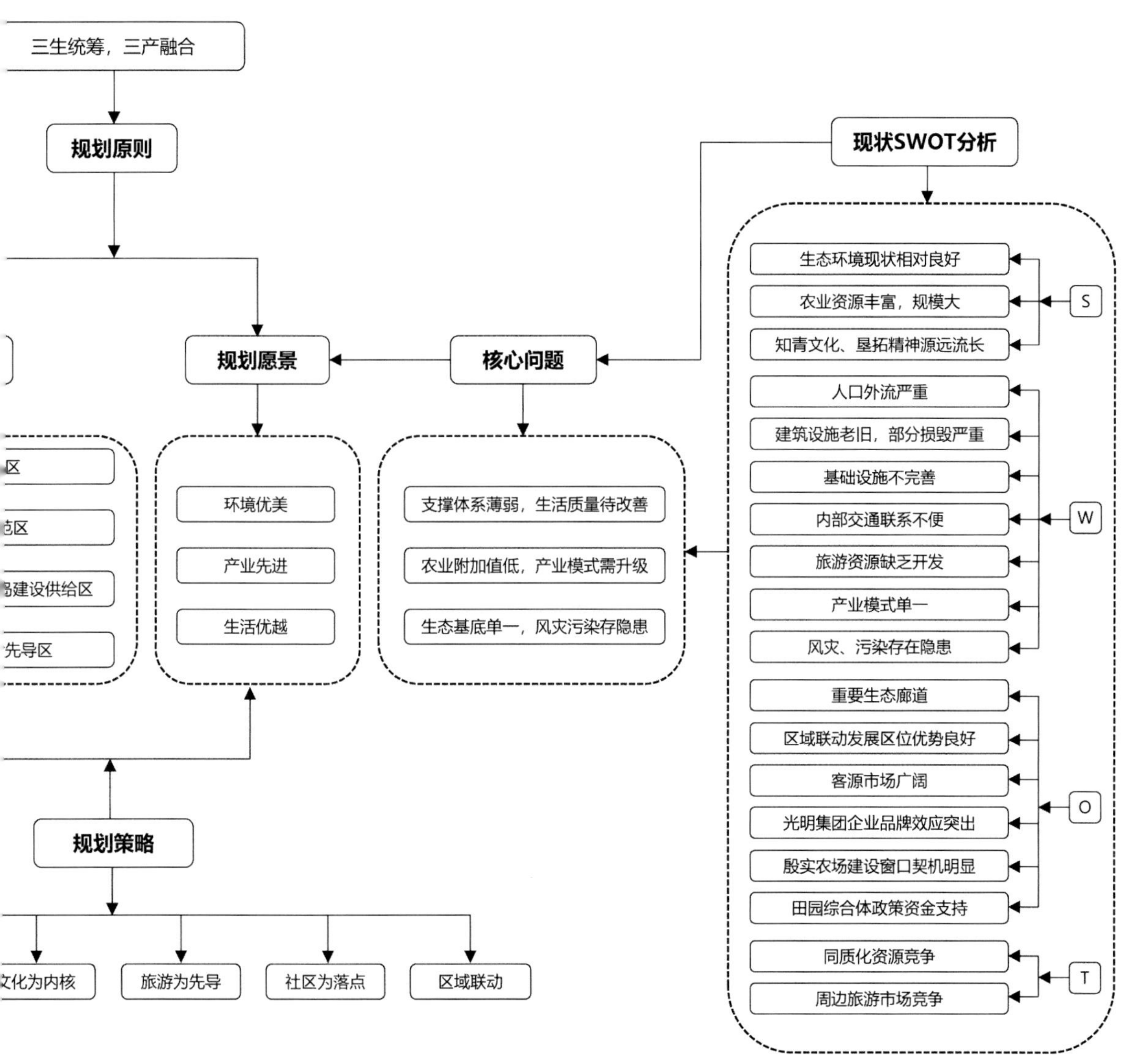

图 5-65 “光明田缘”生态田园综合体规划设计——规划框架及技术路线图

I 现状分析

01 项目概况（易谷一）---------3
02 区位分析（易谷一）---------4
03 崇明岛内外交通分析（闫舒萌）---------5
04 规划需求分析---------8
- 4.1 相关规划需求（易谷一）
- 4.2 光明集团殷实农场规划需求（叶晓婷）
- 4.3 现代农业规划需求（岑质）

05 自然条件分析（姜路琪）---------15
- 5.1 气候
- 5.2 地质地貌
- 5.3 水文
- 5.4 土壤与植被

06 历史文化分析（闫舒萌）---------22
- 6.1 崇明岛历史
- 6.2 长征农场历史
- 6.3 农耕文化
- 6.4 知青文化

07 旅游市场分析（易谷一）---------27
- 7.1 客源市场分析
- 7.2 周边同质资源竞争性分析

08 用地现状与特征分析（姜路琪）---------30
09 基地内部交通分析（岑质）---------33
- 9.1 道路分级及典型断面
- 9.2 基地内部公交线路

10 生态要素分析（朱喜焕）---------38
11 资源要素分析---------42
- 11.1 自然资源要素分布（岑质）
- 11.2 人文资源要素分布（易谷一）

12 社区现状分析（姜路琪）---------45
- 12.1 人口组成与规模
- 12.2 社区布局现状

13 支撑体系分析（叶晓婷）---------48
- 13.1 公共服务设施布局与现状分析
- 13.2 基础服务设施布局与现状分析

II 总体策划与概念规划

01 规划定位---------54
- 1.1 规划范围（易谷一）
- 1.2 规划框架（易谷一）
- 1.3 规划策略（岑质）
- 1.4 形象定位（叶晓婷）
- 1.5 发展愿景（叶晓婷）

02 总体布局---------60
- 2.1 规划结构（易谷一）
- 2.2 功能分区（易谷一）
- 2.3 总体布局（易谷一）

03 产业发展专项规划（岑质）---------64
- 3.1 规划目标
- 3.2 规划原则
- 3.3 规划核心主业

04 生态环境建设专项规划（朱喜焕）---------68
- 4.1 生态要素与循环
- 4.2 生态格局---------70

05 文化发展专项规划（闫舒萌）
- 5.1 文化策略
- 5.2 形象定位---------73

06 道路交通专项规划（闫舒萌）---------74
07 旅游专项规划
- 6.1 规划原则（易谷一）
- 6.2 旅游系统空间结构及景区风貌控制（易谷一）
- 6.3 节庆策划（岑质、叶晓婷）---------85

08 田园社区专项规划（姜路琪）
- 7.1 人口组成与规模预测
- 7.2 社区规划目标及策略
- 7.3 社区布局模式---------88

09 田园基础支撑体系专项规划（叶晓婷）
- 8.1 现状分析
- 8.2 分级分类规划---------92

10 土地利用专项规划（姜路琪）

III 核心区详细规划

01 总体布局（易谷一）---------96
- 1.1 规划结构
- 1.2 功能分区
- 1.3 总体布局

02 产业发展规划（岑质）----100
- 2.1 发展特征
- 2.2 规划原则
- 2.3 规划布局
- 2.4 特色产业展示规划

03 容量与游客量测算（叶晓婷）113
- 3.1 环境容量估算
- 3.2 游客量估算

04 旅游系统规划（易谷一）----116
- 4.1 旅游系统结构
- 4.2 项目策划
- 4.3 节庆策划
- 4.4 游线规划

05 田园社区发展规划（姜路琪）131
- 5.1 社区总体布局规划
- 5.2 社区分区详细规划

06 文化发展规划（闫舒萌）----142
- 6.1 规划原则
- 6.2 农场文化发展
- 6.3 知青文化发展
- 6.4 建筑物风貌规划

07 交通系统规划（闫舒萌）----153
- 7.1 规划原则
- 7.2 外部交通系统
- 7.3 内部交通系统

08 绿地系统规划（朱喜焕）----187
- 8.1防护林体系规划
- 8.2绿地格局规划

09 水系规划（岑质）----201
- 9.1 水体特征
- 9.2 水源选择与水口控制
- 9.3 水质控制
- 9.4 水系规划
- 9.5 岸线规划

10 竖向规划（岑质）----216
- 10.1 竖向特征
- 10.2 规划目标
- 10.3 规划原则
- 10.4 标高控制

11 配套服务设施规划（叶晓婷）219
- 11.1 农业生产设施规划
- 11.2 旅游服务设施规划
- 11.3 公共服务设施规划

12 市政基础设施规划（叶晓婷）236
- 12.1 给排水系统规划
- 12.2 供电系统规划
- 12.3 燃气动力系统规划

13 土地利用规划（姜路琪）----247
- 13.1 土地利用现状
- 13.2 土地利用规划
- 13.3 用地结构调整对比
- 13.4 地块控制图则

图 5-66 “光明田缘”生态田园综合体规划设计——成果内容

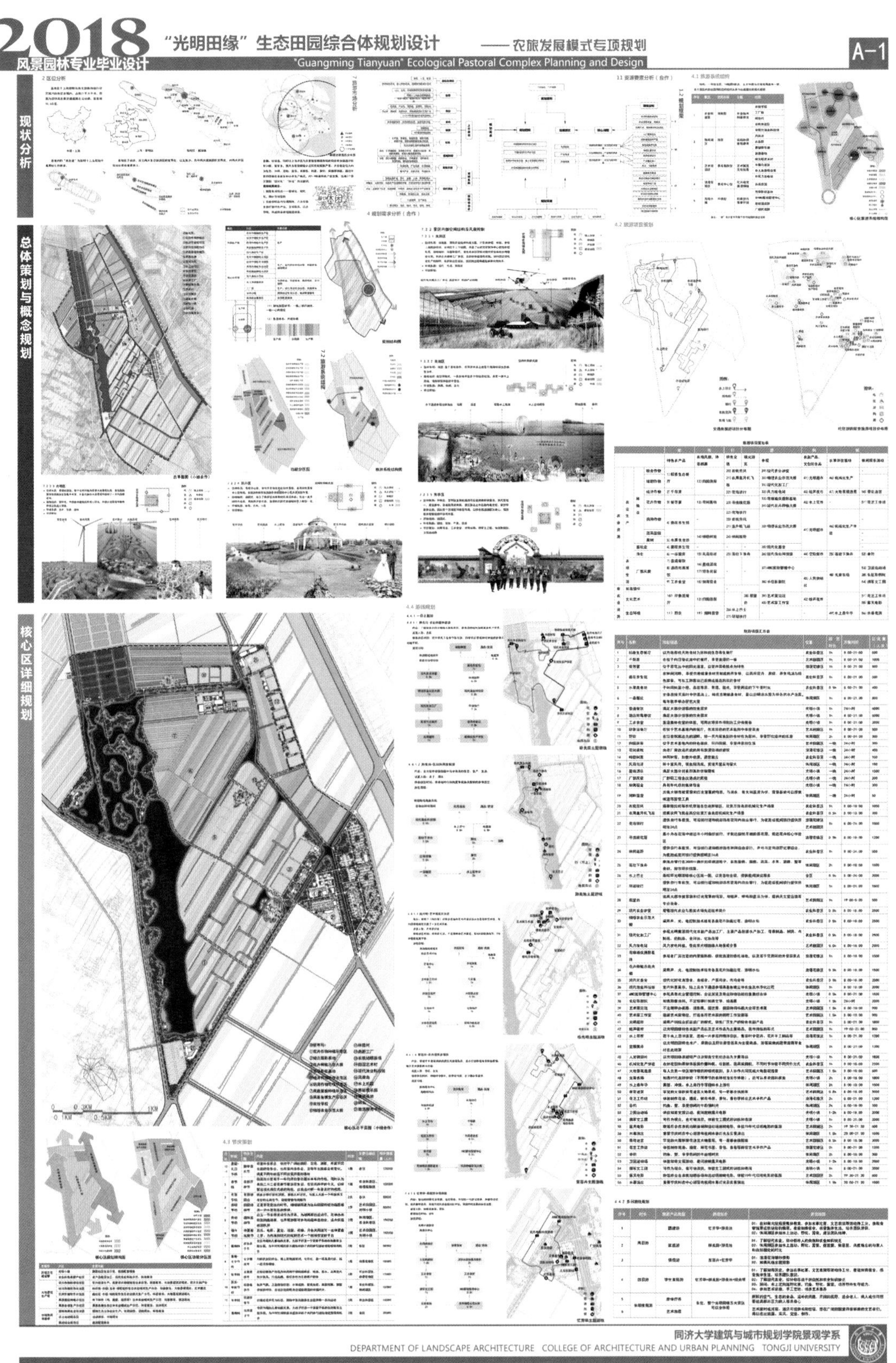

图 5-67 “光明田缘”生态田园综合体规划设计——农旅发展模式专项规划

设计者：易谷一
指导教师：李瑞冬、刘颂

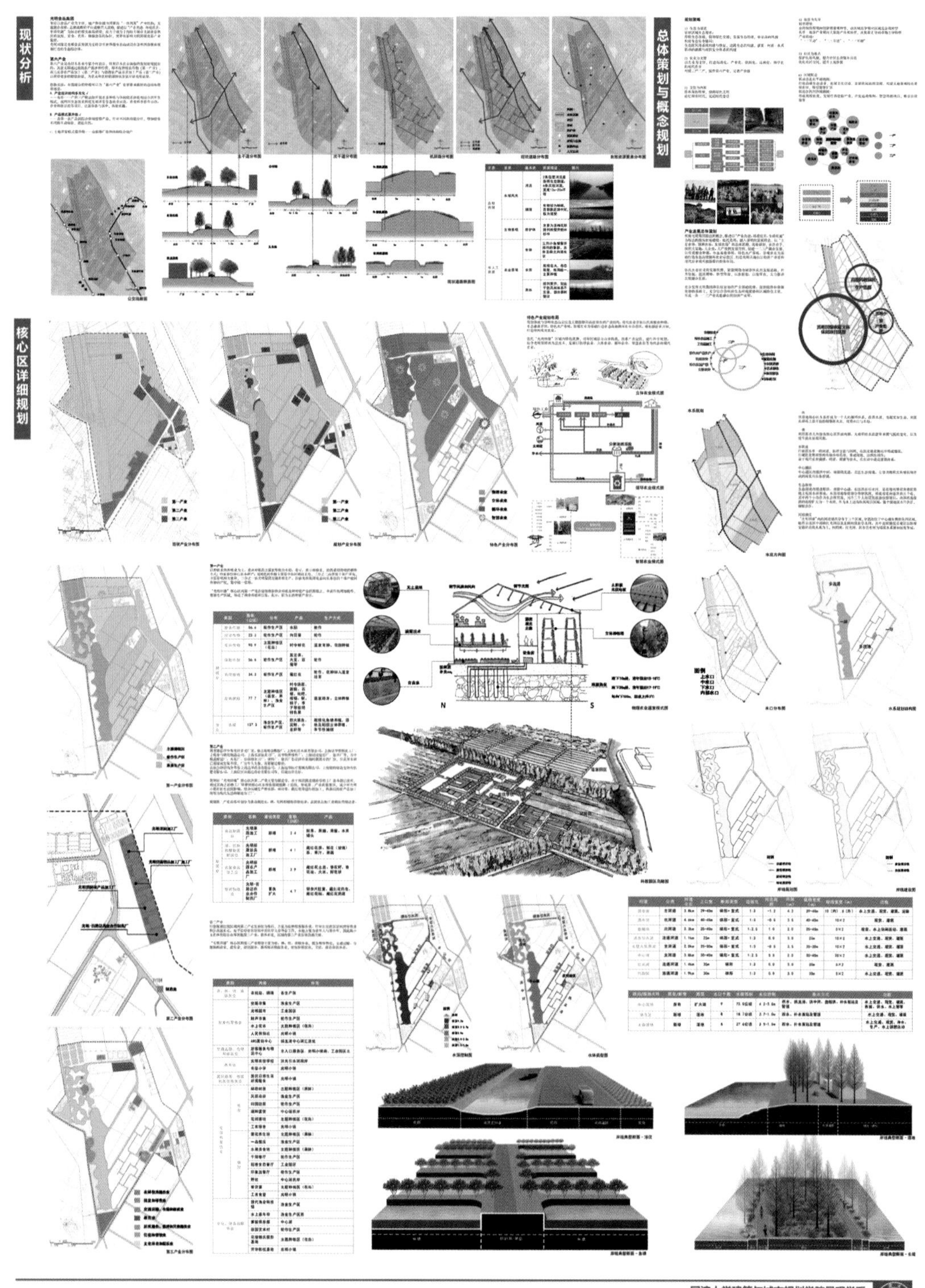

图 5-68 "光明田缘"生态田园综合体规划设计——产业发展专项规划

设计者：岑质
指导教师：李瑞冬、刘颂

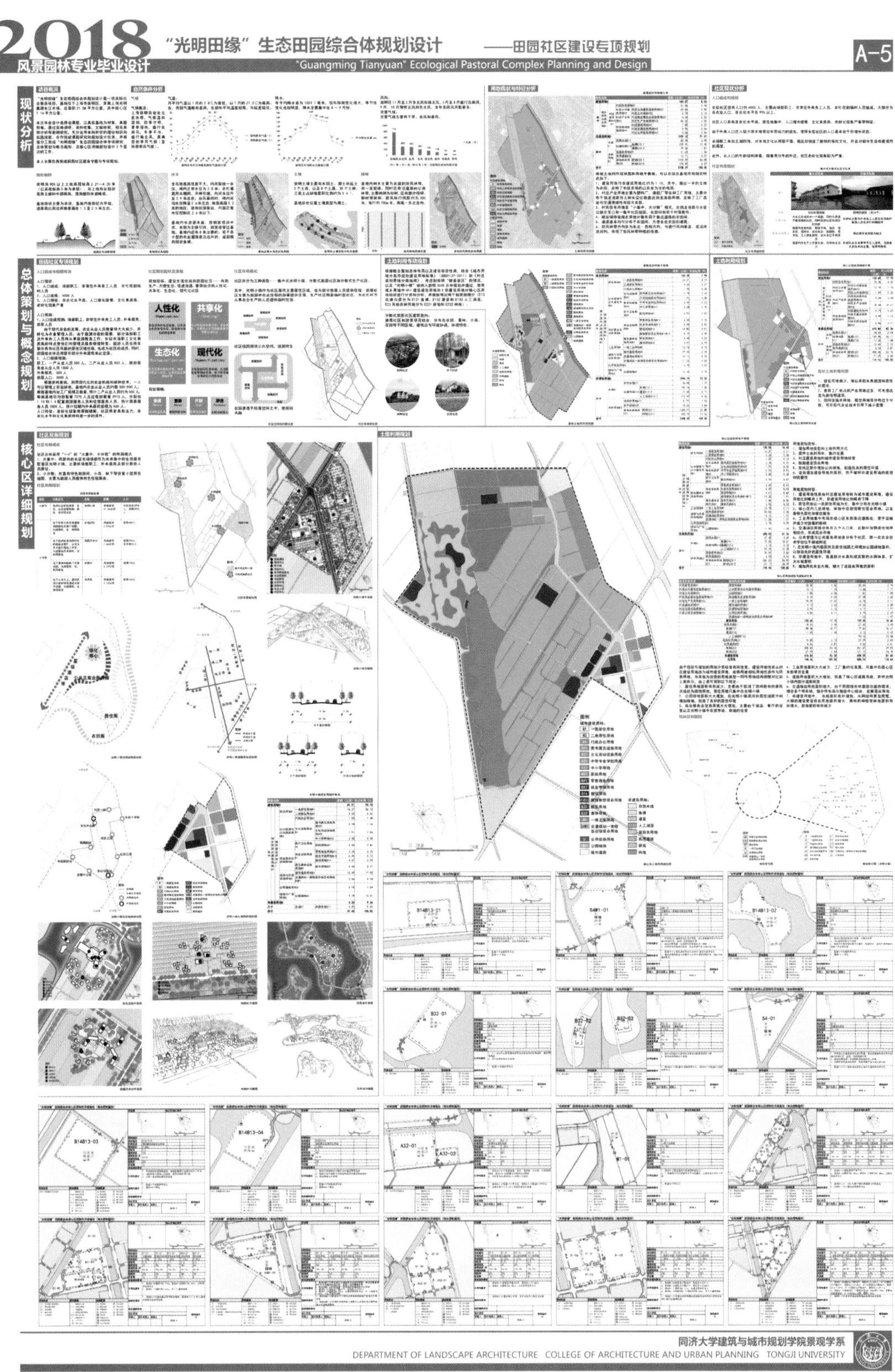

图 5-69 "光明田缘"生态田园综合体规划设计——田园社区建设专项规划

设计者：姜璐琪

指导教师：李瑞冬、刘颂

五角场核心区“美丽街区”建设项目规划设计

课题 3：五角场核心区“美丽街区”建设项目规划设计

（1）课题背景

五角场位于上海中心城区的东北部，是上海四大城市副中心之一，其南部环岛地块为上海十大商业中心之一。随着现代化商务设施、交通、生态等的不断发展，区域整体优势随之凸显，五角场目前已逐渐发展成为北上海商圈乃至整个上海最繁华的地段之一。

2015 年以来，中央城市工作会议明确将着力提高城市发展的可持续性、宜居性作为城市工作的战略方向，突出强调“创新、协调、绿色、开放、共享”的发展理念。《上海市城市总体规划（2015–2035）》中提出了“繁荣创新、健康生态、幸福人文”的城市发展目标，《上海街道设计导则》即是为推动实现上述宏伟愿景而制定的政策性文件之一。随着该导则的正式发布，上海街道迈开了向“人性化”转型的步伐。导则围绕安全、绿色、活力、智慧四个目标形成设计导引，对道路和街道进行重新分级和分类，注重不同路段功能与活动的差异，关注社区道路、步行街等特定的道路类型，从理念、方法、技术、评价四个方面推动“道路”向“街道”的转型发展。

《上海加强城市管理精细化“三年行动计划”》（2018—2020）中明确提出，要通过把握“一个核心”，以“三全四化”为着力点，推进“美丽街区、美丽家园、美丽乡村”建设，从而实现上海2020年城市发展的新目标。杨浦区政府以党的“十九大”精神为指引，贯彻落实城市管理精细化工作，以新一轮创建全国文明城区工作为契机，以“美丽街区”建设工作为重点，着力提升全区市容环境品质和城市治理整体能力，力求打造国际大都市一流中心城区，为人民群众提供更有序、更安全、更干净、更美观的管理服务。

五角场核心区“美丽街区”建设项目位于上海市杨浦区江湾—五角场城市副中心，设计范围包括政通路—国和路—翔殷路—邯郸路—国定路围合区域及内含道路，总规划面积约 67.6hm^2。五角场核心区作为杨浦区“美丽街区”建设中体现“最高水平、最高标准”要求的示范街区之一，该课题不仅是对《上海街道设计导则》的具体实践应用，也是对杨浦区乃至整个上海市“美丽街区”建设的探索性示范。

（2）课题任务

课题分专题研究、引导规划与详细设计3个层次的工作。其中专题研究和引导规划主要围绕街道类型与空间结构、交通网络组织、沿街界面控制、绿化景观网络构建、街道设施布局及节点空间处理6个层面开展。详细设计是在总体及引导规划控制下，对区内所选道路进行详细规划设计，包括总体布局平面、空间组织、断面设计、界面处理、绿化设计布局、街道设施布置、铺装设计、节点设计、经济技术指标及投资估算等相关详细设计的图纸及说明文件。

（3）规划特点

提出了从“道路”到“街道”，从“街道”到“街区”的规划理念；

规划了商、住、学、办一体的开放型共享街区和景观型通行街巷的空间格局；

① 组织了车行高效、慢行活络的交通网络体系；

② 塑造了整体统一、分段多样的城市街道界面；

③ 建构了绿网贯通、微园串联的绿化网络；

④ 布局设计了系统整合、“智”“集”合一的街道设施；

⑤ 设计了以点带面，激活街区活力的街道节点（图 5-70—图 5-72）。

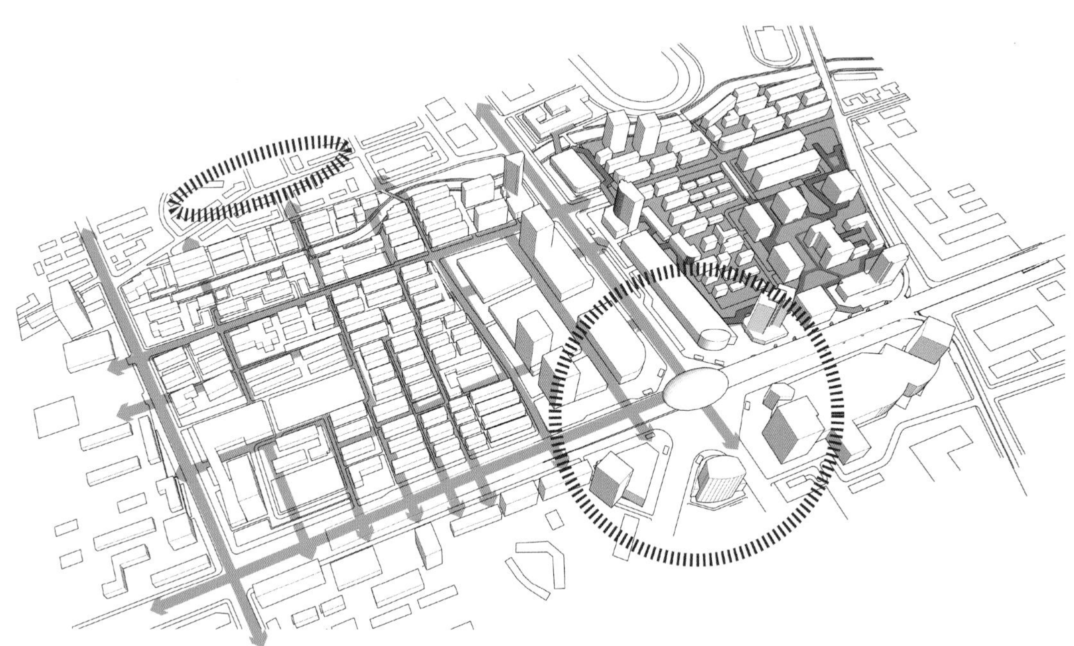

西街道，东街区，串联五角场和大学路两大活力触点

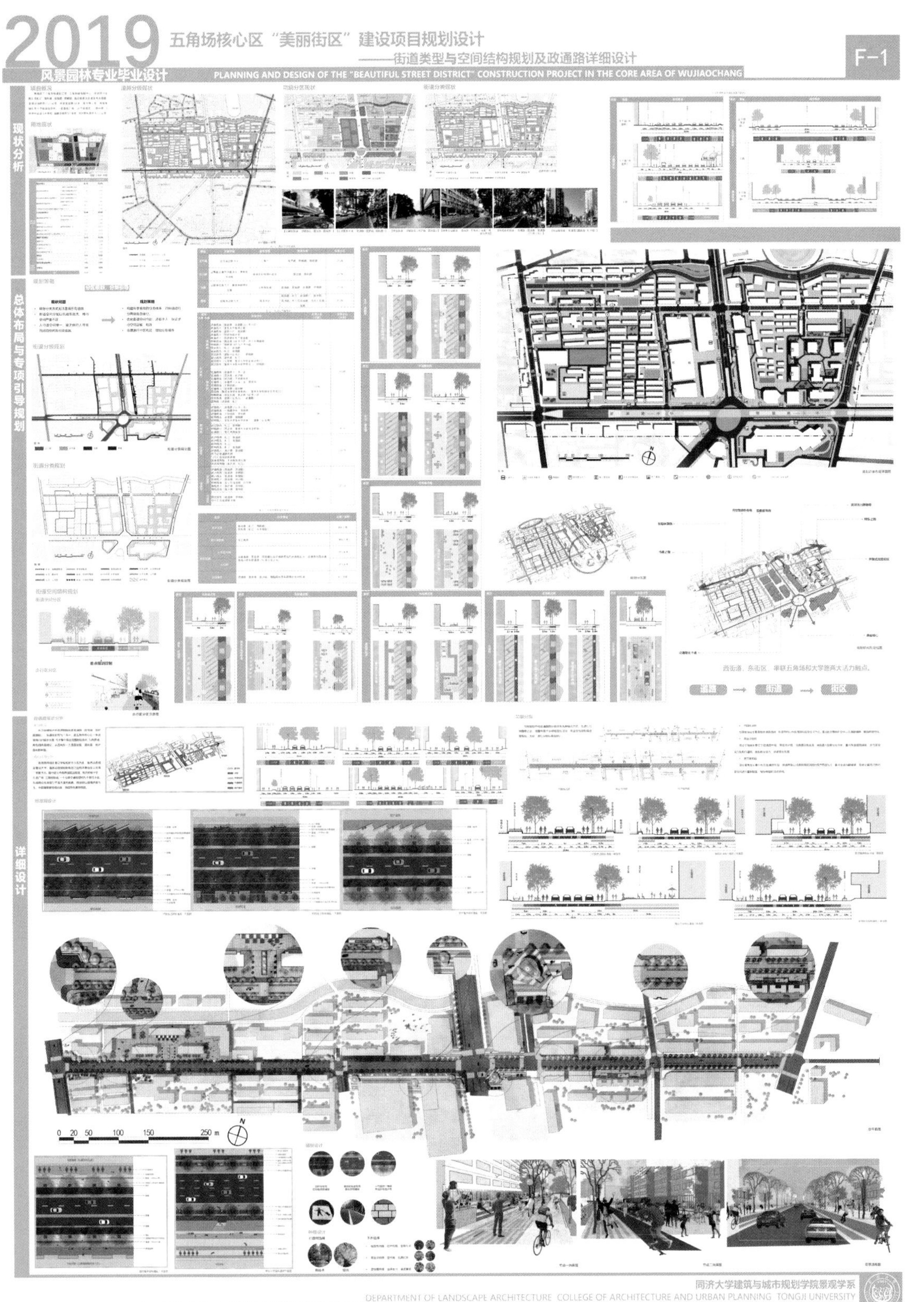

图 5-70　五角场核心区“美丽街区”建设项目规划设计——街道类型与空间结构规划及政通路详细设计

设计者：肖雨荷
指导教师：李瑞冬

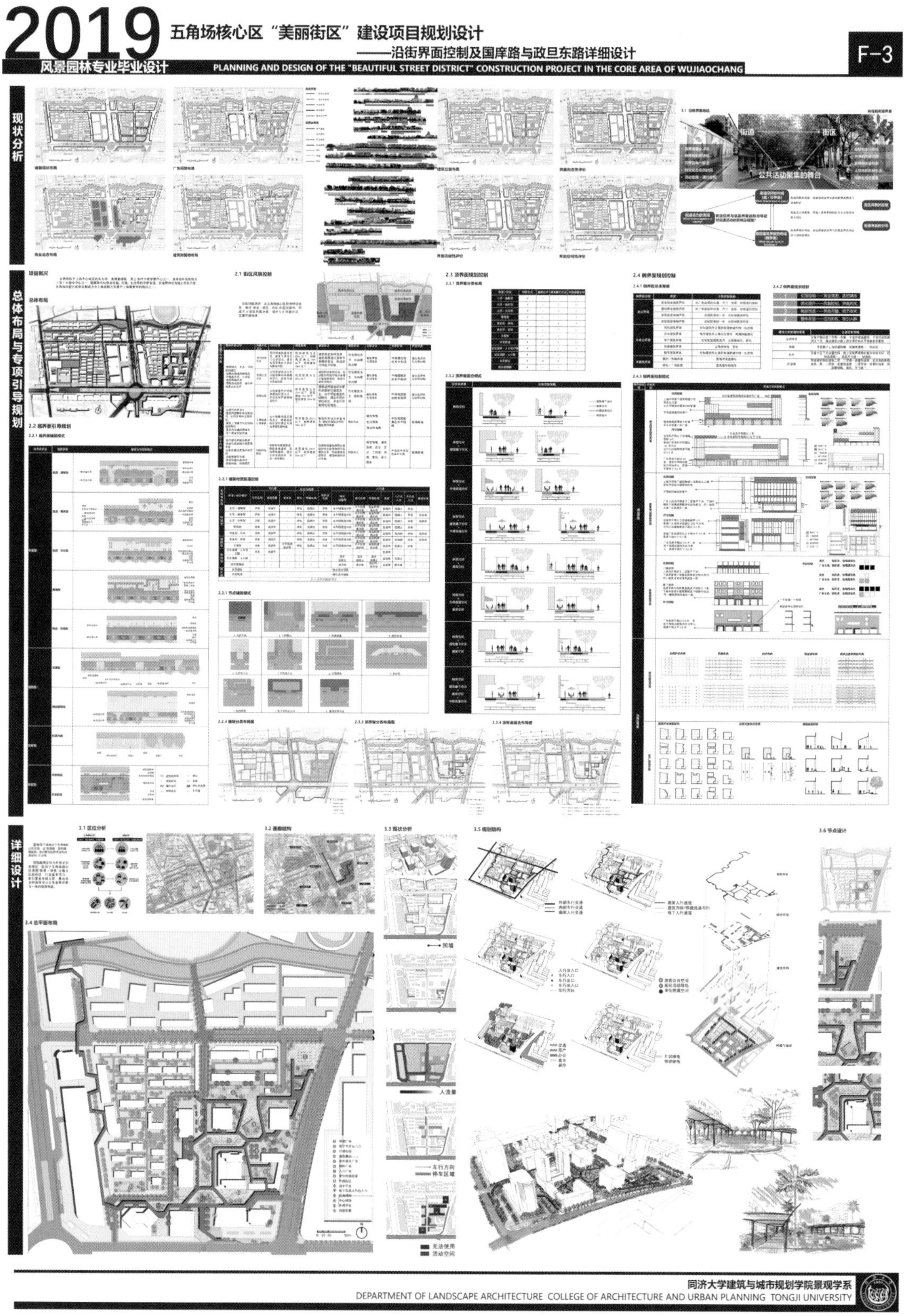

2019 五角场核心区"美丽街区"建设项目规划设计
——沿街界面控制及国庠路与政旦东路详细设计
风景园林专业毕业设计
PLANNING AND DESIGN OF THE "BEAUTIFUL STREET DISTRICT" CONSTRUCTION PROJECT IN THE CORE AREA OF WUJIAOCHANG
F-3

现状分析

总体布局与专项引导规划

详细设计

同济大学建筑与城市规划学院景观学系
DEPARTMENT OF LANDSCAPE ARCHITECTURE COLLEGE OF ARCHITECTURE AND URBAN PLANNING TONGJI UNIVERSITY

图 5-71　五角场核心区"美丽街区"建设项目规划设计——街道界面控制规划及国庠路与政旦东路详细设计

设计者：李惠序
指导教师：李瑞冬

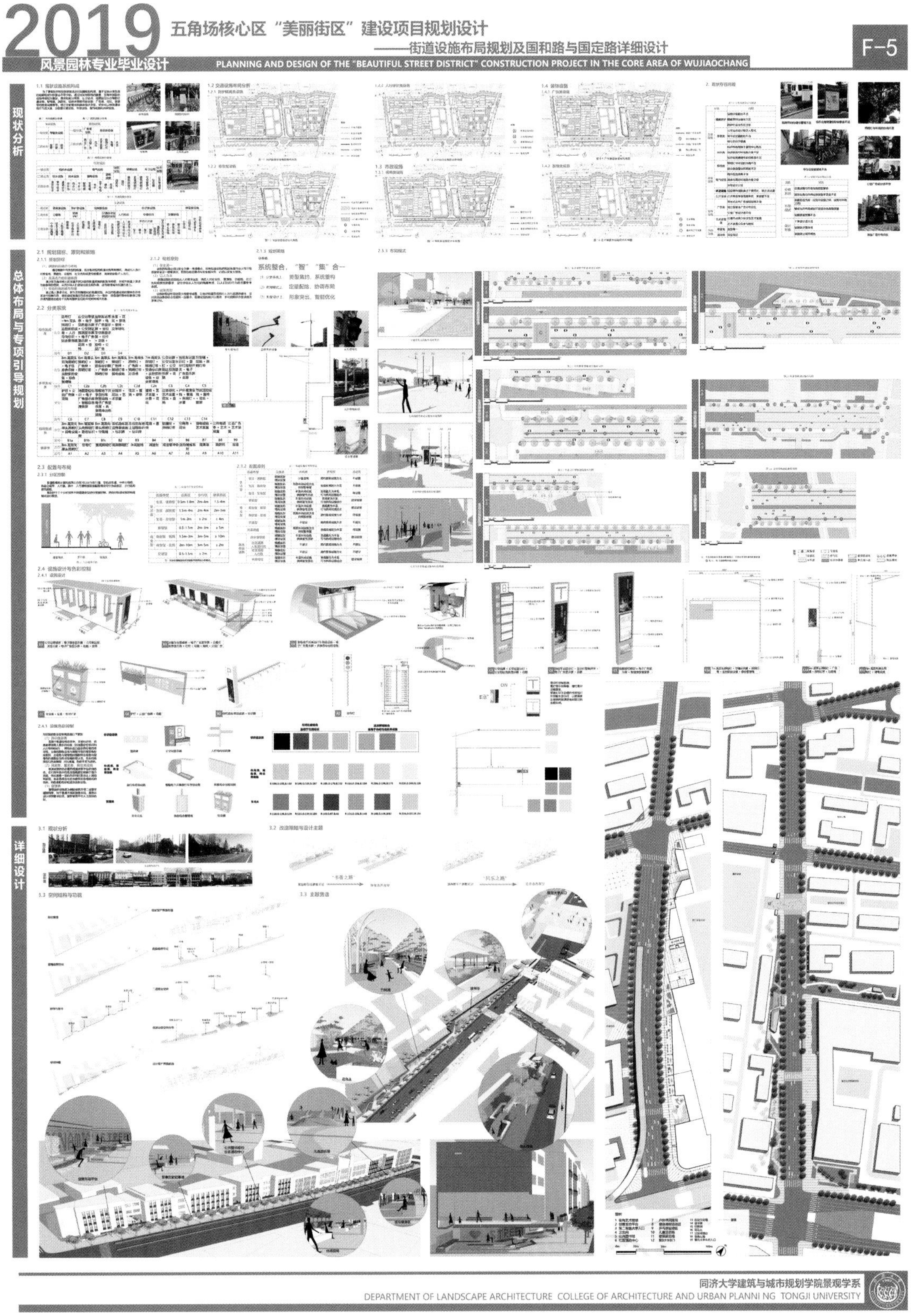

2019 五角场核心区“美丽街区”建设项目规划设计

——街道设施布局规划及国和路与国定路详细设计

风景园林专业毕业设计

PLANNING AND DESIGN OF THE "BEAUTIFUL STREET DISTRICT" CONSTRUCTION PROJECT IN THE CORE AREA OF WUJIAOCHANG

F-5

现状分析

总体布局与专项引导规划

详细设计

同济大学建筑与城市规划学院景观学系

DEPARTMENT OF LANDSCAPE ARCHITECTURE COLLEGE OF ARCHITECTURE AND URBAN PLANNI NG TONGJI UNIVERSITY

图 5-72 五角场核心区“美丽街区”建设项目规划设计——街道设施布局规划及国和路与国定路详细设计

设计者：李晓薇

指导教师：李瑞冬

5.4 联合设计与竞赛

为了配合主线课程的开展，在专业教学中需相应设置一定的实习与实践课程，除了诸如环境与生态学基础实验、行为与规划设计实验、虚拟仿真实验等实验环节外，还包括艺术造型实践、风景园林认知实习、风景园林考察实践、风景园林空间测绘、风景园林规划设计实践等实习实践环节，以及国内外院校联合设计和设计竞赛等设计类辅助教学环节。其中联合设计和设计竞赛等更是以竞促建、以竞促改、以竞促教及以竞促学的主要教学环节，通过该教学，可全面拓展学生学习的知识面，加强学生学习的主动性，培养学生系统而综合的规划设计能力、前沿意识和合作精神，提高学生的综合规划设计水平、创新思维和创新能力，进而锻炼学生面对风景园林学科前沿课题的观察发现问题、分析问题、解决问题的综合能力和创新思维。

1）联合设计

联合设计的开展形式较多，暑期夏令营是其中可操作、对学生锻炼性较强的开展方式。通过教案设计，可在短时间内集中一个具有前沿性、时效性、探索性的课题对学生在调研分析、概念展开、主题关键词提炼、规划设计布局、设计表达、设计陈述等方面进行全环节设计训练，培养学生规划设计的综合能力（表 5-11，图 5-73、图 5-74）。

表 5-11　9 天暑期夏令营的教学大纲与计划 /The Collaborative Design Process and Schedule

阶段 /Phase	日期 /Day	时间 /Time	活动内容 /Activity Content
基地背景 The Site Background	8 月 2 日 2 Aug	8:30 ~ 9:15 am	开营式 /Introducing tutors group
		9:15 ~ 10:15 am	讲座 /Invited Lecture
		10:30 ~ 11:15 am	基地概况介绍 /Presentation of the background of the site
		11:15 ~ 11:30 am	分组 /Grouping students: six groups
		1:00 ~ 4:30 pm	基地参观考察 /The groups visit the site and take field notes/photos. 现场讨论与设计 /Tutors discuss the design project on site
设计目标与基地分析 Group work: the Design Goal Brief and the Site Analysis	8 月 3 日 3 Aug	8:30 am ~ 4:30 pm	基地分析 /The site analysis 小组对基地的理解与认识 /A group vision for the site. 确定基地分析的主要内容 /Identifying the key issues of the site 头脑风暴，探讨设计思路与理念 /Group brainstorming to define the concept of design 设计概念关键要素与关键词 /A list of the main elements to incorporate in the concept (the brief for design) 设计目标概要 /The design goal brief 发展目标？ /What needs to be designed? 服务对象？ /Who for? 位置、规模、比例？ /What locations/sizes/scale? 设计成果？ /What outputs required for the designs? 头脑风暴过程中的基地分析草案 /Site analysis plan during brainstorm 完成基地分析图 /Finalizing site analysis plan
个体设计 Design：Individual Work in Group	8 月 4 日 4 Aug	8:30 am ~ 4:30 pm	个体设计 /Developing individual design based on the framework of analysis
个体设计 Design：Individual Work in Group	8 月 5 日 5 Aug	8:30 am ~ 4:30 pm	个体设计 /Developing individual design based on the framework of analysis
		8:30 ~ 11:30 am	个体设计 /Developing individual design based on the framework of analysis
		1:00 ~ 4:30 pm	组内陈述汇报（每人 10 分钟）/ Students present their design brief in each group (10 min. per) ——基地的主要问题与局限性 / What are the main site issues and constraints? ——基地的认识与理解 / What is the vision for site? ——主要的设计要点 / What important design elements need to be incorporated? ——主要设计理念 / Key concepts 导师评述 /Tutors give comments
考察 /Excursion	8 月 6 日 6 Aug	6:30 am ~ 6:30 pm	学术考察 /Excursion nearby Shanghai

续表

阶段 /Phase	日期 /Day	时间 /Time	活动内容 /Activity Content
组内综合、评图 Design: Integration Group Review	8月7日 7 Aug	8:30 ~ 11:30 am	组内设计综合 /Each group integrates individual design concepts into one group design 完成概念设计 /Finalizing design concepts 准备汇报陈述 /Preparing for the afternoon presentation
		1:00 ~ 4:30 pm	小组汇报（每组 15 分钟）/Students' presentation (six groups) to the Appraisal Board. (15 min. per) ——设计思路与方法 / Design ideas and methods ——主要设计理念 / key concepts ——后续设计计划 / Vision for the next design step 评图专家评述 /Appraisal Board give comments
组内合作设计与成果制作 Design: Group Joint Work	8月8–9日 8–9 Aug	8:30 am ~ 4:30 pm	组内概念综合 /Students in each group work corporately on the formed group conceptual design 深入设计 /Deepening the design 按比例徒手绘制主要设计草图 /Free-hand drawing onto butter paper over site plan at scale to define and lay out key elements for site 深入各项设计 /Develop elevations, aerial sketches, plans in sketch format to scale to communicate the ideas 完成成果 /Final outputs 概念设计平面（按比例、着色、著有标识图例等）/ A site concept & landscape plan to scale with color and notations/legend 表达设计的框图、立面、剖面、透视、模型等 /Sketches/elevations/sections/models showing key landscape treatments, areas, etc 汇报陈述的相关图纸 /Color and improve plans/sketches to present PPT 汇报稿 /A PPT file for presentation
陈述汇报 Presentation	8月10日 10 Aug	8:30 ~ 11:30 am	小组汇报陈述（每组 15 分钟）/Students' presentation (six groups) to the Appraisal Board and Jury (15 min. per)
		1:00 ~ 4:30 pm	评图、评奖 /Appraisal Board and Jury work on Prize 颁奖 /Comments and Prize awarded by the Jury
		4:30 ~ 5:00 pm	闭幕式 /Farewell Party

注：教案编制者为笔者。

图 5–73　交汇（Confluence）▶

设计简介：该设计为“2017 同济大学 CAUP 国际设计夏令营”作品，夏令营以“景观再生：水滨门户的活力复兴（Landscape Regeneration: The Revitalization of the Waterfront Portal）”为主题，选择上海市宝山区黄浦江于长江出水口水滨门户为基地，通过设计探索基于本土的地标性滨水空间的复兴模式。该设计以“交汇”为主题理念，通过对现有建筑的局部保留与功能置换、湿地营造、亲水空间植入等手段，在两江交汇处营造出游客可游可赏的生态系统

设计者：Jin Yaping、Kang Jia、Wei Hanyu、Taylor Campi、Amie Mason

指导教师：Nathan Heavers、Nick Nelson、Jim Ayorekire、Andrew Saniga、戴代新、董楠楠等

"Confluence"

SITE ANALYSIS

Group 3

JIN YAPING / KANG JIA / WEI HANYU / TAYLOR CAMPI / AMIE MASON

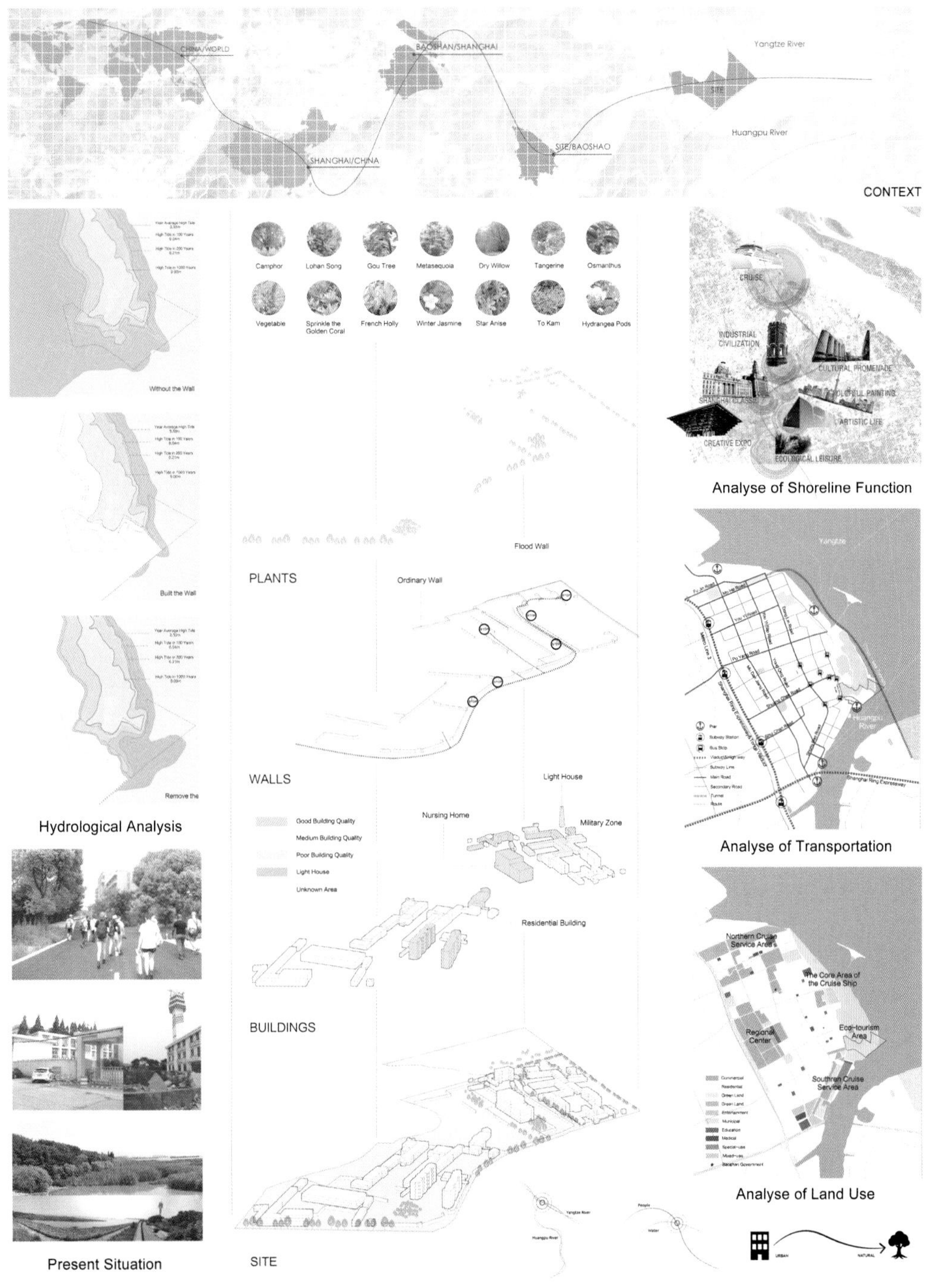

(a)

TONGJI UNIVERSITY

CAUP

2017 International Design Summer School

LANDSCAPE REGENERATION:

THE REVITALIZATION OF THE WATERFRONT PORTAL

"Confluence"

MASTERPLAN

Group 3

JIN YAPING / KANG JIA / WEI HANYU / TAYLOR CAMPI / AMIE MASON

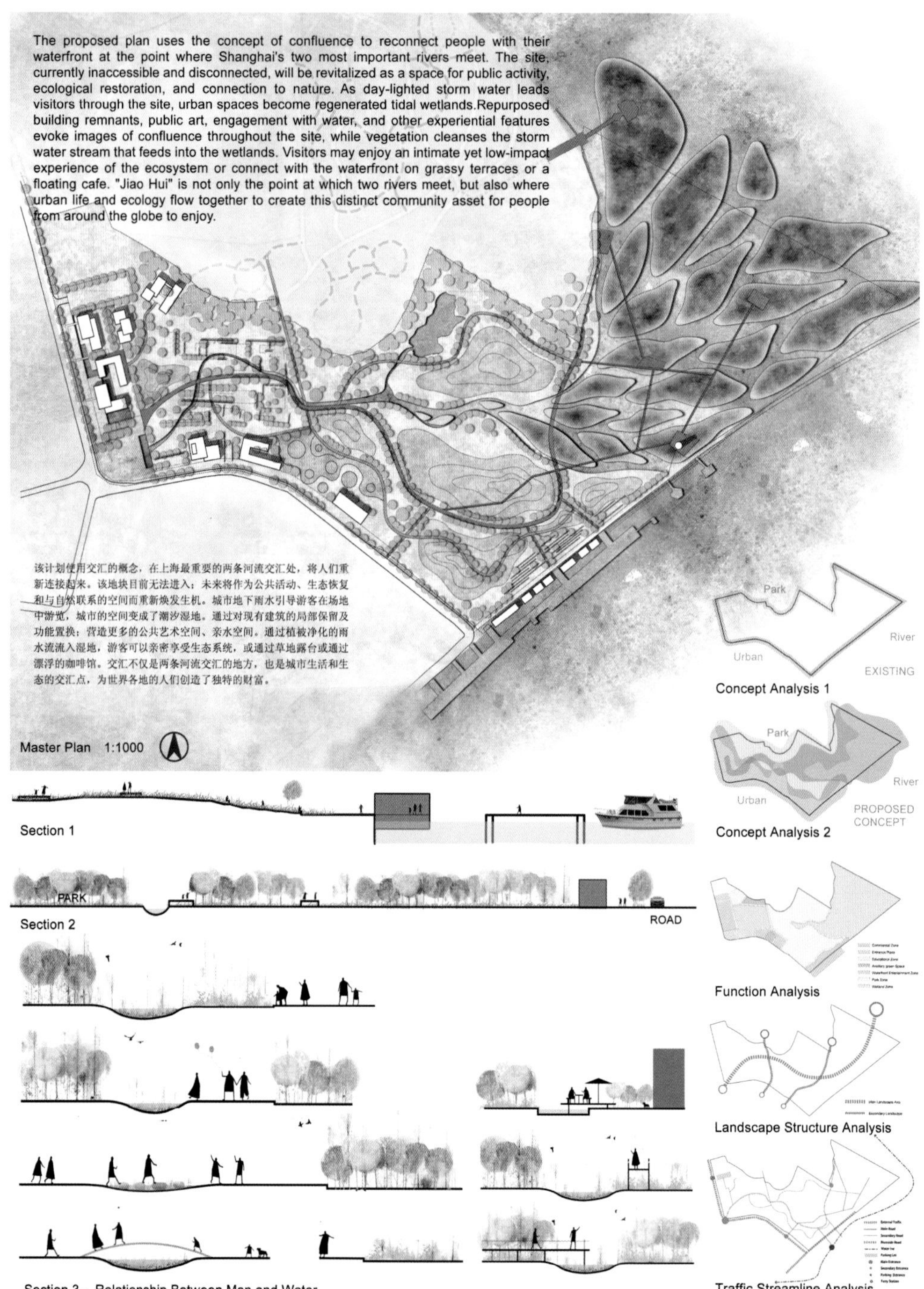

The proposed plan uses the concept of confluence to reconnect people with their waterfront at the point where Shanghai's two most important rivers meet. The site, currently inaccessible and disconnected, will be revitalized as a space for public activity, ecological restoration, and connection to nature. As day-lighted storm water leads visitors through the site, urban spaces become regenerated tidal wetlands.Repurposed building remnants, public art, engagement with water, and other experiential features evoke images of confluence throughout the site, while vegetation cleanses the storm water stream that feeds into the wetlands. Visitors may enjoy an intimate yet low-impact experience of the ecosystem or connect with the waterfront on grassy terraces or a floating cafe. "Jiao Hui" is not only the point at which two rivers meet, but also where urban life and ecology flow together to create this distinct community asset for people from around the globe to enjoy.
该计划使用交汇的概念，在上海最重要的两条河流交汇处，将人们重新连接起来。该地块目前无法进入；未来将作为公共活动、生态恢复和与自然联系的空间而重新焕发生机。城市地下雨水引导游客在场地中游览，城市的空间变成了潮汐湿地。通过对现有建筑的局部保留及功能置换；营造更多的公共艺术空间、亲水空间。通过植被净化的雨水流流入湿地，游客可以亲密享受生态系统，或通过草地露台或通过漂浮的咖啡馆。交汇不仅是两条河流交汇的地方，也是城市生活和生态的交汇点，为世界各地的人们创造了独特的财富。
Master Plan 1:1000
Park
River
Urban
EXISTING
Concept Analysis 1
Park
River
Urban
PROPOSED CONCEPT
Concept Analysis 2
Section 1
PARK
ROAD
Section 2
Function Analysis
Landscape Structure Analysis
Section 3 - Relationship Between Man and Water
Traffic Streamline Analysis

(b)

"Confluence"

DETAILS

Group 3

JIN YAPING / KANG JIA / WEI HANYU / TAYLOR CAMPI / AMIE MASON

Relationship between people , walls and water

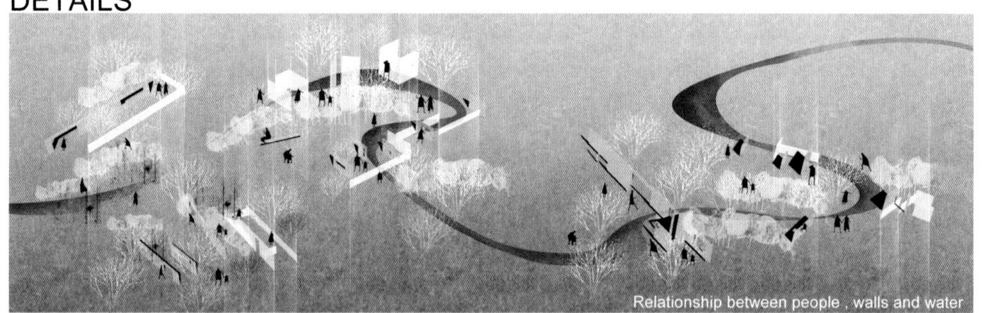

Strategies to existing buildings and walls

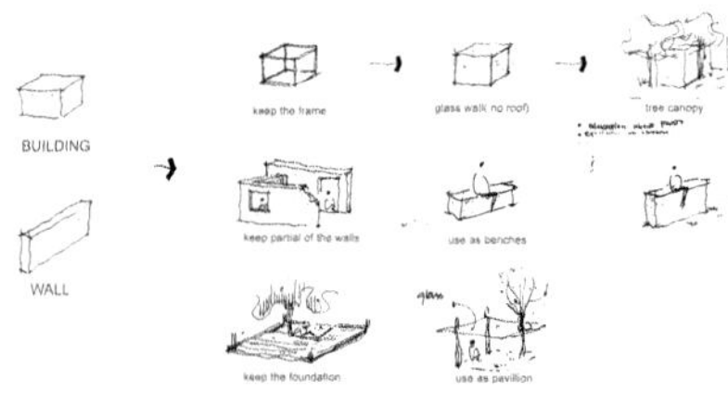

BUILDING
WALL
keep the frame
glass walk no roof
tree canopy
keep partial of the walls
use as benches
keep the foundation
use as pavillion

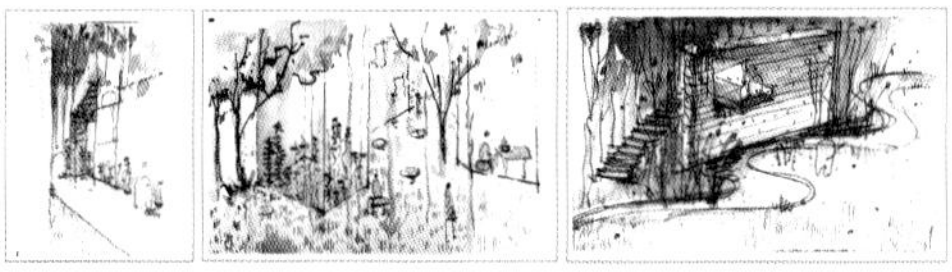

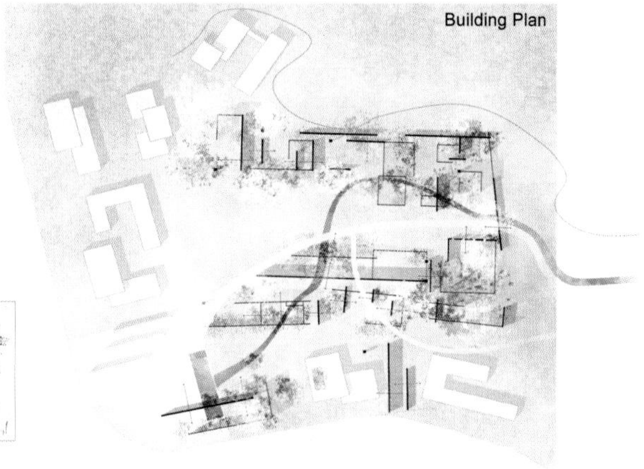

Building Plan

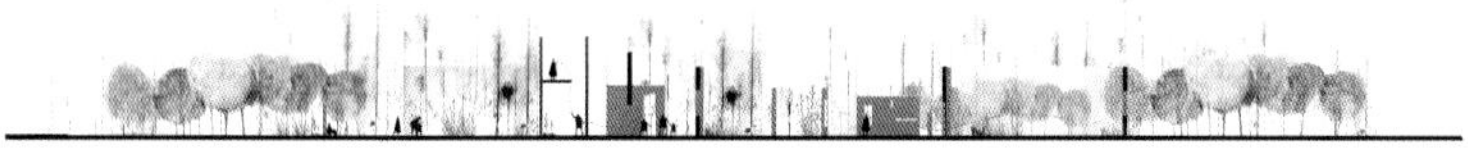

Section 1

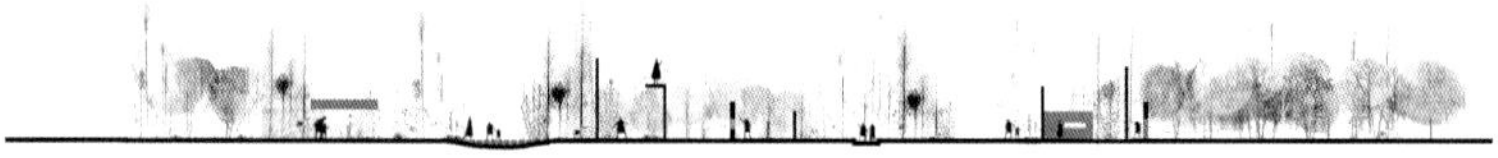

Section 2

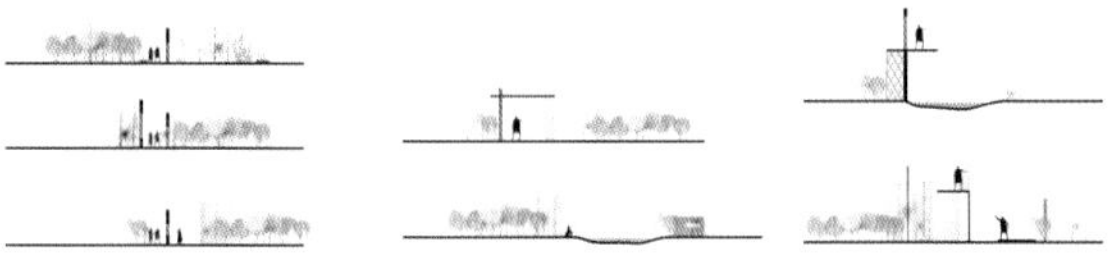

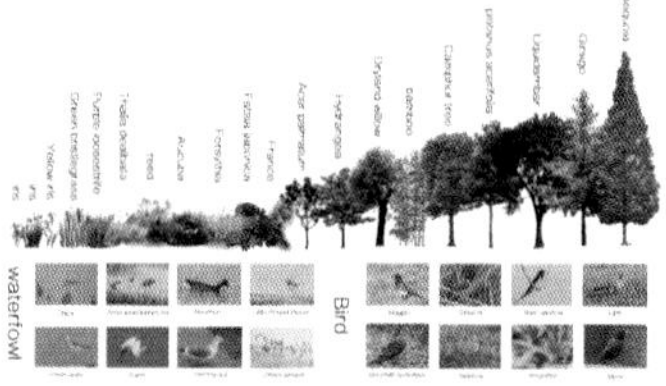

waterfowl
Bird

Floating pavillion

plant
path
wetland

low tide
average tide
high tide

ATTRACT BIRDS
60% wetland

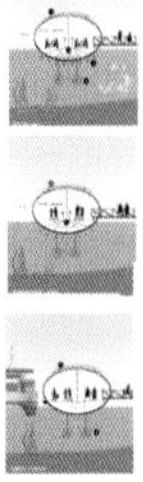

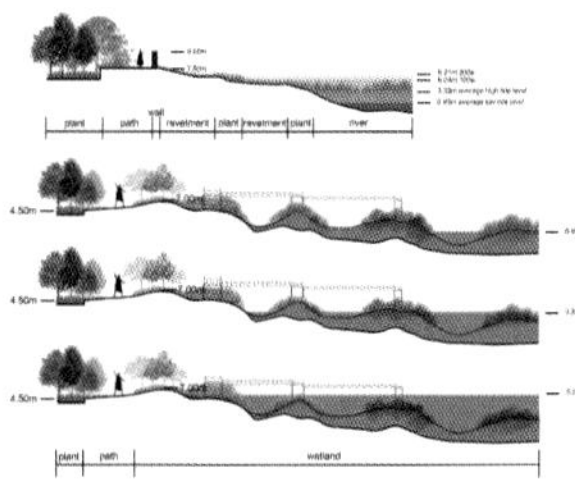

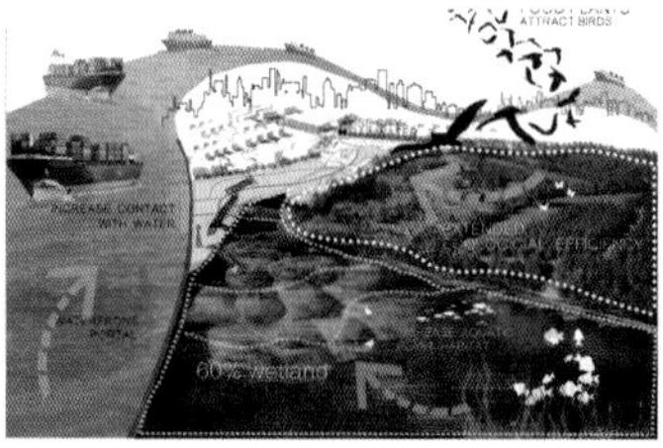

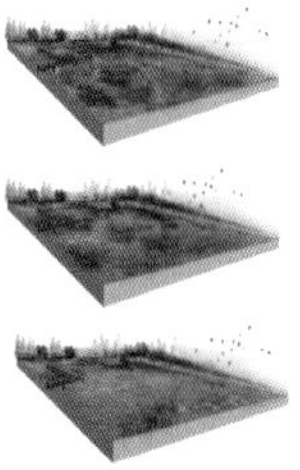

TONGJI UNIVERSITY

CAUP

2017 International Design Summer School

LANDSCAPE REGENERATION:

THE REVITALIZATION OF THE WATERFRONT PORTAL

RIDDLE·RHYTHM·RELEASE

Group 05

Ayano Healy
Santiago Mendez
Lucy Tilling
Shen Xuan
Guo Yi
Wang Yitong

KEY PROBLEM：ABSENCE

overlaps（park residential water military）

STRAGE：PEOPLE+

interaction · between people · local identity · connections · experience

The Shanghai City Masterplan aims to make the city more dynamic, attractive and sustainable. The proposed strategy for the Baoshan Waterfront Portal promotes people interactions by introducing new activities, creating a series of experiences that will make the site more attractive and vibrant.

上海总体规划中提出了让城市更具活力，吸引力，并能可持续发展的目标。在我们的规划设计中希望置入新颖的活动来促进人们的相互交流，从而为场地注入生机与活力。

SECTION 1-1 1：500

CONCEPT：RIDDLE · RHYTHM · RELEASE

being surprised→peaks & valleys · interesting experience→let it breath

The concept Riddle, Rhythm and Release gives life to the actions within our strategy. Riddle speaks about the surprises that come along with discovering a new place. Rhythm refers to the emotional peaks, valleys and climax that people experience as they visit the site. Release is the action of clearing the site of existing construction to make new connections, bring life in and improve the natural environment.

设计概念为“Riddle, Rhythm, Release”。“Riddle”意为在场地中穿行所获的惊奇的场景感受；“Rhythm”意为在场地中游历所经历的有节奏的空间变化；“Release”意为清理场地现有废旧元素，建立新的舒适自由的生活方式以及改善自然环境。

RIDDLE

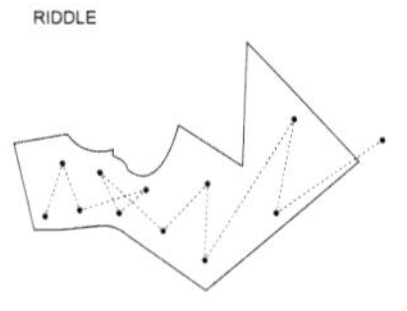

RHYTHM

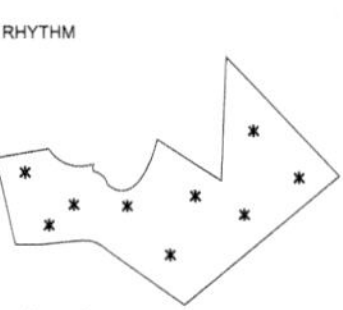

RELEASE

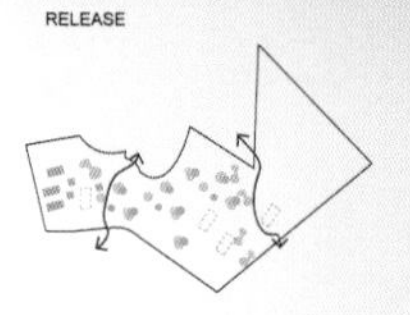

CITY HUB SEQUENCE

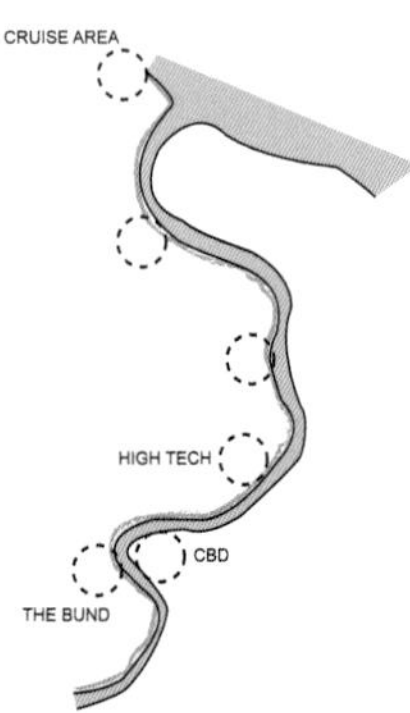

PRELIMINARY STUDY:

01 CITY SCALE

The Baoshan Waterfront Portal is part of a larger city network of themed hubs that line the Huangpu River. As the city continues to activate sites along the Huangpu River, there is a potential to improve connectivity between the different hubs. This creates an opportunity to amplify Shanghai's connection with the waterfront.

上海宝山吴淞口滨水门户位于黄浦江源头，是黄浦江沿岸功能区网络中的重要一环。在黄浦江滨江带更新的进程中，加强沿江各功能区的相互联系，进而促进城市与滨水地段的联系这一愿景有着极大的发展潜力。

02 DISTRICT SCALE

The Baoshan Waterfront Portal is located at the intersection of different functions within the district. Currently, the site is occupied by the military, making the site feel absent and deteriorated. However, the site has a potential to redevelop in synergy with the surrounding functions, thereby improving connectivity, urban life and the identity of Baoshan district.

吴淞口滨水门户处于宝山区各大功能版块之间的地段，目前，场地内部主要为军事用地，这极大地割裂了场地与城市的关系。因此，场地亟待更新以促进宝山区各功能版块的协同发展，从而改善地区的连通性，增强地区活力以及塑造地区特性。

College of Architecture and Urban Planning, Tongji University **NO.01**

（a）

图 5-74 Riddle · Rhythm · Release

设计简介：该设计同为“2017 同济大学 CAUP 国际设计夏令营”作品。设计以“Riddle · Rhythm · Release”为主题概念，意在为场地提供穿行于中所获的惊奇的场景感受，塑造有节奏的游历其中的空间变化，通过变旧为新，改善自然环境，建立新的的生活方式

设计者：Ayano Healy、Santiago Mendez、Lucy Tilling、Shen Xuan、Guo Yi、Wang Yitong

指导教师：Nathan Heavers、Nick Nelson、Jim Ayorekire、Andrew Saniga、戴代新、董楠楠等

2017 International Design Summer School

LANDSCAPE REGENERATION: THE REVITALIZATION OF THE WATERFRONT PORTAL

Social elements

The Waterfront Portal aims to revitalize th people. Locals as well as tourists will be dynamic perspective.

设计意在复兴宝山区滨水门户，加强人与人之间的相互交流。

SECTION 2-2 1：500

SECTION 3-3 1：500

SECTION 5-5 1：

civic plaza 市民广场
mix-used market 综合市场
craft village 手作庄园
secret creek 秘密溪
wild jungle 野趣丛林
overlook hill 瞭望山丘
wetland 湿地
floating stage 漂浮舞台
lonely path 孤独小径
energy field 能量场
lighthouse runway 灯塔秀场
peach plaza 桃源广场
sports park 运动天地

LONELY

MASTER PLAN 1：1000

WATERFRONT POOL→

A key landmark feature of the Waterfront Portal will be a waterfront pool. This will be created through natural filtration via a series of ponds, leading to the pool. It will offer an experience unprecedented in Shanghai, combining city life with water recreation.

滨水泳池是场地的一个标志性景点。通过一套水池过滤进化生态系统，水体最终汇入滨水泳池。丰富的水上活动将更好地让城市生活与水上生活项联结。

←JUNGLE

The jungle represents the climax woodland within the vegetation pattern. It will be dominated by large trees and shrubs that create habitat and an impressive experience for visitors to interact with. Raised boardwalks will form paths to maintain the ecologically sensitive undergrowth. A zip line will run through parts of the Jungle as a fun activity to bring people closer to the forest.

丛林的天际线顺应整个场地的天际线变化。丰富的植被种类营造了一个特别的场所，提供给人们独特的空间感受；抬高的林间木栈道充分尊重丛林的自然生态性；高空滑索为人们提供了一种刺激的娱乐活动，同时也增进了人们与自然接触的机会。

College of Architecture and Urban Planning, Tongji University **NO.02**

（b）

2017 International Design Summer School
LANDSCAPE REGENERATION:
THE REVITALIZATION OF THE WATERFRONT PORTAL

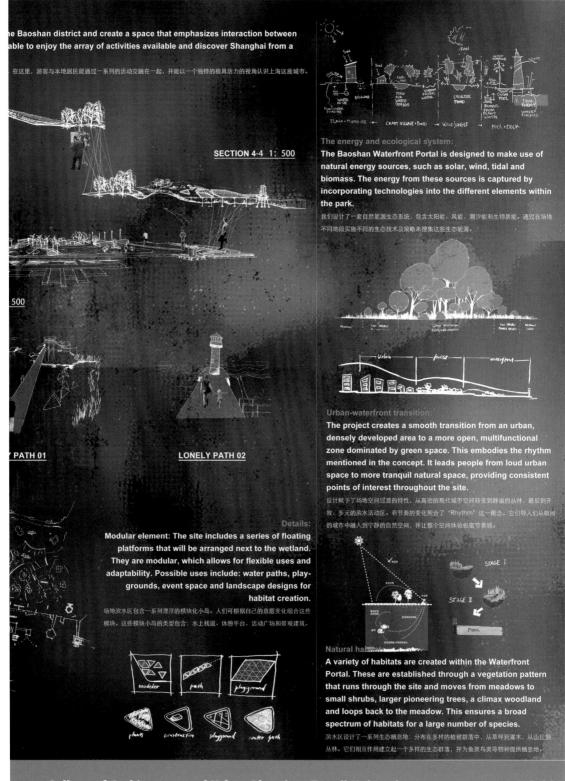

e Baoshan district and create a space that emphasizes interaction between able to enjoy the array of activities available and discover Shanghai from a

在这里，游客与本地居民能通过一系列的活动交融在一起，并能以一个独特的极具活力的视角认识上海这座城市。

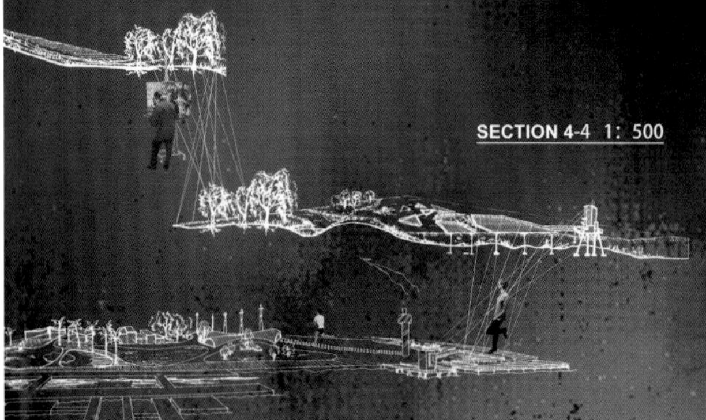

SECTION 4-4 1：500

500

PATH 01

LONELY PATH 02

Details:

Modular element: The site includes a series of floating platforms that will be arranged next to the wetland. They are modular, which allows for flexible uses and adaptability. Possible uses include: water paths, playgrounds, event space and landscape designs for habitat creation.

场地滨水区包含一系列漂浮的模块化小岛。人们可根据自己的意愿变化组合这些模块。这些模块小岛的类型包含：水上栈道、休憩平台、活动广场和景观建筑。

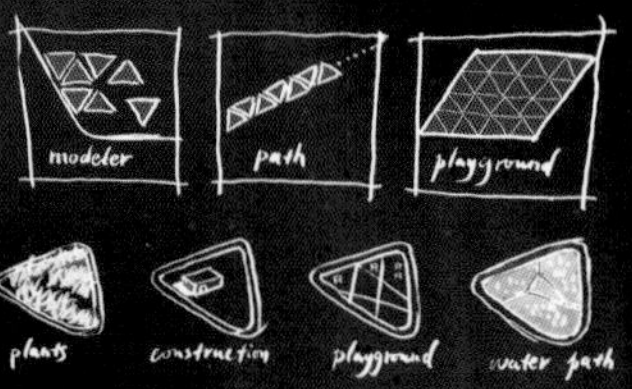

modeler path playground

plants construction playground water path

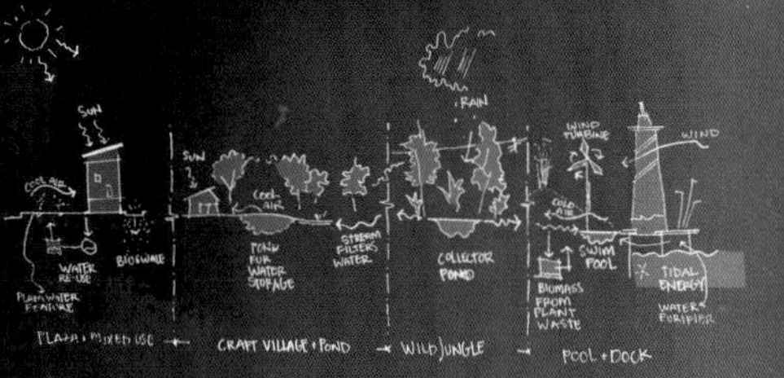

The energy and ecological system:

The Baoshan Waterfront Portal is designed to make use of natural energy sources, such as solar, wind, tidal and biomass. The energy from these sources is captured by incorporating technologies into the different elements within the park.

我们设计了一套自然能源生态系统，包含太阳能、风能、潮汐能和生物质能。通过在场地不同地段实施不同的生态技术及策略来搜集这些生态能源。

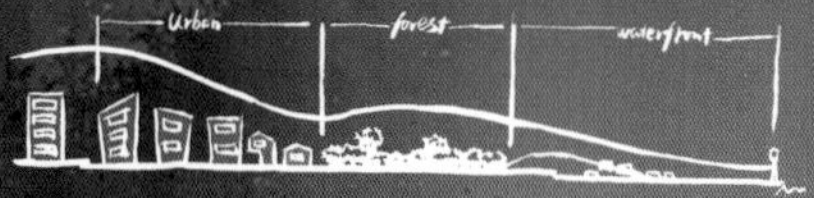

Urban-waterfront transition:

The project creates a smooth transition from an urban, densely developed area to a more open, multifunctional zone dominated by green space. This embodies the rhythm mentioned in the concept. It leads people from loud urban space to more tranquil natural space, providing consistent points of interest throughout the site.

设计赋予了场地空间过渡的特性，从高密的现代城市空间转变到静谧的丛林，最后到开放、多元的滨水活动区。有节奏的变化契合了"Rhythm"这一概念。它引导人们从喧闹的城市中融入到宁静的自然空间，并让整个空间体验极富节奏感。

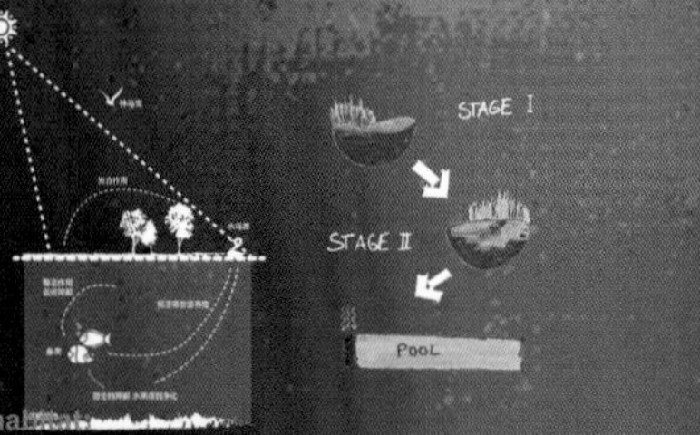

STAGE Ⅰ

STAGE Ⅱ

POOL

Natural habitats:

A variety of habitats are created within the Waterfront Portal. These are established through a vegetation pattern that runs through the site and moves from meadows to small shrubs, larger pioneering trees, a climax woodland and loops back to the meadow. This ensures a broad spectrum of habitats for a large number of species.

滨水区设计了一系列生态栖息地：分布在多样的植被群落中，从草坪到灌木，从山丘到丛林。它们相互作用建立起一个多样的生态群落，并为鱼类鸟类等物种提供栖息地。

College of Architecture and Urban Planning, Tongji University **NO.03**

(c)

2）设计竞赛

设计竞赛的课程目标如下：

（1）培养学生对风景园林学科发展前沿趋势和行业发展走向的预测与判断能力，对风景园林学科竞赛主题的理解与演绎能力。

（2）通过分析课题、制定策略并根据竞赛课题与要求进行规划设计方案的编制，启发学生自觉培养发现问题、分析问题与解决问题的综合能力和素质。

（3）全面培养学生在课题规划设计过程中的创新思维与新技术应用能力，以及善于合作、积极沟通、集体攻关等方面的能力（表5-12，图5-75—图5-79）。

表5-12　　教学计划及进度表

时段	主要知识点及教学要求（了解/熟悉/掌握）	内容（课内/课外）	学时（课内/课外）	教学手段
前沿方向研判	了解学科发展的前沿方向，熟悉学科的历史与发展脉络，掌握预测与判断学科发展前沿趋势与行业发展走向的包括检索、分析、归纳、预测等方法、途径与技能	风景园林学科前沿	2/4	讲座、分组讨论
学科竞赛案例解析	了解国际风景园林学科竞赛的类型、要求、目标等，全面了解国际、国内风景园林学科竞赛获奖作品在创新思维、主题演绎、规划设计方法与手段等方面的学习点	风景园林学科竞赛案例分析	2–4/4–8	分组调研、集体讨论、讲座点评
主题分析与演绎	了解主题分析与演绎的方法，熟悉并掌握主题分析与演绎的基本技能、逻辑关系、落实手段等	风景园林学科竞赛主题演绎	2–4/4–8	分组策划、集体讨论、讲座点评
规划设计	在过程中熟悉、掌握并应用风景园林规划设计理论与技能	风景园林学科竞赛规划设计	18–22/36–44	个人或分组进行规划设计，指导教师定期指导
成果表达	全面熟悉并掌握风景园林规划设计成果的表达方法，并综合应用最新风景园林技术手段	风景园林学科竞赛成果表达	6/12	个人或分组进行规划设计成果表达，指导教师定期指导
合计			34/68	

PASTURE IN CRISIS

NEW NOMADISM LEGEND

DESERTIFICATED AREA

Transection zone between cropping area and nomadic area

China is one of the countries which desertification is severe. According to the recent evaluation, the area influenced by the desertification comes to 266.2 hm², 27.7% of total area of China.

Transection zone between cropping area and nomadic area is in the front line of the desertification area. In the past few years, desertification has been growing in this zone, especially in pasture.

FRANGIBILITY ANALYSIS

ANNUAL AVERAGE EROSIVENESS RAIN DAYS

ISOGRAM OF PRECIPITATAION

ISOGRAM ACCULATED TEMPERATURE>10 C

LAND CARRYING CAPACITY OF POPULATION

MEAN YEARLY PER CAPITA ECONOMIC POSITION OF PERIPHERY

ANNUAL AVERAGE RAINFALL DAYS

INCREASING RATIO LAND CARRYING CAPACITY OF POPULATION

Little precipitation with unevenly distribution in time and space;
Temperature becomes high which aggravating drought;
Mushrooming population;
Poor economic condition;

DAMAGE ANALYSIS

DISTRIBUTION OF DESERTIFICATION AFFECTED LANDS

obsolescence of biology variety

CHANGE OF LAND USE
CHANGE OF LANDSCAPE PATCH

DISTRIBUTION OF RANGELAND DEGRADATION IN DESERTIFICATION AFFECTED LAND AREAS

obsolescence of pasture quality

high quality
middling quality
low quality
no quality

DISTRIBUTION OF ARABLE LAND DEGRADATION IN DESERTIFICATION AFFECTED LAND AREAS

degradation of soil

slight
medium
severe

Four points

1.Both the increase of low eco-effect land such as nudation and arable land, and the decrease of high eco-effect or mix-effect land such as woodland and grassland, has somehow influence the regulating function of eco-system of the district.
2.Activities of human beings have direct influence to the intensityand pattern of arable landuse.The higher the intersity is, the higher the degree of fragmentation is.
3.Transport situation aslo influenced the spatial change of arable land.The intensity of arable landuse decreased,with the increase of distance of main roads.
4.People living-level varies inversely as area of arable land.

The site-----Yi Jin County, in Inner Mongolia, China

Why we chose this area?
It's at transection zone between cropping area and nomadic area;
It's in part of pasture eco-system;
It is a place where desertification is severe;
It is the site of desertification monitoring program led by UNDP(United Nations Development Program)

Satellite imagery

The division for ecology

Remote imagery

THE CHANGE OF FRACTAL DIMENSION

Nibbled grassland
There is a obvious tendency that fractal dimension is growing the region where almost covered grassland, that means the grassland gradually becomes broken.

Obvious expiation of the desert
There is a tendency that fractal dimension is reducing ,that means the moving sand dune gradually stays, and the green patches nibbled in nibbled it is ,the desertification is obvious.

More severe threat to the region covered with loess and hills
The change situation of fractal dimension in the region covered with loess and hills is different. what worth saying is that the fractal dimension is growing in the region where the transportation is convenient and the topography is flat ,that means this fragile region is in double threats by human activities and natural environment.

Landscape patten of Yi Jin County has obviously been broken.

The reasons are ... ...

Page 1

(a)

图 5–75　新游牧传奇（New Nomadism Legend）

设计简介：设计针对中国北方草原由于过度放牧、农耕推进、无序开发导致的草场退化、沙漠化等问题，以草场生态容量为基础，通过对聚居区的层级分布、草场的放牧与休养、草场供给范围与路径的选择等力图塑造符合现代生活、可四季轮回的新游牧生活模式

设计者：王鑫、仇文敏、洪佳文、江一凡等

指导教师：李瑞冬、骆天庆

NEW NOMADISM LEGEND

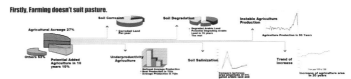

Our opinions: It is the invasion of settlement and farming which represent the culture of farming, which breaks the native eco-balance and causes these results that we have mentioned.

Firstly, Farming doesn't suit pasture.

Soil Corrosion
Soil Degradation
Instable Agriculture Production
Agricultural Acreage 27%
Agriculture Production in 50 Years
Others 63%
Potential Added Agriculture in 10 years 10%
Underproductivity Agriculture
Soil Salinization
Trend of increase
Increase of agriculture area in 20 years

Secondly, the use of pasture by the industry and settlement.

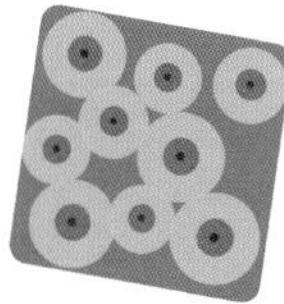

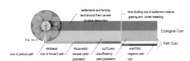

Now

Generally, the settlement -rotative grazing causes the uneven use of grassland in the space and time.

Settlement brings high intensity of destruction
Farmland brings higher intensity of destruction .
settelement -rotative grazing brings too high intensity of grassland use.
settelement -rotative grazing makes some pastures invalid for a long time.

several years later

With the increaseing quantity of settlements, the area of the excess used grassland enlarges, the unused grassland becomes more and more broken. It consequently makes the instability more severe.

The Settlement brings durative damage to the grassland.

Areas for agriculture are inceras-ing around the settlement.

The rotation period turns shorter due to the limit of settlements and the consuming of herds.

The expansion of the settlement dimensions

The increasing population and the herds need more food by the way of rising cultivation area to raise food and feeds

The shorter rotation period of grassland causes more deterioration.

settlements and farming land around them causes durative destruction
time dividing line of settlement rotative grazing and winter breeding
Ecological Cost
Path Cost
SPRING SUMMER AUTUMN WINTER
cost of pasture path
cost of forward path
excess used grassland
unsufficiency used grassland
negative path cost

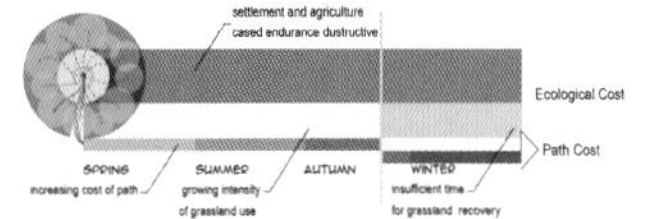

settlement and agriculture cased endurance dustructive
Ecological Cost
Path Cost
SPRING SUMMER AUTUMN WINTER
increasing cost of path
growing intensity of grassland use
insufficent time for grassland recovery

Current situation of town system

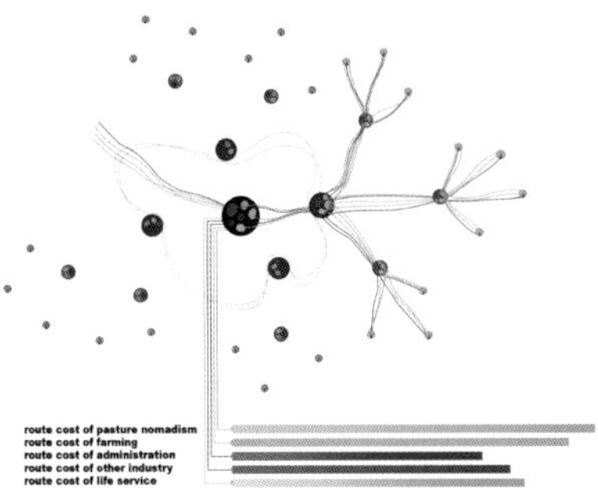

route cost of pasture nomadism
route cost of farming
route cost of administration
route cost of other industry
route cost of life service

current situation of pasture

complicated administration system;
stock raising falls behind, farming and industry which would break the eco-system of pasture have large proportion;
settlements of quick developing divide the pasture;
different levels of town serve the same function;
no combine between industry and nature cause a high route cost;
disequilibrium of service causes an uneven use of pasture;
downsmen are compelled to grazing in limited pasture, and lack of communication;
the use of pasture is in lack of scientific detectation as a guide;

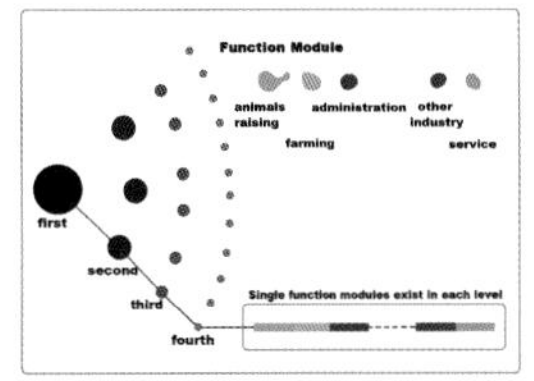

Analysis of current service situation

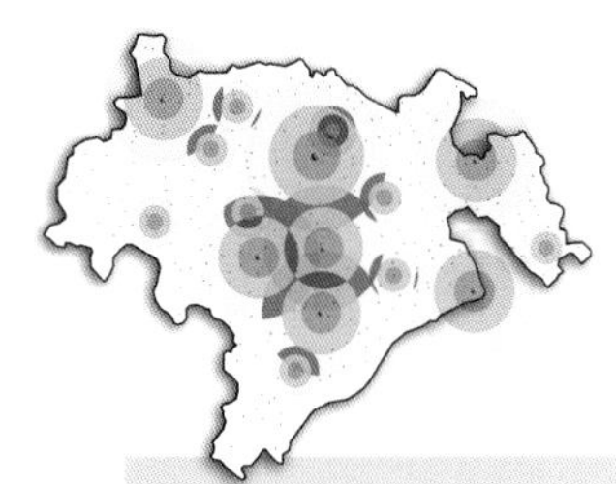

Analysis of destruction of current road situation

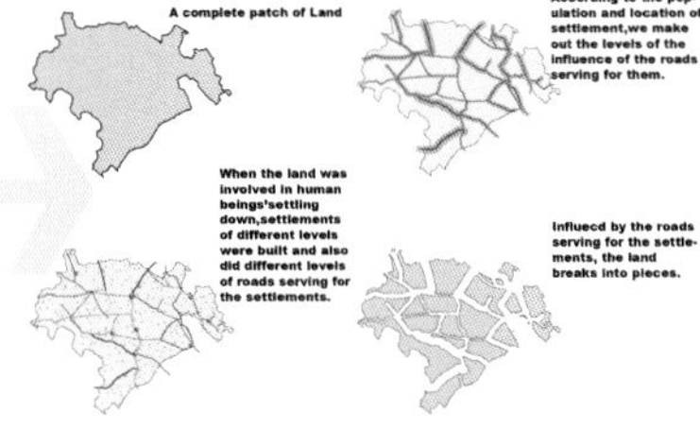

A complete patch of Land

According to the population and location of settlement, we make out the levels of the influence of the roads serving for them.

When the land was involved in human beings'settling down, settlements of different levels were built and also did different levels of roads serving for the settlements.

Influecd by the roads serving for the settlements, the land breaks into pieces.

Analysis of current industry

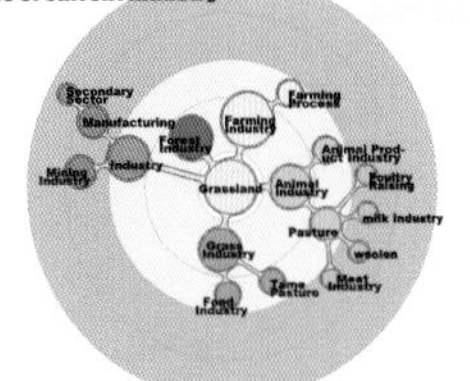

If these are going on, the pasture will finally be devoured by farming. Then it comes to the desertification......

What should we do?... ...

(b)

NEW
NOMADISM LEGEND

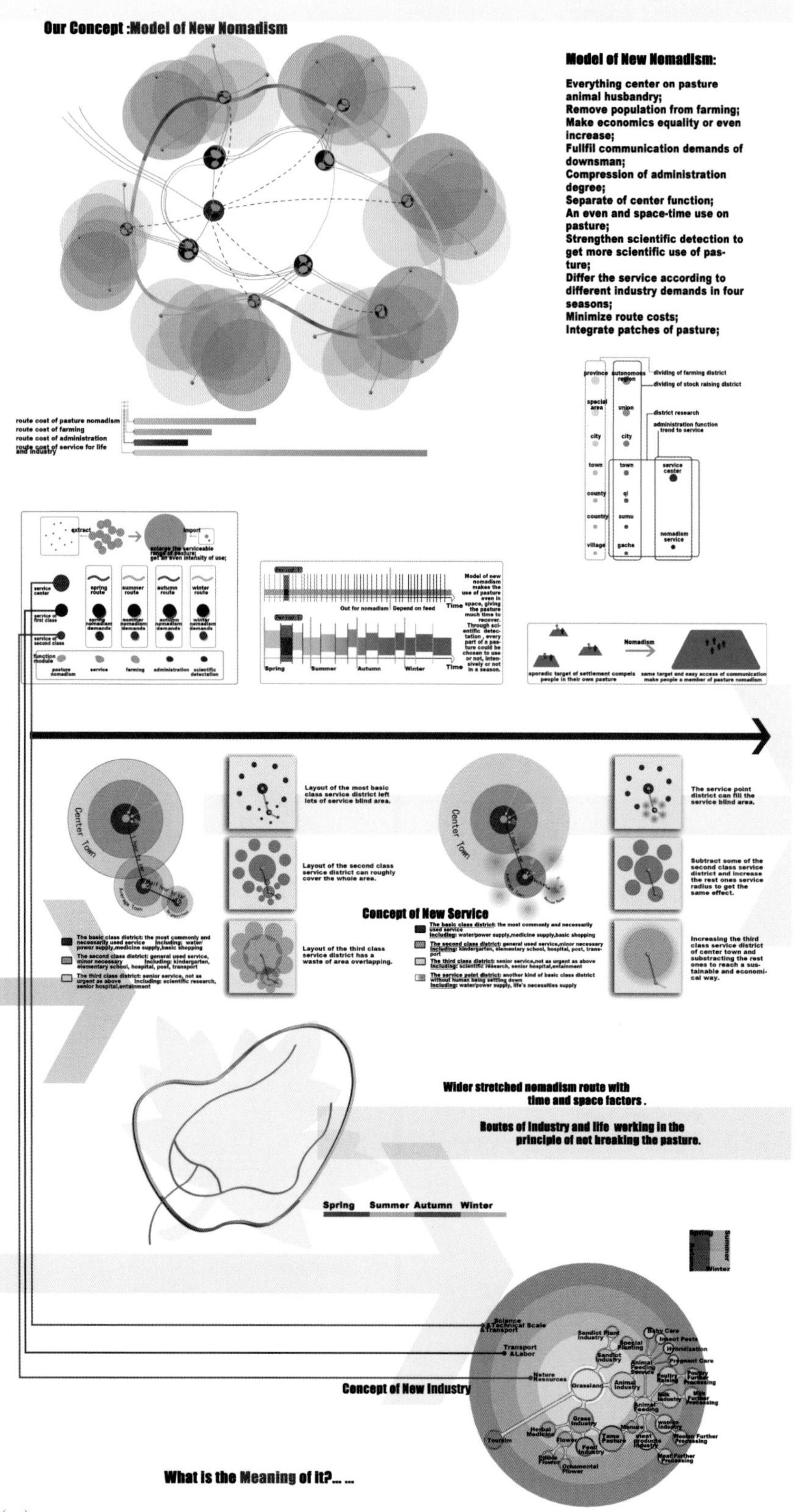

Our Concept :Model of New Nomadism
Model of New Nomadism:
Everything center on pasture animal husbandry;
Remove population from farming;
Make economics equality or even increase;
Fulfil communication demands of downsman;
Compression of administration degree;
Separate of center function;
An even and space-time use on pasture;
Strengthen scientific detection to get more scientific use of pasture;
Differ the service according to different industry demands in four seasons;
Minimize route costs;
Integrate patches of pasture;
route cost of pasture nomadism
route cost of farming
route cost of administration
route cost of service for life and industry
province
autonomous region
special area
union
city
town
county
qi
country
sumu
village
gacha
dividing of farming district
dividing of stock raising district
district research
administration function trend to service
service center
nomadism service
extract
import
service center
service of first class
service of second class
function module
spring route
summer route
autumn route
winter route
pasture nomadism
service
farming
administration
scientific detection
Out for nomadism
Depend on feed
Time
Spring
Summer
Autumn
Winter
Model of new nomadism makes the use of pasture even in space, giving the pasture much time to recover. Through scientific detection, every part of a pasture could be chosen to use or not, intensively or not in a season.
Nomadism
sporadic target of settlement compels people in their own pasture
same target and easy access of communication make people a member of pasture nomadism
Center Town
Layout of the most basic class service district left lots of service blind area.
Layout of the second class service district can roughly cover the whole area.
Layout of the third class service district has a waste of area overlapping.
The service point district can fill the service blind area.
Subtract some of the second class service district and increase the rest ones service radius to get the same effect.
Increasing the third class service district of center town and substracting the rest ones to reach a sustainable and economical way.
Concept of New Service
The basic class district: the most commonly and necessarily used service Including: water/power supply,medicine supply,basic shopping
The second class district: general used service,minor necessary Including: kindergarten, elementary school, hospital, post, transport
The third class district: senior service,not as urgent as above Including: scientific research, senior hospital,entainment
The service point district: another kind of basic class district without human being settling down Including: water/power supply, life's necessities supply
Wider stretched nomadism route with time and space factors .
Routes of industry and life working in the principle of not breaking the pasture.
Spring
Summer
Autumn
Winter
Science &Technical Scale &Transport
Transport &Labor
Nature Resources
Grassland
Animal Industry
Grass Industry
Tourism
Concept of New Industry
What is the Meaning of it?... ...

(c)

NEW
NOMADISM LEGEND

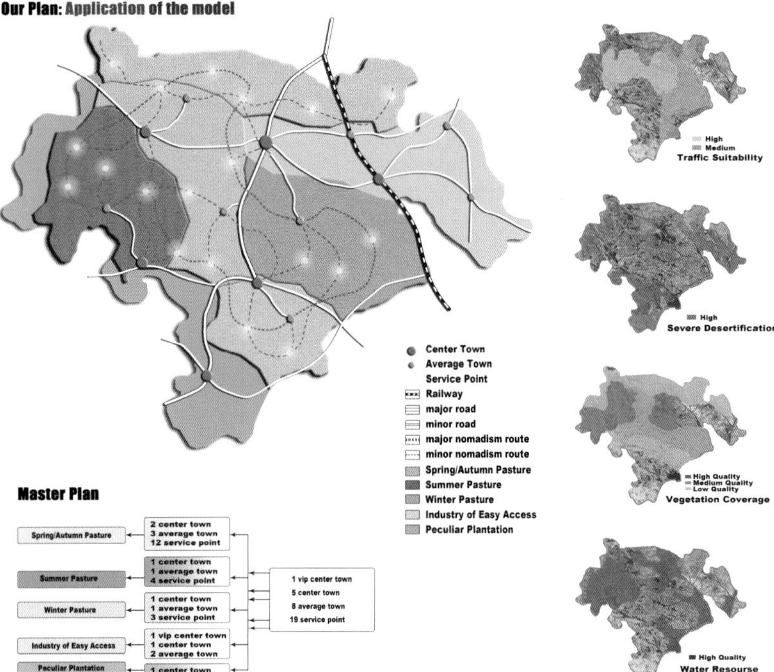

Range of Service= Town Service District+ Service Point

The service point plays an important role in pasture total human eco-system. Locating in the area of few human activities, it needs little construct.It serves for basic demands of herdsmen and avoids the establish of settlement.

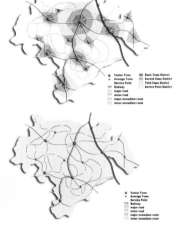

Center Town
Average Town
Service Point
Railway
major road
minor road
major nomadism route
minor nomadism route
Basic Class District
Second Class District
Third Class District
Service Point District

The road system= Nomadism Route + Major/Minor Road + Railway

Nomadism route: serve the nomadism bringing minimize destruction

major/minor road: in minority state bring ease access in the district

railway: on one side of the district to bring least destruction and get easy connect with outside.

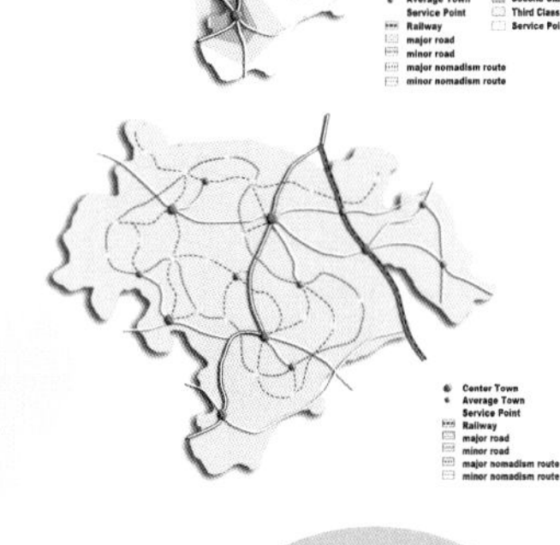

Industry system= Four seasons pasture + Industry of Ease Access + Special Plantation

The syestem includes three sorts of industries ,each of them could be divided into two levels.The advanced level locating in major town refers industries demanding science,easy transport and laber;the basic level industry locating in minor town refers ones demanding nature resources.

Summer:
Woolen Further Processing
Meat Further Processing
Wollen Industry
Meat Products Industry
Animal Feeding Service
(Insect Pests)
Autumn:
Poultry Further Processing
Poultry Raising
Animal Feeding Service
(Hybridization)

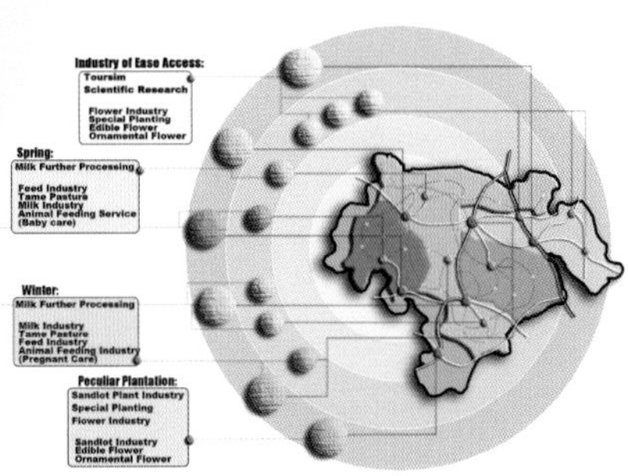

(d)

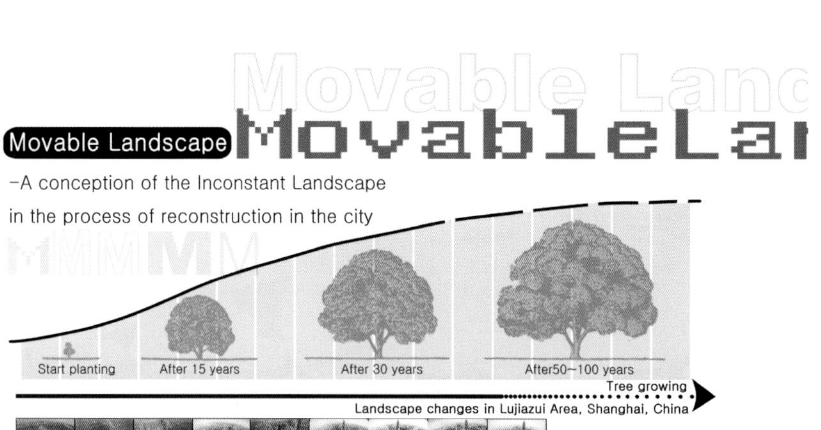

Landscape changes in Lujiazui Area, Shanghai, China

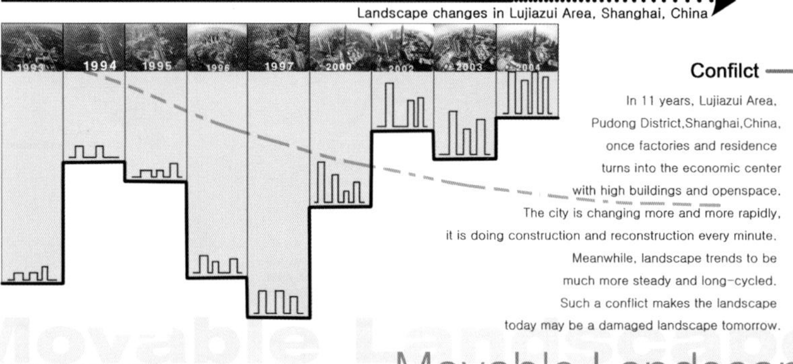

Confilct

In 11 years, Lujiazui Area, Pudong District,Shanghai,China, once factories and residence turns into the economic center with high buildings and openspace. The city is changing more and more rapidly, it is doing construction and reconstruction every minute. Meanwhile, landscape trends to be much more steady and long-cycled. Such a conflict makes the landscape today may be a damaged landscape tomorrow.

Movable Landscape

EXPO2000, held in Hanover, German

YR 2000　After YR 2000

Keep most buildings and openspaces, and add more functions to the place

Can all these functions realize in this site?

Typical Case

EXPO is a typical case of the conflict. In six months, the area of exhibition experiences two great transitions, from functions to forms. It will probably be a damaded landscape.

EXPO2005, held in Aichi, Japan

Before YR 2005　YR 2005　After YR 2005

Remove most buildings and openspaces, restore natural landscape

Can the site restore to the original condition?

To save resources in crisis and to reduce the damage of today' s landscape, we divide landscape into 2 categories: **steady** landscape and **movable** landscape. The 2 categories of landscape make up the city landscape system. The landscape system is parallel to the city function system.Different landscape system can fit in with different city functions. In another word, landscape can follow the change of city.

EXPO2010, held in Shanghai, China

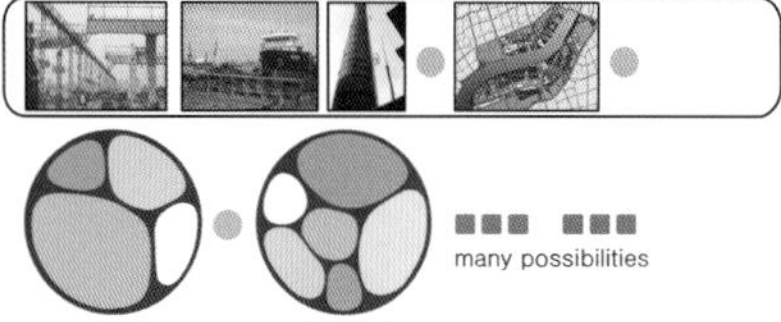

many possibilities

YR 2010　After YR 2010

makes a solution betweenEXPO2000 and EXPO2005, to fit the development of the city.

What can we do to give the site more flexibility, less damage to future?

Conception

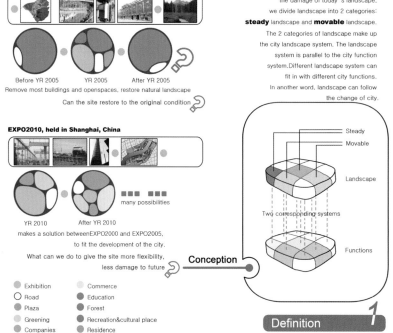

Steady
Movable
Landscape
Two corresponding systems
Functions

Exhibition　Commerce
Road　Education
Plaza　Forest
Greening　Recreation&cultural place
Companies　Residence

Definition 1

（a）

图 5-76　可变景观（Movable Landscape）

设计简介：设计以 2010 年上海世博会场址为对象，针对其内的近现代历史工业遗存，以“可变景观”为设计理念，通过对 2010 年世博会举办前后景观元素的分解，探索从建筑与构筑物、绿化、铺装、结构与构造、设施等多层面的可变景观体系，以达到会中使用和会后利用的统一

设计者：郭妤、黄筱敏、黄孝文、王磊锐等

指导教师：李瑞冬、骆天庆

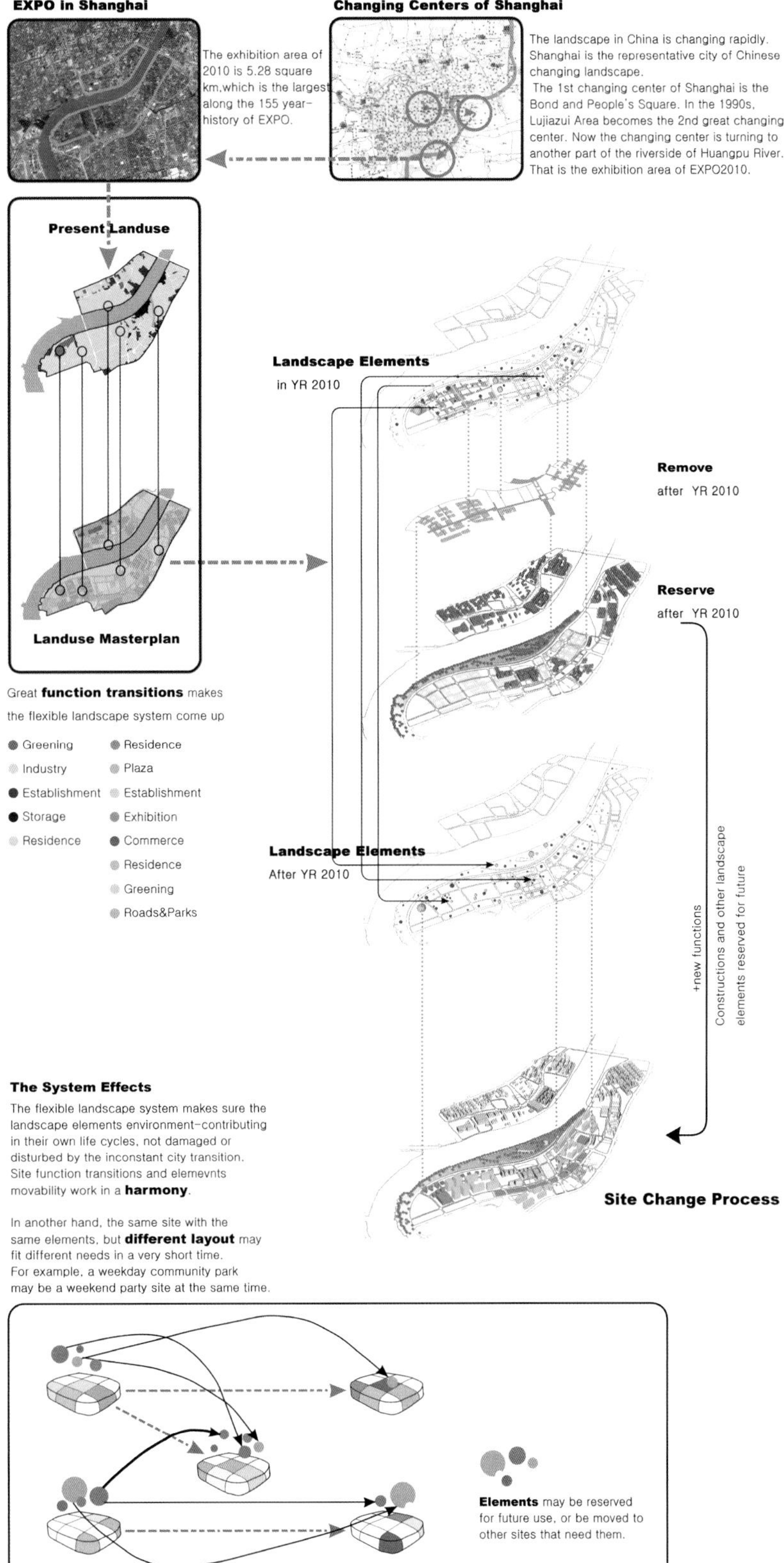
EXPO in Shanghai
The exhibition area of 2010 is 5.28 square km,which is the largest along the 155 year-history of EXPO.
Changing Centers of Shanghai
The landscape in China is changing rapidly. Shanghai is the representative city of Chinese changing landscape.
The 1st changing center of Shanghai is the Bond and People's Square. In the 1990s, Lujiazui Area becomes the 2nd great changing center. Now the changing center is turning to another part of the riverside of Huangpu River. That is the exhibition area of EXPO2010.
Present Landuse
Landuse Masterplan
Great function transitions makes the flexible landscape system come up
Greening
Industry
Establishment
Storage
Residence
Residence
Plaza
Establishment
Exhibition
Commerce
Residence
Greening
Roads&Parks
Landscape Elements
in YR 2010
Remove
after YR 2010
Reserve
after YR 2010
Landscape Elements
After YR 2010
+new functions
Constructions and other landscape elements reserved for future
The System Effects
The flexible landscape system makes sure the landscape elements environment-contributing in their own life cycles, not damaged or disturbed by the inconstant city transition. Site function transitions and elemevnts movability work in a harmony.
In another hand, the same site with the same elements, but different layout may fit different needs in a very short time. For example, a weekday community park may be a weekend party site at the same time.
Site Change Process
Elements may be reserved for future use, or be moved to other sites that need them.
Site change analysis 2

(b)

100%:0% 40%:60% 60%:40% 40%:60% 20%:80% 0%:100%

Ratios of Hard to Soft Surface

Site within the exhibition area

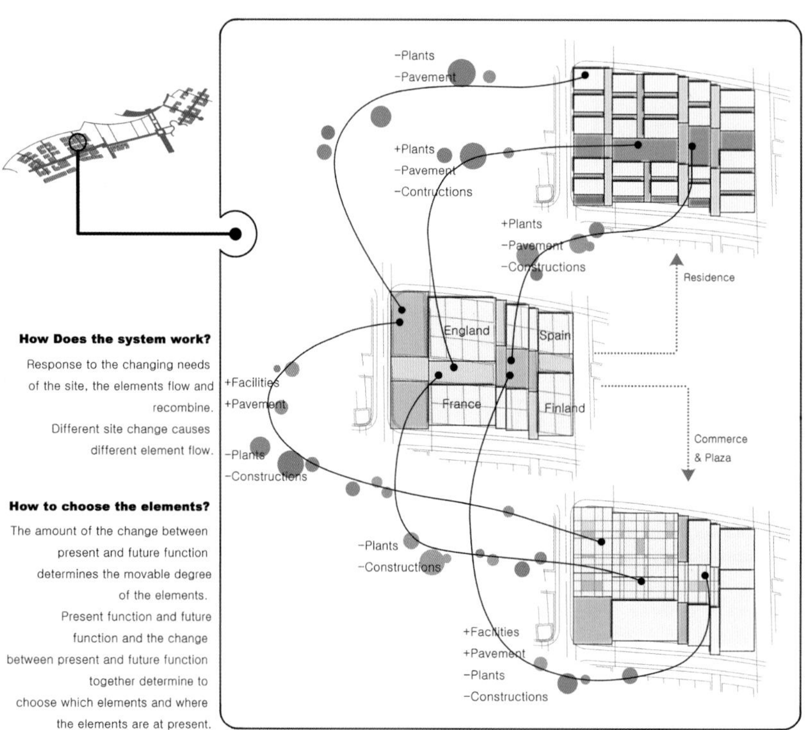

How Does the system work?

Response to the changing needs of the site, the elements flow and recombine. Different site change causes different element flow.

How to choose the elements?

The amount of the change between present and future function determines the movable degree of the elements. Present function and future function and the change between present and future function together determine to choose which elements and where the elements are at present.

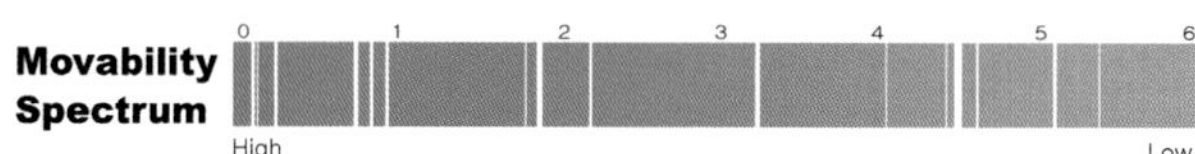

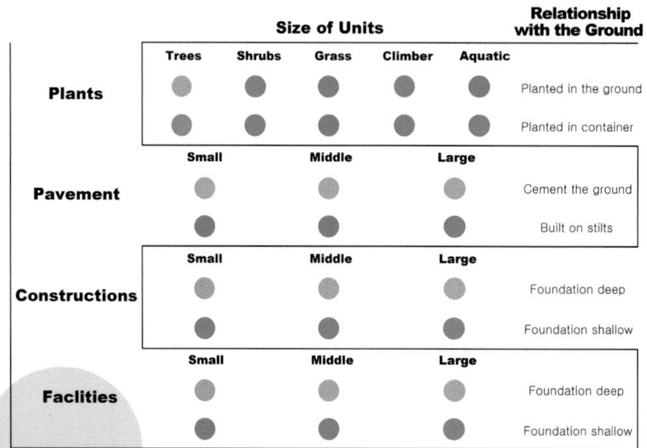

	Size of Units					Relationship with the Ground
Plants	**Trees**	**Shrubs**	**Grass**	**Climber**	**Aquatic**	
	●	●	●	●	●	Planted in the ground
	●	●	●	●	●	Planted in container
Pavement	**Small**		**Middle**		**Large**	
	●		●		●	Cement the ground
	●		●		●	Built on stilts
Constructions	**Small**		**Middle**		**Large**	
	●		●		●	Foundation deep
	●		●		●	Foundation shallow
Faclities	**Small**		**Middle**		**Large**	
	●		●		●	Foundation deep
	●		●		●	Foundation shallow

Movable Element Scheme

Movable element scheme & Site Planning 3

(c)

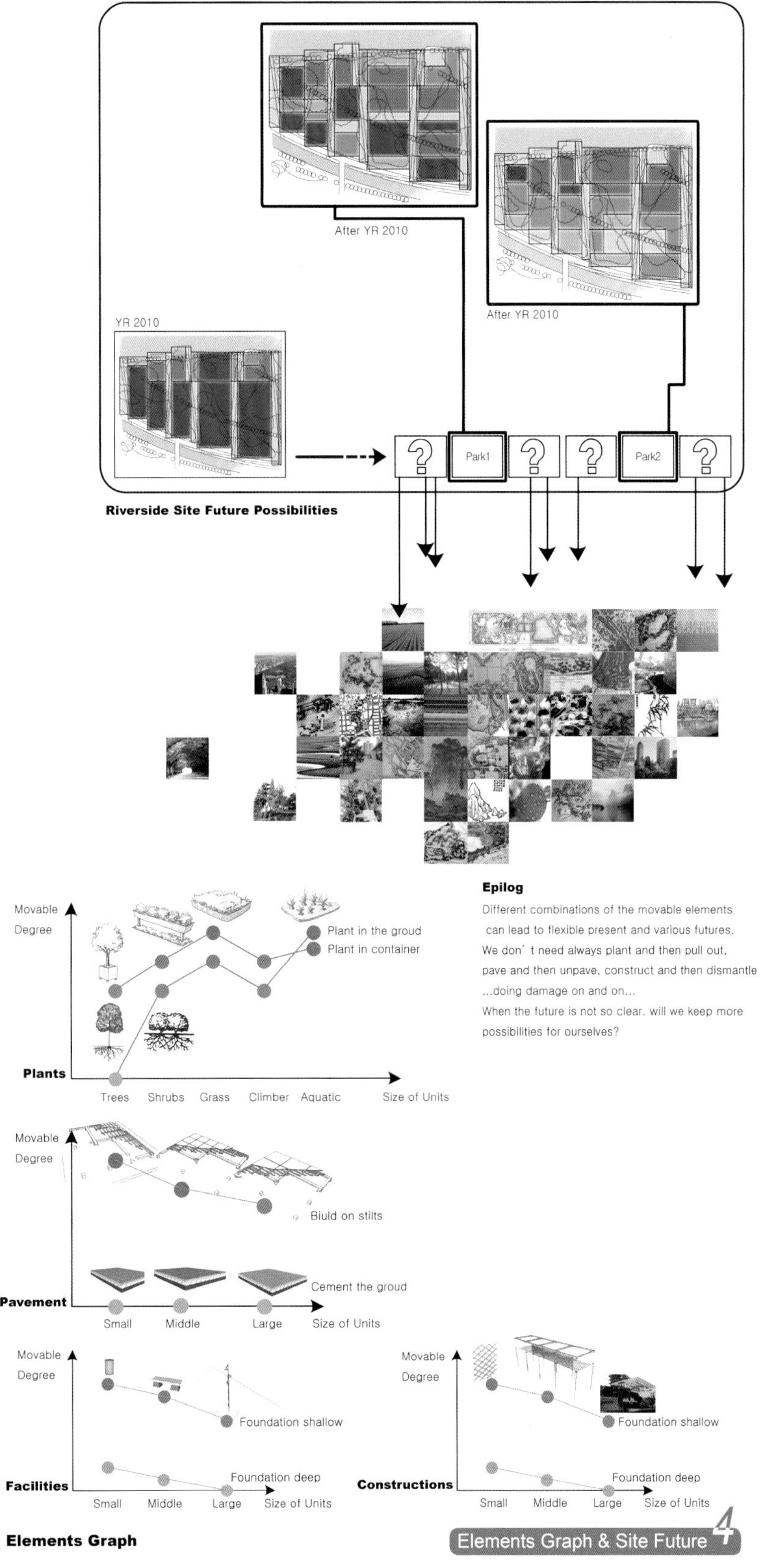
After YR 2010
After YR 2010
YR 2010
Park1
Park2
Riverside Site Future Possibilities
Epilog
Different combinations of the movable elements
can lead to flexible present and various futures.
We don' t need always plant and then pull out,
pave and then unpave, construct and then dismantle
...doing damage on and on...
When the future is not so clear, will we keep more
possibilities for ourselves?
Movable
Degree
Plant in the groud
Plant in container
Plants
Trees
Shrubs
Grass
Climber
Aquatic
Size of Units
Movable
Degree
Biuld on stilts
Cement the groud
Pavement
Small
Middle
Large
Size of Units
Movable
Degree
Foundation shallow
Foundation deep
Facilities
Small
Middle
Large
Size of Units
Movable
Degree
Foundation shallow
Foundation deep
Constructions
Small
Middle
Large
Size of Units
Elements Graph
Elements Graph & Site Future 4

(d)

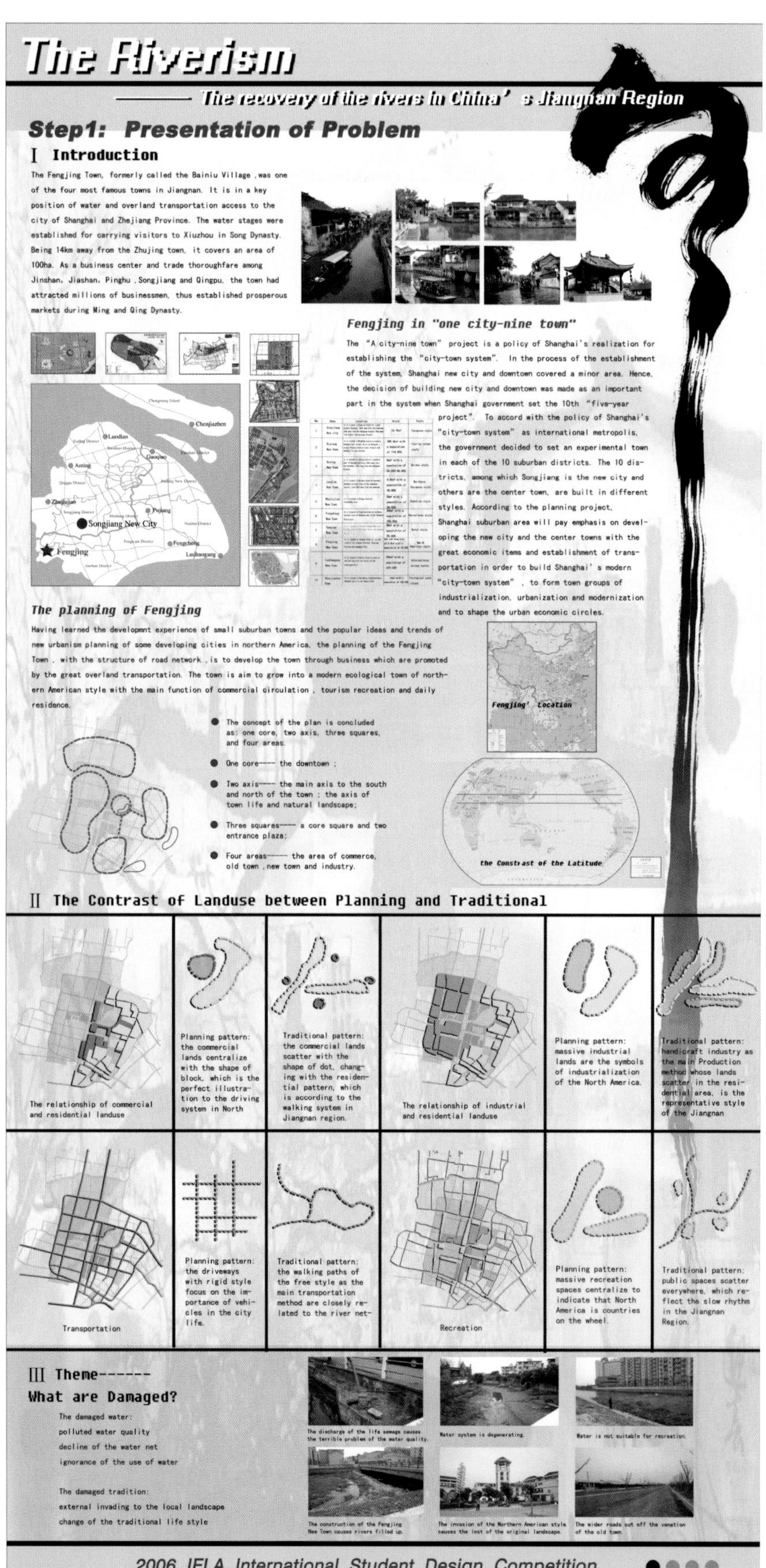

(a)

图5-77　梦回水乡
(The Riverism)

设计简介：设计以上海“一城九镇”建设为背景，探索在引入诸如荷兰、德国、英国等小镇于江南水乡的水土适应问题，选择枫泾镇为对象，通过对空间结构布局、用地调整、交通体系重构、水网重组等规划措施，复原江南水网的交通、生活等功能，建构上海大都市内的“梦里水乡”
设计者：李叶正、朱明慧、杨毅强等
指导教师：李瑞冬、骆天庆

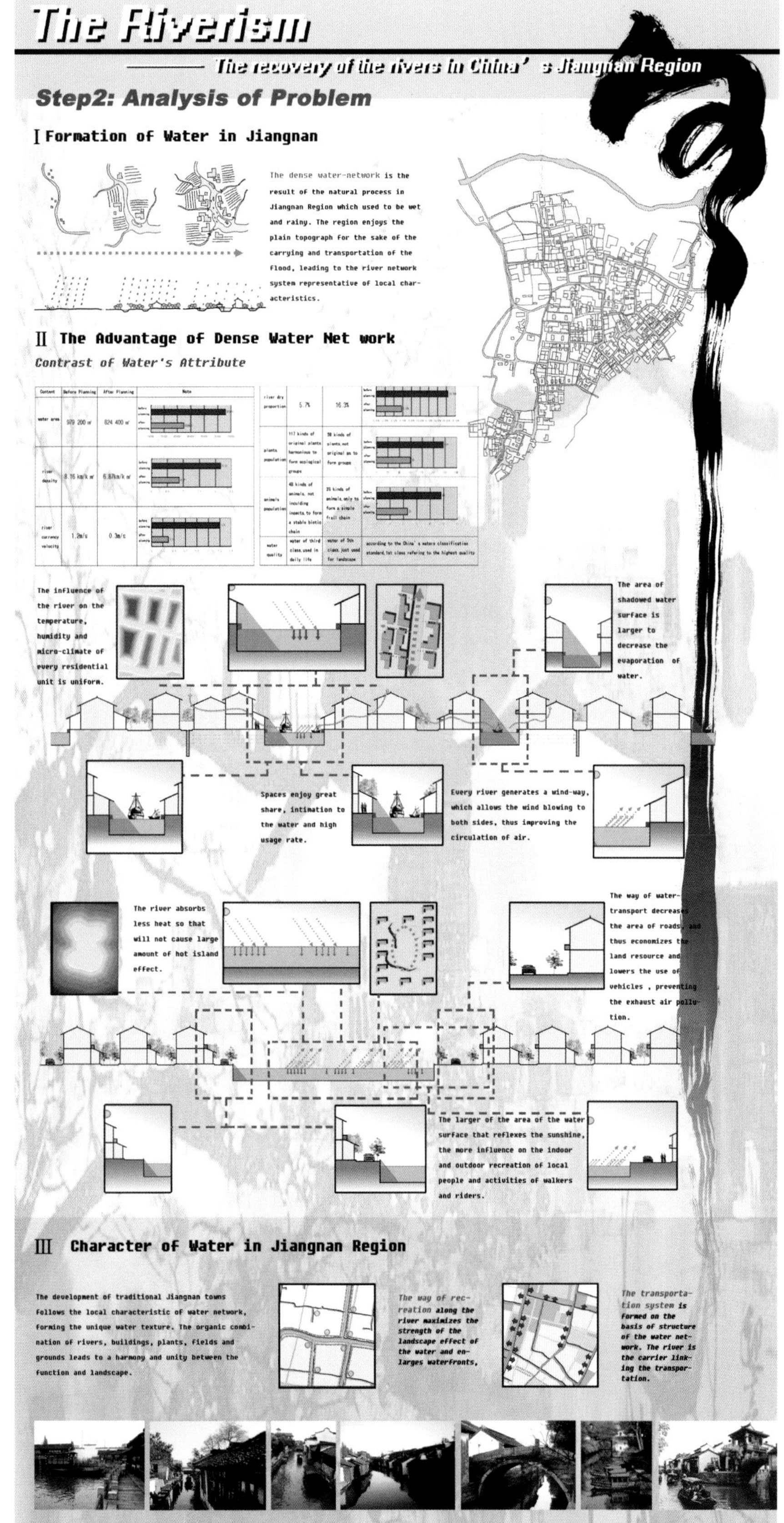
The Riverism
The recovery of the rivers in China's Jiangnan Region
Step2: Analysis of Problem
Ⅰ Formation of Water in Jiangnan
The dense water-network is the result of the natural process in Jiangnan Region which used to be wet and rainy. The region enjoys the plain topograph for the sake of the carrying and transportation of the flood, leading to the river network system representative of local characteristics.
Ⅱ The Advantage of Dense Water Net work
Contrast of Water's Attribute
Content | Before Planning | After Planning | Note
water area | 979 200 ㎡ | 824 400 ㎡
river density | 8.16 km/k ㎡ | 6.87km/k ㎡
river currency velocity | 1.2m/s | 0.3m/s
river dry proportion | 5.7% | 16.3%
plants population | 117 kinds of original plants harmonious to form ecological groups | 98 kinds of plants,not original as to form groups
animals population | 48 kinds of animals, not incuilding insects,to form a stable biotic chain | 23 kinds of animals,only to form a simple frail chain
water quality | water of third class,used in daily life | water of 5th class just used for landscape | according to the China's waters classification standard,1st class refering to the highest quality
The influence of the river on the temperature, humidity and micro-climate of every residential unit is uniform.
The area of shadowed water surface is larger to decrease the evaporation of water.
Spaces enjoy great share, intimation to the water and high usage rate.
Every river generates a wind-way, which allows the wind blowing to both sides, thus improving the circulation of air.
The river absorbs less heat so that will not cause large amount of hot island effect.
The way of water-transport decreases the area of roads, and thus economizes the land resource and lowers the use of vehicles , preventing the exhaust air pollution.
The larger of the area of the water surface that reflexes the sunshine, the more influence on the indoor and outdoor recreation of local people and activities of walkers and riders.
Ⅲ Character of Water in Jiangnan Region
The development of traditional Jiangnan towns follows the local characteristic of water network, forming the unique water texture. The organic combination of rivers, buildings, plants, fields and grounds leads to a harmony and unity between the function and landscape.
The way of recreation along the river maximizes the strength of the landscape effect of the water and enlarges waterfronts.
The transportation system is formed on the basis of structure of the water network. The river is the carrier linking the transportation.
2006 IFLA International Student Design Competition

(b)

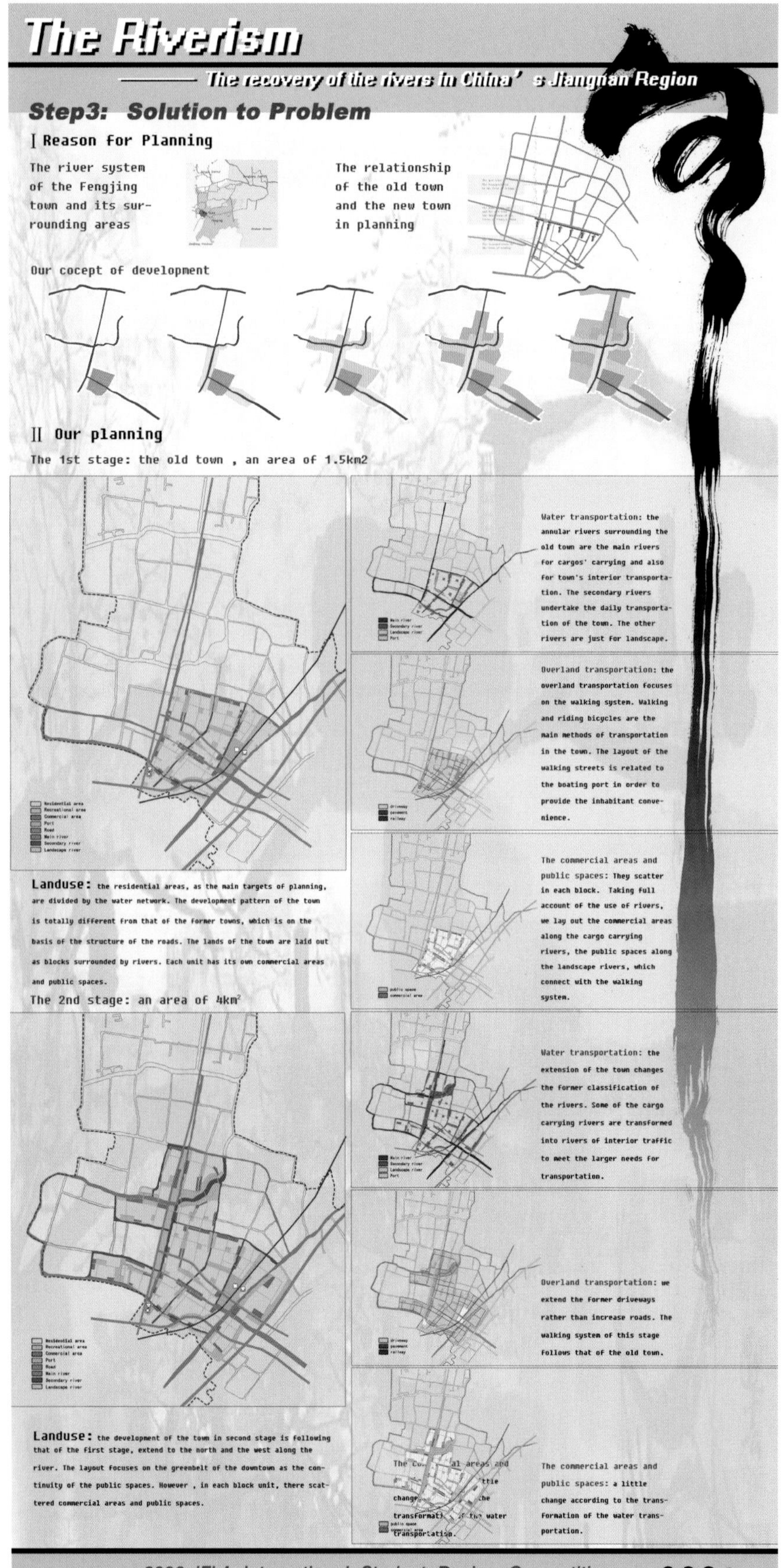
The Riverism
The recovery of the rivers in China's Jiangnan Region
Step3: Solution to Problem
Ⅰ Reason for Planning
The river system of the Fengjing town and its surrounding areas
The relationship of the old town and the new town in planning
Our cocept of development
Ⅱ Our planning
The 1st stage: the old town , an area of 1.5km2
Water transportation: the annular rivers surrounding the old town are the main rivers for cargos' carrying and also for town's interior transportation. The secondary rivers undertake the daily transportation of the town. The other rivers are just for landscape.
Overland transportation: the overland transportation focuses on the walking system. Walking and riding bicycles are the main methods of transportation in the town. The layout of the walking streets is related to the boating port in order to provide the inhabitant convenience.
Landuse: the residential areas, as the main targets of planning, are divided by the water network. The development pattern of the town is totally different from that of the former towns, which is on the basis of the structure of the roads. The lands of the town are laid out as blocks surrounded by rivers. Each unit has its own commercial areas and public spaces.
The commercial areas and public spaces: They scatter in each block. Taking full account of the use of rivers, we lay out the commercial areas along the cargo carrying rivers, the public spaces along the landscape rivers, which connect with the walking system.
The 2nd stage: an area of 4km²
Water transportation: the extension of the town changes the former classification of the rivers. Some of the cargo carrying rivers are transformed into rivers of interior traffic to meet the larger needs for transportation.
Overland transportation: we extend the former driveways rather than increase roads. The walking system of this stage follows that of the old town.
Landuse: the development of the town in second stage is following that of the first stage, extend to the north and the west along the river. The layout focuses on the greenbelt of the downtown as the continuity of the public spaces. However , in each block unit, there scattered commercial areas and public spaces.
The commercial areas and public spaces: a little change according to the transformation of the water transportation.
2006 IFLA International Student Design Competition

(c)

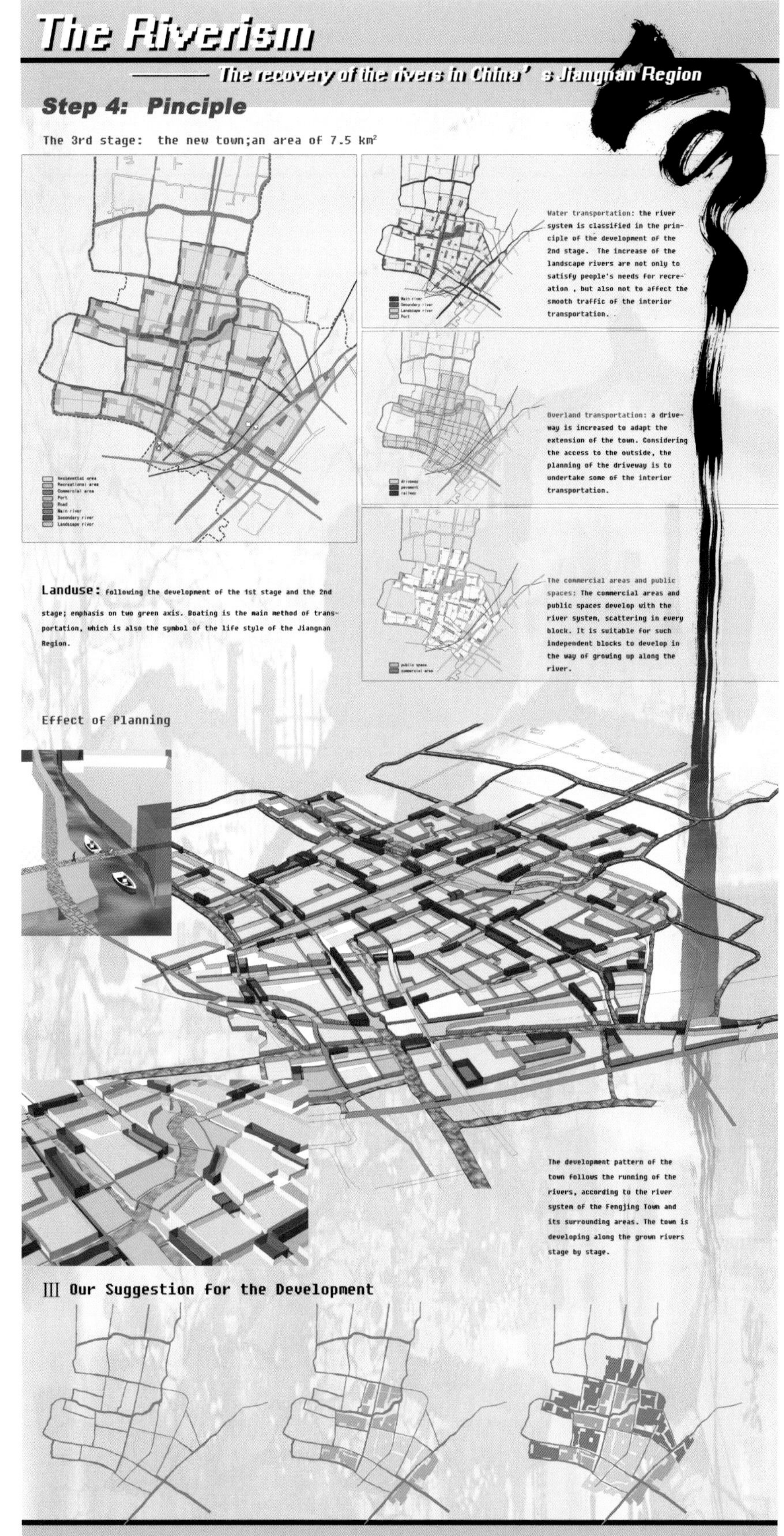
The Riverism
The recovery of the rivers in China' s Jiangnan Region
Step 4: Pinciple
The 3rd stage: the new town;an area of 7.5 km²
Water transportation: the river system is classified in the principle of the development of the 2nd stage. The increase of the landscape rivers are not only to satisfy people's needs for recreation , but also not to affect the smooth traffic of the interior transportation.
Overland transportation: a driveway is increased to adapt the extension of the town. Considering the access to the outside, the planning of the driveway is to undertake some of the interior transportation.
Landuse: following the development of the 1st stage and the 2nd stage; emphasis on two green axis. Boating is the main method of transportation, which is also the symbol of the life style of the Jiangnan Region.
The commercial areas and public spaces: The commercial areas and public spaces develop with the river system, scattering in every block. It is suitable for such independent blocks to develop in the way of growing up along the river.
Effect of Planning
The development pattern of the town follows the running of the rivers, according to the river system of the Fengjing Town and its surrounding areas. The town is developing along the grown rivers stage by stage.
III Our Suggestion for the Development
2006 IFLA International Student Design Competition

（d）

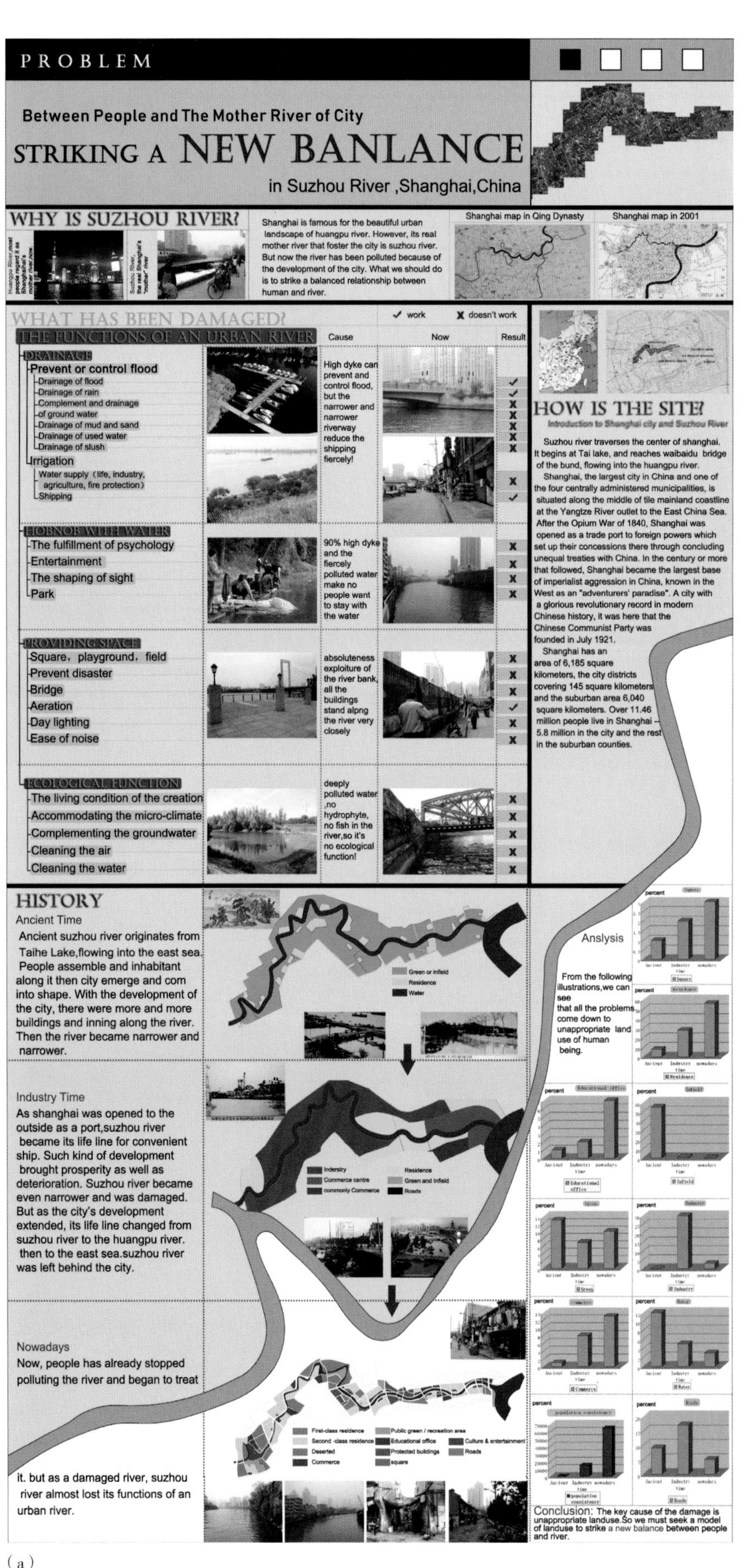

(a)

图 5-78　人河新平衡（Striking a New Banlance between People and The Mother River of City）

设计简介：设计以上海发源的母亲河——苏州河为对象，针对现状存在的河道污染、建筑侵占、城水隔绝、绿化退化等问题，探寻城市的源起，以苏州河城市通勤交通的恢复与重构为切入点，建构连续的城市中心滨水开放空间，并通过断面设计探索城景共生的模式关系

设计者：干乃璇等

指导教师：李瑞冬、骆天庆

ANALYSIS

WHAT CHANGES CAN WE MAKE TO THE RIVER BANK?

The current situation of the river bank is :

Driveway along the river bank instead of footpath with a good view

High density buildings gaining on the river bank

Rigid dyke with no green

All these cause narrow, crowded and rigid waterfronts space and a complete departure of the river and the waterfronts.

For a healthy development of the human-river relations, we made such new designs.

FACTORS

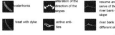

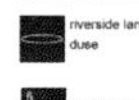
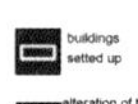
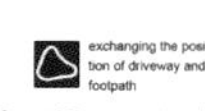
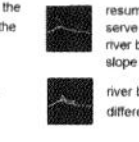

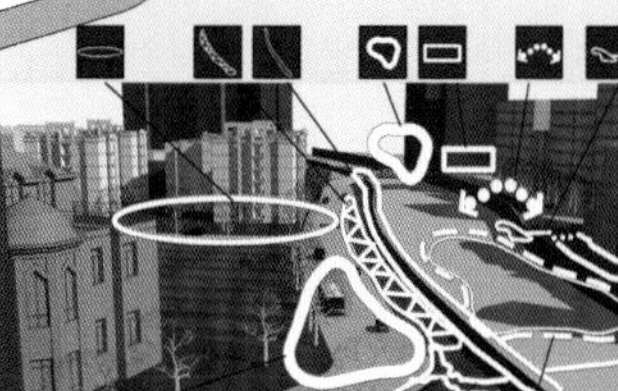

4 MODELS

Model A:

For some kinds of landuse, building density is high and land is not enough.

Set up steel structure over the river, and maintain distance between the steel structure and the water surface is equal to that between the water surface and bridge.

Buildings with low density of human activity are built on the steel structure, such as low residential buildings, entertainment buildings, bars and so on.

Connect the buildings besides and over the river with attached recreation spaces. Use units each of which includes a building and recreation space that either can be shared or not to divide the river and its bank.

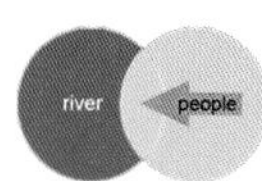

Model B:

For some kinds of landuse along the river bank, the act of removes are possible.

Return part of the land to the watercourse of the river and reconstruct its river bank from a man-made mound to natural one with a lot of plants.

Considering the natural characteristics of the river, the landuse of delta should be changed to floodplain as natural as the wilderness with A lot of plants planted there to cleanse water. Another kind of natural beauty!

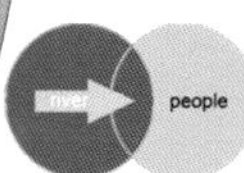

Model C:

For some kinds of landuse along the river bank, removes can not be made and land can't be returned to the river. In this case, we design a approach that both of them can move forward in an alternative time or in different levels.

Space beneath the buildings that are setted up on the river bank is also a channel through which people can reach the natural river bank.

Model D:

For some kinds of landuse with important functions or other reasons along the river bank, removes are totaly impossible.

Combine public buildings that are setted up with dyke to form public space on the second floor or Set the whole land up. we can change the form of the dyke to create public space.

Solid green on the waterfront road to improve people's feeling. Human activity happens on the higher layer while the lower layer is left to the river.

river people

Present Landuse

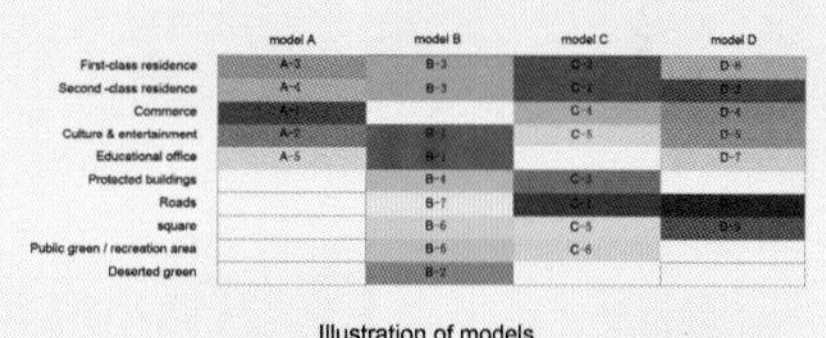

	model A	model B	model C	model D
First-class residence	A-3	B-3	C-2	D-6
Second -class residence	A-4	B-3	C-2	D-2
Commerce	A-1		C-4	D-4
Culture & entertainment	A-2	B-1	C-5	D-5
Educational office	A-5	B-1		D-7
Protected buildings		B-4	C-3	
Roads		B-7	C-1	[illegible]
square		B-6	C-5	D-3
Public green / recreation area		B-5	C-6	
Deserted green		B-2		

Illustration of models

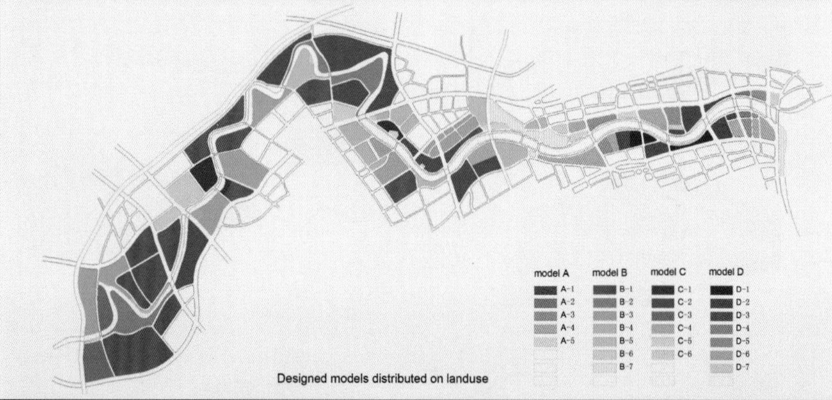

Designed models distributed on landuse

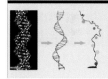

CONCEPT

As we know, different person has different characters that are desided by gene segments to form a organic integer.

A river is just like a gene chain. Different gene segment of the chain is just like different landuse along the river. To different landuse, there are different models corresponding just like a person's characters corresponding to its gene segments.

(b)

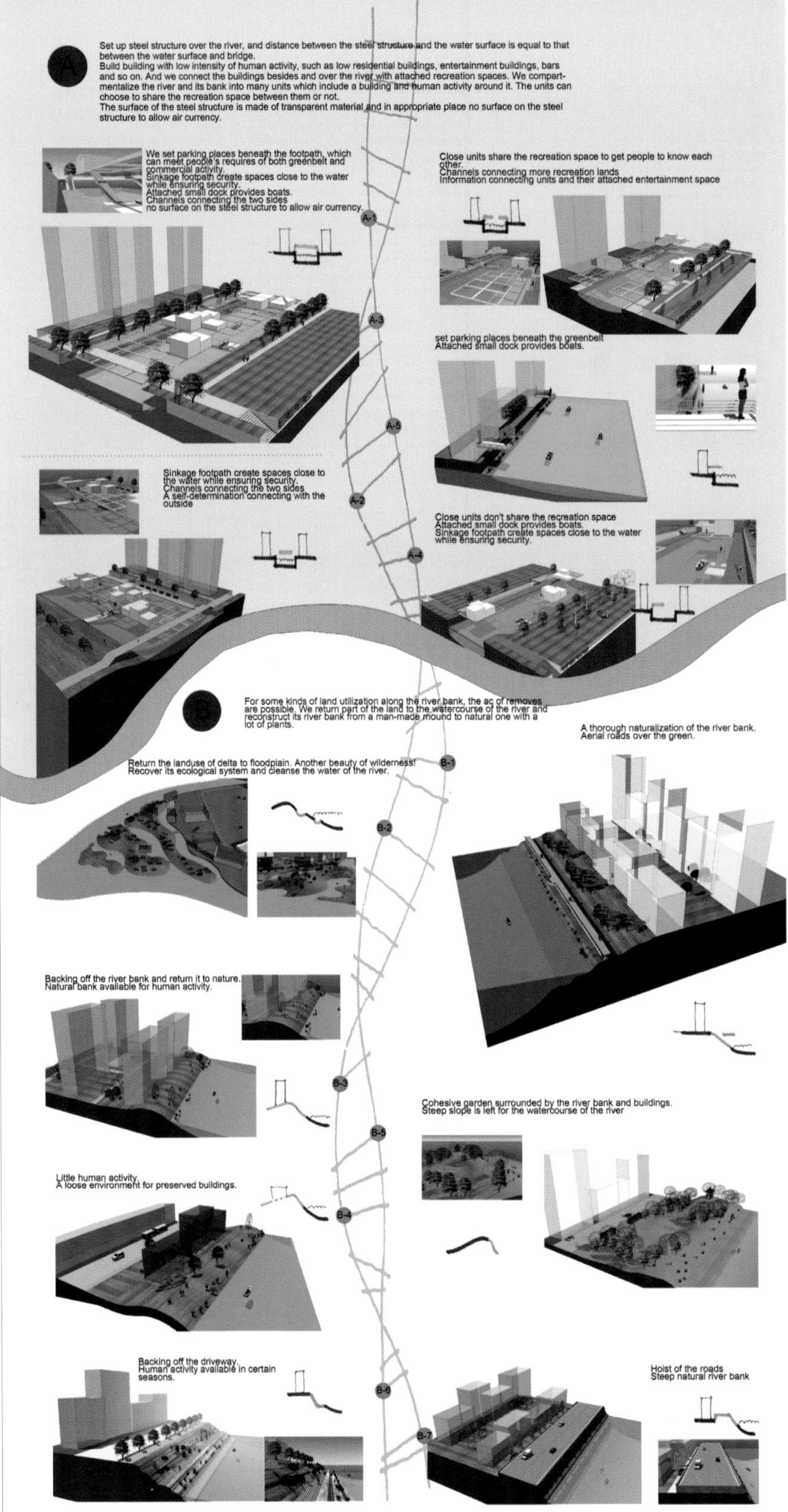
SOLUTION
A
Set up steel structure over the river, and distance between the steel structure and the water surface is equal to that between the water surface and bridge.
Build building with low intensity of human activity, such as low residential buildings, entertainment buildings, bars and so on. And we connect the buildings besides and over the river with attached recreation spaces. We compartmentalize the river and its bank into many units which include a building and human activity around it. The units can choose to share the recreation space between them or not.
The surface of the steel structure is made of transparent material and in appropriate place no surface on the steel structure to allow air currency.
We set parking places beneath the footpath, which can meet people's requires of both greenbelt and commercial activity.
Sinkage footpath create spaces close to the water while ensuring security.
Attached small dock provides boats.
Channels connecting the two sides
no surface on the steel structure to allow air currency.
A-1
A-3
Close units share the recreation space to get people to know each other.
Channels connecting more recreation lands
Information connecting units and their attached entertainment space
set parking places beneath the greenbelt
Attached small dock provides boats.
A-5
Sinkage footpath create spaces close to the water while ensuring security.
Channels connecting the two sides
A self-determination connecting with the outside
A-2
Close units don't share the recreation space
Attached small dock provides boats.
Sinkage footpath create spaces close to the water while ensuring security.
A-4
B
For some kinds of land utilization along the river bank, the ac of removes are possible. We return part of the land to the watercourse of the river and reconstruct its river bank from a man-made mound to natural one with a lot of plants.
A thorough naturalization of the river bank.
Aerial roads over the green.
Return the landuse of delta to floodplain. Another beauty of wilderness!
Recover its ecological system and cleanse the water of the river.
B-1
B-2
Backing off the river bank and return it to nature.
Natural bank available for human activity.
B-3
Cohesive garden surrounded by the river bank and buildings.
Steep slope is left for the watercourse of the river
B-5
Little human activity.
A loose environment for preserved buildings.
B-4
Backing off the driveway.
Human activity available in certain seasons.
B-6
B-7
Hoist of the roads
Steep natural river bank
(c)

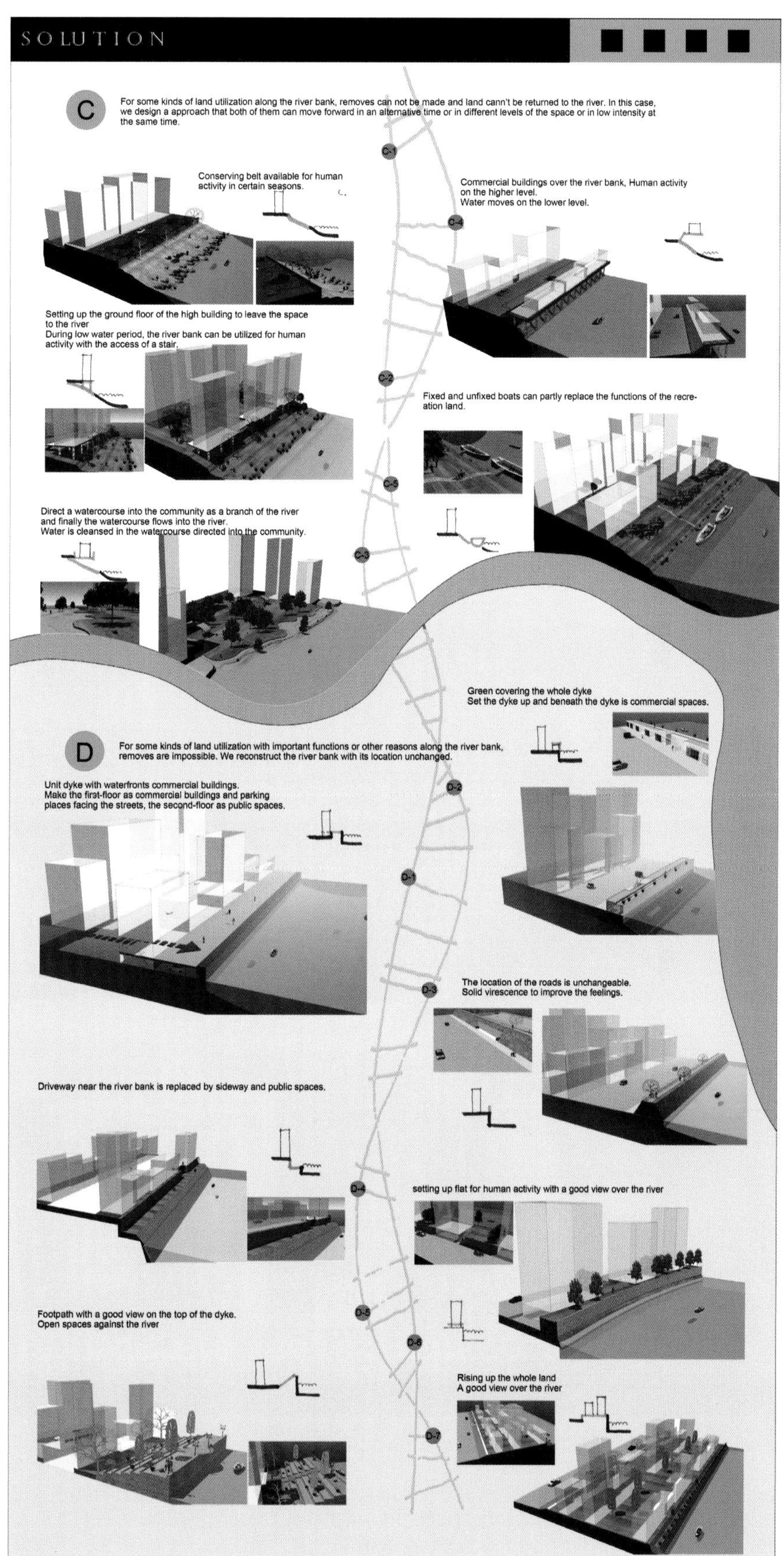
SOLUTION
C
For some kinds of land utilization along the river bank, removes can not be made and land cann't be returned to the river. In this case, we design a approach that both of them can move forward in an alternative time or in different levels of the space or in low intensity at the same time.
Conserving belt available for human activity in certain seasons.
Commercial buildings over the river bank, Human activity on the higher level.
Water moves on the lower level.
Setting up the ground floor of the high building to leave the space to the river
During low water period, the river bank can be utilized for human activity with the access of a stair.
Fixed and unfixed boats can partly replace the functions of the recreation land.
Direct a watercourse into the community as a branch of the river and finally the watercourse flows into the river.
Water is cleansed in the watercourse directed into the community.
Green covering the whole dyke
Set the dyke up and beneath the dyke is commercial spaces.
D
For some kinds of land utilization with important functions or other reasons along the river bank, removes are impossible. We reconstruct the river bank with its location unchanged.
Unit dyke with waterfronts commercial buildings.
Make the first-floor as commercial buildings and parking places facing the streets, the second-floor as public spaces.
The location of the roads is unchangeable.
Solid virescence to improve the feelings.
Driveway near the river bank is replaced by sideway and public spaces.
setting up flat for human activity with a good view over the river
Footpath with a good view on the top of the dyke.
Open spaces against the river
Rising up the whole land
A good view over the river

(d)

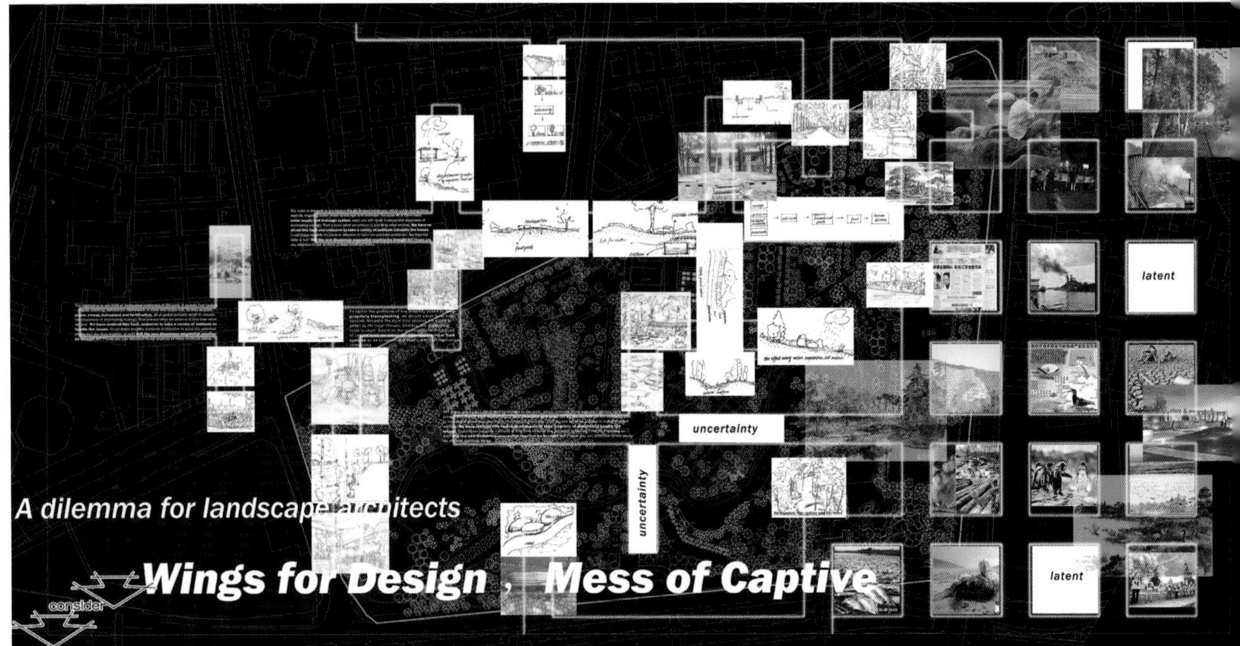

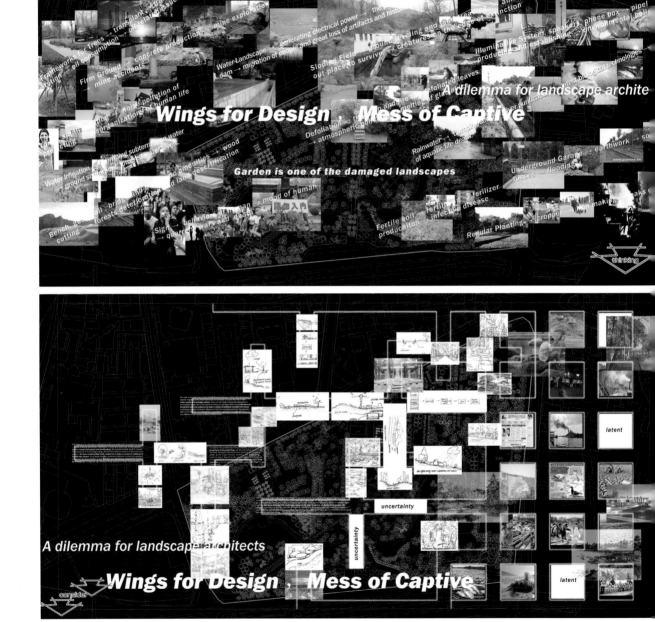

图 5-79　设计的翅膀 可控的迷乱（Wings for Design，Mess of Captive）

设计简介：设计以“蝴蝶效应”为原点，通过对上海徐家汇公园的解析，反思当代景观的设计模式，试图通过点状、片段、段落等看似相互无所关联，甚至略显无序迷乱的设计，来解构以公园为代表的开放性景观空间设计，并寻求其可能存在的相互关联与规律

设计者：肖红玲、邹承熙等

指导教师：李瑞冬、骆天庆

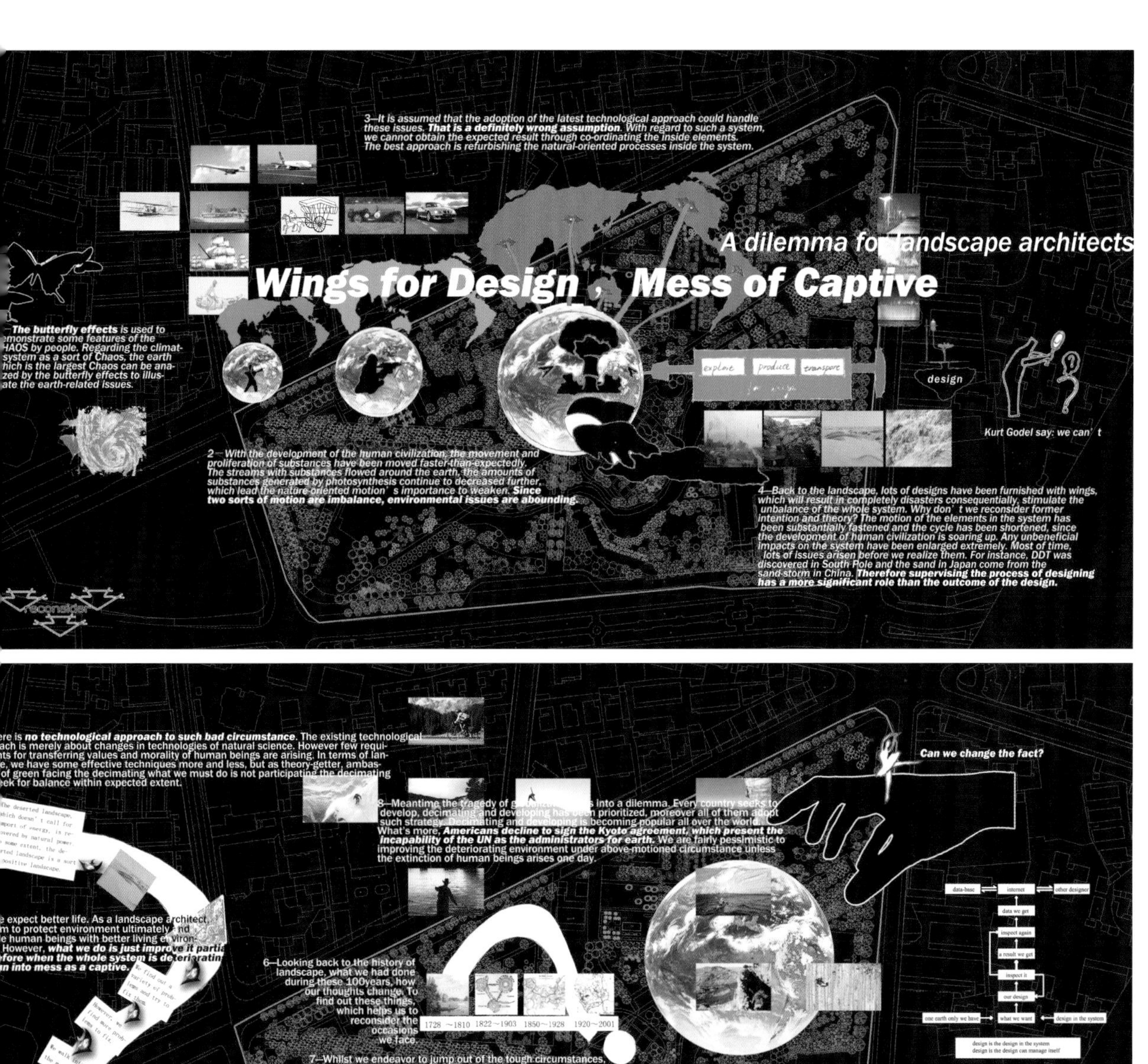

3—It is assumed that the adoption of the latest technological approach could handle these issues. That is a definitely wrong assumption. With regard to such a system, we cannot obtain the expected result through co-ordinating the inside elements. The best approach is refurbishing the natural-oriented processes inside the system.
A dilemma for landscape architects
Wings for Design， Mess of Captive
The butterfly effects is used to emonstrate some features of the HAOS by people. Regarding the climat-system as a sort of Chaos, the earth hich is the largest Chaos can be ana-zed by the butterfly effects to illus-ate the earth-related issues.
explore
produce
transport
design
Kurt Godel say: we can' t
2—With the development of the human civilization, the movement and proliferation of substances have been moved faster-than-expectedly. The streams with substances flowed around the earth, the amounts of substances generated by photosynthesis continue to decreased further, which lead the nature-oriented motion' s importance to weaken. Since two sorts of motion are imbalance, environmental issues are abounding.
4—Back to the landscape, lots of designs have been furnished with wings, which will result in completely disasters consequentially, stimulate the unbalance of the whole system. Why don' t we reconsider former intention and theory? The motion of the elements in the system has been substantially fastened and the cycle has been shortened, since the development of human civilization is soaring up. Any unbeneficial impacts on the system have been enlarged extremely. Most of time, lots of issues arisen before we realize them. For instance, DDT was discovered in South Pole and the sand in Japan come from the sand-storm in China. Therefore supervising the process of designing has a more significant role than the outcome of the design.
reconsider
ere is no technological approach to such bad circumstance. The existing technological ach is merely about changes in technologies of natural science. However few requi-ts for transferring values and morality of human beings are arising. In terms of lan-e, we have some effective techniques more and less, but as theory-getter, ambas-of green facing the decimating what we must do is not participating the decimating ek for balance within expected extent.
Can we change the fact?
8—Meantime the tragedy of g into a dilemma. Every country seeks to develop, decimating and developing has been prioritized, moreover all of them adopt such strategy. Decimating and developing is becoming popular all over the world. What's more, Americans decline to sign the Kyoto agreement, which present the incapability of the UN as the administrators for earth. We are fairly pessimistic to improving the deteriorating environment under above-motioned circumstance unless the extinction of human beings arises one day.
e expect better life. As a landscape architect, m to protect environment ultimately and e human beings with better living environ-However, what we do is just improve it partia efore when the whole system is deteriorating n into mess as a captive.
data-base
internet
other designer
data we get
inspect again
a result we get
inspect it
our design
one earth only we have
what we want
design in the system
design is the design in the system
design is the design can manage itself
6—Looking back to the history of landscape, what we had done during these 100years, how our thoughts change. To find out these things, which helps us to reconsider the occasions we face.
1728～1810
1822～1903
1850～1928
1920～2001
7—Whilst we endeavor to jump out of the tough circumstances, it seems that regarding technology there is a theory is echoed here—the resolution inside a system will turn out to be the dilemma of the upper system. Exemplifying solar panels, contrast to their contribution of generating energies within their longevities. The detrimental effect from producing, transporting and setting them may be larger than contribution.
10—We can not modify the process of system development, which we cannot get involved in. The system go into a phase which is weaken and more sensitive, we have noting to do but to find a point to balance holistic system and partial factors (with the intervention of landscape design). To implement the balance, it's definitely essential to supervise the process of designing.
continue
dilemma for landscape architects
Wings for Design， Mess of Captive

6 结语与展望

教学体系的构成包括目标体系、内容体系、方法体系和保障评估体系等内容，是一个庞大而复杂的系统。而教育与教学的研究无法进行元素的解构分析，受多种因素影响较大，具有一定的不明确性和不确定性。本书希望在这种不确定性中能建构一套针对风景园林本科教育相对规范且可执行操作的教学体系。

本书所建构的专业教学体系是对高等教育改革的发展规划在专业教学体系中的深化和细化，是风景园林学科发展的理论与实践需求在教学体系中的具体落实，是为风景园林专业的具体教学活动搭建起的一个相对基础性、规范化、体系化的教学架构，是一个超越程式化的框架体系，具有一定可灵活拓展性和弹性的，可供参考引用的操作体系（图 6-1）。

结合本科教育人才培养流程来看，该教学体系具有如下特点：[24]

（1）教学目标体系：以不同教学阶段划分的时序建构为基础，在知识层面掌握关于风景园林事实的知识（Know what）、关于风景园林原理的知识（Know why）、关于风景园林技能的知识（Know how）和关于风景园林人力的知识（Know who），最终培养学生掌握自我学习风景园林知识的能力；在能力层面做到知行合一，达成认知能力、逻辑思维能力、形象思维能力、操作能力和交流与组织管理能力并进的能力目标；在素质 / 人格层面达成从专业价值观—专业责任感—职

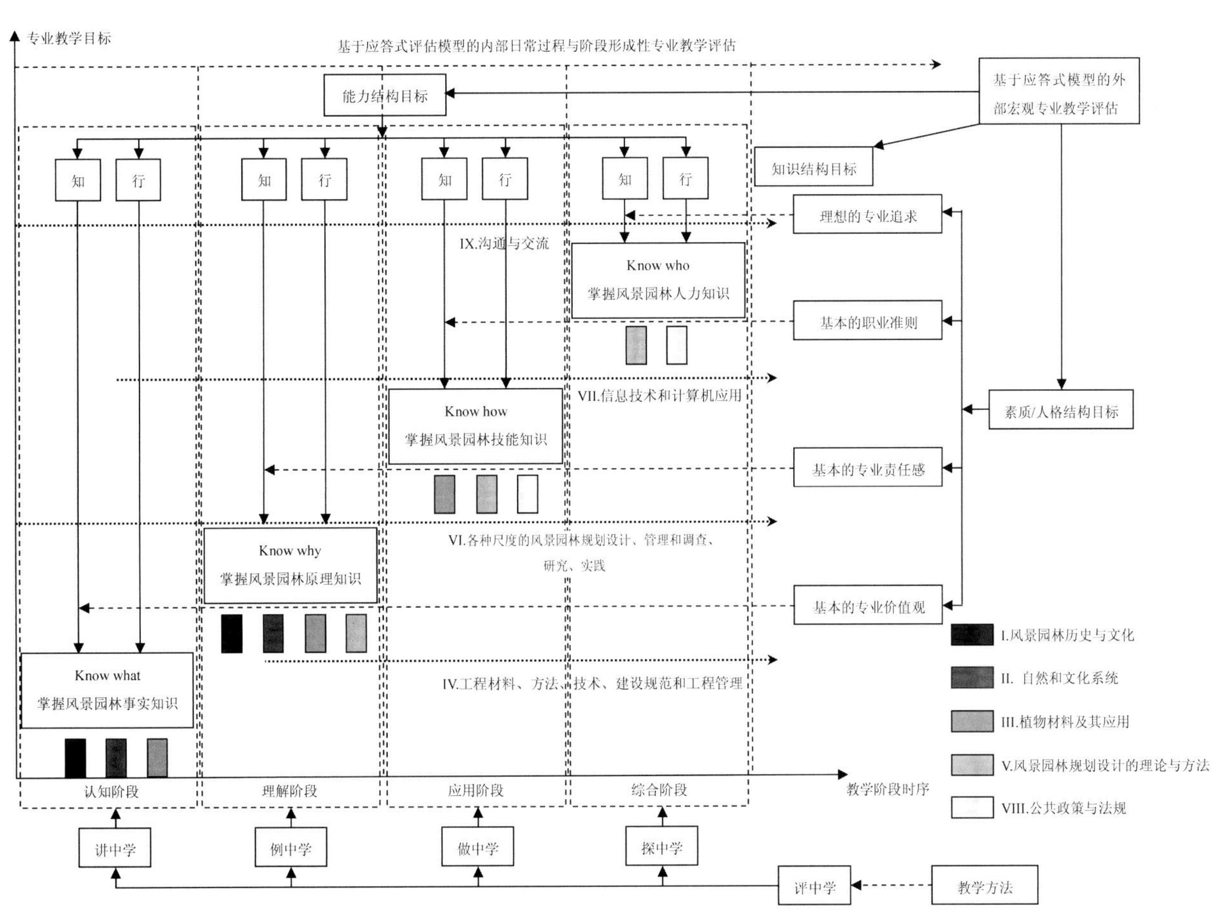

图 6-1 工科风景园林本科专业教学体系框架图

业规范与职业道德—理想专业追求信念逐步形成的综合素养目标。

（2）教学内容体系：内容模块以两条能力主线贯穿始终（各种尺度的风景园林规划设计、管理、调查、研究、实践能力和沟通与交流能力），知识模块以浅入深，相互衔接，层层递进，素质/人格模块逐层建构。内容模块在教学实施中形成“主线突出，两翼并重，三级分层，相互协同”复合立体式内容组织结构。“主线突出”指以风景园林规划设计教学板块为主线，与专业理论和专业实践教学板块协同配合，重点培养学生包括风景园林资源与要素的认知能力、风景园林空间的规划设计能力、风景园林工程的建造与管理能力等在内的风景园林全过程营建能力。“两翼并重”指平台与专业教育支撑教学板块与通识教学板块并重，提高学生知识结构的“专”与“博”。“三级分层”是指将教学内容组织为教学板块、内容模块和课程单元三个层级关系，形成教学板块课题组、内容模块教学组、课程单元教师组的责任落实体系。“相互协同”指系统内部板块与板块之间、内容模块与内容模块之间、课程单元与课程单元之间的互动协同，立体复合。

（3）教学方法体系：以建构主义学习哲学为基础，围绕风景园林本科专业教学目标，以教学时序进行阶段划分，以教学内容层面为类型，形成“评中学”贯穿整个教学阶段，“讲中学”“例中学”“做中学”和“探中学”分别对应认知、理解、应用和综合4个不同学习阶段，以基于信息加工的教学模式、基于人际关系的教学模式、基于人格发展的教学模式及基于行为控制的教学模式等教学模式而衍生的各类教学方法对应不同教学内容模块。

（4）保障与评估体系：应具有由历史与文化、自然与文化系统、植物与生态、理论与方法、政策与法规、行为与伦理等子类构成的理论类师资与由规划与设计、工程与建设、管理与维护等子类构成的实践类师资，以及跨属理论与实践之间的信息与计算机类师资，三者构成多元化的师资结构。并形成高校与规划设计单位之间的师资交流和轮换制度，开放式办学，在教学保障上主动对接风景园林师注册制度。

在专业教学方面，需建立宏观与微观结合、内外结合、阶段与日常结合，循环修正、螺旋上升的教学评估机制。其中外部宏观教学评估是以专业教学体系为评估对象，以知识、能力、素质 / 人格为评估层面，以教育管理部门、行业组织（风景园林学会及其分会）、中介机构（教学评估机构）、毕业生就业单位、本科毕业生等组成的多元价值团体为评估者，以每学年 1 次的评估频率，通过应答式评估模型进行教学评估的形成性教学评估体系。内部微观日常性教学评估则以教学过程的形成性评估为主线，贯穿整个教学过程，根据教学阶段目标、分段目标、主要教学内容等进行不定期的教学评估，形成在阶段内、阶段间、学制内、模块和单元内循环修正，阶段改进的“主线贯穿、循环修正、阶段改进、螺旋上升”的专业教学微观评估机制。

根据钟志贤教授的观点，教学体系设计具有一定的弹性、灵活性和递归性[30]。本书所论述的专业教学体系也仅是针对风景园林本科教育阶段，而具体教学实践也仅局限于同济大学的教学经验。对于其他教育阶段、专业对象、以及教学体系的局部深化等方面涉及较少。

随着“国家公园体制”的建设、“国土空间规划体系”的建立、“自然资源部”的设立以及一系列国家有关风景园林宏观、战略政策的落实，风景园林的学科范畴和内涵均将发生较大的变化，与之对应，其从业范畴、从业资格、从业对象等也会产生较大的改变，其专业教育无论从目标、内容、形式等方面均会随之拓展和延伸。为此，展望未来，关于风景园林专业教育的研究将会在教育阶段、专业对象等方面进行外延的广度拓展，在教学模块、课程单元、教学方法等方面进行内涵的深度探索。

参考文献

[1] 张伯伟 . 全唐五代诗格校考 [M]. 南京：凤凰出版社，2002.

[2] 冯纪忠 . 人与自然——从比较园林史看建筑发展趋势 [J]. 建筑学报 ,1990,（5）:39-46.

[3] 陈从周 . 中国文人园林 [M]. 北京：外语教学与研究出版社，2018.

[4] 张先亮，王敏 . 试论“西湖十景”的命名艺术 [J]. 文艺争鸣，2014，（7）：190-196.

[5] 维基百科 . http://en.wikipedia.org/wiki/Analytic_Hierarchy_Process.

[6] 建设一流本科教育：150 所高校联合发出《成都宣言》. 人民网 - 教育频道，http://edu.people.com.cn/GB/n1/2018/0622/c367001-30076659.html，2018-6-22.

[7] 汪志球 . 一位毕业三年的本科生再读职业中专——大学生上技校教育了谁 [EB/OL]. 中国社会科学院 . http://sym2005.cass.cn/file/2006090580180.html.

[8] 联合国教育、科学与文化组织 . 国际教育标准分类法 [S].2011.

[9] 联合国教科文组织国际教育发展委员会 . 学会生存—教育世界的今天与明天 [M]. 北京：教育科学出版社，1996.

[10] 联合国教科文组织 . 教育——财富蕴藏其中 [M]. 北京：教育科学出版社，1996.

[11] 联合国教科文组织 . 反思教育: 向“全球共同利益”的理念转变？ [M]. 北京: 教育科学出版社，2017.

[12] 郭秀兰 . 构建我国现代高等教育的 KAQ 人才培养模式 [D]. 武汉：华中师

范大学，2000.

[13] 章仁彪 . 战略思维、战略时空与战略规划——关于大学发展规划之我见 [R/OL]. 中华人民共和国教育部网站，http://www.moe.gov.cn/edoas/website18/66/info13366.htm.

[14] 张汛翰 . 论我国的景观教育 [J]. 建筑学报，2006（2）：80–82.

[15] 林广思 . 回顾与展望——中国 LA 学科教育研讨 [J]. 中国园林，2005（9）：01–08；2005（10）：73–78.

[16] 林广思 . 中国风景园林学科的教育发展概述与阶段划分 [J]. 中国园林，2005（2）：92–93.

[17] 国务院学位委员会 教育部 . 关于印发《学位授予和人才培养学科目录（2011 年）》的通知：http://www.cdgdc.edu.cn/xwyyjsjyxx/zxkb/hyxx/zhxxc/272724.shtml.

[18] 住房和城乡建设部人事司 . 增设风景园林学为一级学科论证报告 [J]. 中国园林，2011，（5）：4–8.

[19] 刘滨谊 . 对风景园林学 5 个 2 级学科的认识与理解 [J]. 风景园林，2011，（2）：23–24.

[20] 张启翔 . 关于风景园林学一级学科建设的思考 [J]. 中国园林，2011，（5）：16–17.

[21] 杜春兰 . 风景园林一级学科在以工科为背景的院校中发展的思考 [J]. 中国园林，2011，（6）：29–32.

[22] 中国工程教育专业认证协会秘书处 .《工程教育认证标准解读及使用指南（2018 版）》：http://www.ceeaa.org.cn.

[23] 李瑞冬，金云峰，沈洁 . 风景园林专业本科教学培养计划改革探索——以同济大学风景园林专业为例 [J]. 风景园林，2018，（增）：6–8.

[24] 李瑞冬 . 基于KAQP培养模式的风景园林本科专业教学体系研究[D]. 上海：同济大学，2009.

[25] 刘滨谊 . 景观学科的三大领域与方向——同济景观学学科专业发展回顾与展望，景观教育的发展与创新——2005 国际景观教育大会论文集 [C]. 上海，2005.10. 中国建筑工业出版社，2006.9.

[26] 刘滨谊 . 风景园林学科专业哲学——风景园林师的五大专业观与专业素质培养 [J]. 中国园林，2008（01）：12–15.

[27] 国际风景园林师联合会—联合国教科文组织风景园林教育宪章 [J]. 中国园林，2008（01）：29.

[28] IFLA-UNESCO. IFLA-UNESCO Charter for Landscape Architectural Education. http://www.iflaonline.org/education/index.html.

[29] American Society of Landscape Architects(ASLA), Canadian Society of Landscape Architects(CSLA), Council of Educators in Landscape Architecture(CELA), Council of Landscape Architecture Registration Boards(CLARB), Landscape Architectural Accreditation Board(LAAB). Landscape Architecture Body of Knowledge Study Report(LABOK) [R]. 2004. http://www.csla.ca/files/Education.

[30] 钟志贤 . 大学教学模式革新 : 教学设计视域 [M]. 北京：教育科学出版社，2008.